21世纪高等学校规划教材 | 计算机科学与技术

C语言课程设计指导教程

许真珍 蒋光远 田琳琳 编著

清华大学出版社
北 京

内容简介

本书一共分为三篇，第一篇介绍C语言课程设计的目的及要求、选题和评价方法；第二篇介绍完成C语言课程设计需要的预备知识，除了C语言基础知识外，还引入了软件工程基础知识，帮助读者理解如何采用软件工程思想指导课程设计过程，此外，还介绍了时下最热门和流行的C语言开发平台VS 2013，取代TC和VC 6.0等早期版本开发平台，预备知识还包括信息管理系统开发所需的数据管理技术和游戏项目开发所需的图形编程技术，并将目前软件公司普遍采用的热门图形编程技术OpenGL和WinAPI两套方案介绍给读者，取代TC平台下已经过时的图形库；第三篇是课程设计项目指导，结合软件工程思想，通过10个经典项目的开发过程，逐步展示软件生命周期各个阶段的工作，项目涵盖信息管理系统、经典游戏、应用工具三个类别，所有项目均在VS 2013平台调试通过。

本书内容丰富，介绍的技术新颖，课程设计指导详尽，既可以作为C语言课程设计教学的指导用书，也可以作为C语言项目开发者和编程爱好者的参考用书。

图书在版编目(CIP)数据

C语言课程设计指导教程/许真珍，蒋光远，田琳琳编著. —北京：清华大学出版社，2016(2024.8重印)
重点大学计算机专业系列教材
ISBN 978-7-302-41673-9

Ⅰ. ①C… Ⅱ. ①许… ②蒋… ③田… Ⅲ. ①C语言－程序设计－高等学校－教学参考资料 Ⅳ. ①TP312

中国版本图书馆CIP数据核字(2015)第237805号

责任编辑：付弘宇　薛　阳
封面设计：常雪影
责任校对：梁　毅
责任印制：沈　露

出版发行：清华大学出版社
网　　址：https://www.tup.com.cn，https://www.wqxuetang.com
地　　址：北京清华大学学研大厦A座　　**邮　　编**：100084
社 总 机：010-83470000　　**邮　　购**：010-62786544
投稿与读者服务：010-62776969，c-service@tup.tsinghua.edu.cn
质量反馈：010-62772015，zhiliang@tup.tsinghua.edu.cn
课件下载：https://www.tup.com.cn，010-83470236
印 装 者：北京嘉实印刷有限公司
经　　销：全国新华书店
开　　本：185mm×260mm　　**印　　张**：21.75　　**字　　数**：540千字
版　　次：2016年7月第1版　　**印　　次**：2024年8月第13次印刷
印　　数：10701～11700
定　　价：59.80元

产品编号：065113-02

INTRODUCTION

出版说明

随着国家信息化步伐的加快和高等教育规模的扩大，社会对计算机专业人才的需求不仅体现在数量的增加上，而且体现在质量要求的提高上，培养具有研究和实践能力的高层次的计算机专业人才已成为许多重点大学计算机专业教育的主要目标。目前，我国共有16个国家重点学科、20个博士点一级学科、28个博士点二级学科集中在教育部部属重点大学，这些高校在计算机教学和科研方面具有一定优势，并且大多以国际著名大学计算机教育为参照系，具有系统完善的教学课程体系、教学实验体系、教学质量保证体系和人才培养评估体系等综合体系，形成了培养一流人才的教学和科研环境。

重点大学计算机学科的教学与科研氛围是培养一流计算机人才的基础，其中专业教材的使用和建设则是这种氛围的重要组成部分，一批具有学科方向特色优势的计算机专业教材作为各重点大学的重点建设项目成果得到肯定。为了展示和发扬各重点大学在计算机专业教育上的优势，特别是专业教材建设上的优势，同时配合各重点大学的计算机学科建设和专业课程教学需要，在教育部相关教学指导委员会专家的建议和各重点大学的大力支持下，清华大学出版社规划并出版本系列教材。本系列教材的建设旨在“汇聚学科精英、引领学科建设、培育专业英才”，同时以教材示范各重点大学的优秀教学理念、教学方法、教学手段和教学内容等。

本系列教材在规划过程中体现了如下一些基本组织原则和特点。

1. 面向学科发展的前沿，适应当前社会对计算机专业高级人才的培养需求。教材内容以基本理论为基础，反映基本理论和原理的综合应用，重视实践和应用环节。

2. 反映教学需要，促进教学发展。教材要能适应多样化的教学需要，正确把握教学内容和课程体系的改革方向。在选择教材内容和编写体系时注意体现素质教育、创新能力与实践能力的培养，为学生知识、能力、素质协调发展创造条件。

3. 实施精品战略，突出重点，保证质量。规划教材建设的重点依然是专业基础课和专业主干课；特别注意选择并安排了一部分原来基础比较好的优秀教材或讲义修订再版，逐步形成精品教材；提倡并鼓励编写体现重点大学计算机专业教学内容和课程体系改革成果的教材。

4. 主张一纲多本，合理配套。专业基础课和专业主干课教材要配套，同一门课程可以有多本具有不同内容特点的教材。处理好教材统一性与多样化的关系；基本教材与辅助教材以及教学参考书的关系；文字教材与软件教材的关系，实现教材系列资源配套。

5. 依靠专家，择优落实。在制订教材规划时要依靠各课程专家在调查研究本课程教材建设现状的基础上提出规划选题。在落实主编人选时，要引入竞争机制，通过申报、评审确定主编。书稿完成后要认真实行审稿程序，确保出书质量。

繁荣教材出版事业，提高教材质量的关键是教师。建立一支高水平的以老带新的教材编写队伍才能保证教材的编写质量，希望有志于教材建设的教师能够加入到我们的编写队伍中来。

教材编委会

FOREWORD

前言

C语言课程设计是C语言程序设计的后续实践环节，对提高学生C语言编程能力、创新能力、团队合作能力、分析问题和解决问题的能力等起着重要作用。笔者连续多年主讲C语言程序设计、C++程序设计和软件工程三门计算机专业基础课，如何有效开展C语言课程设计环节、更好地实现教学目标，是笔者一直在思考并不断通过实践来求解的问题。笔者结合自身多年教学经验，总结编写了本书，力求给读者展示如何利用流行的开发工具，采用流行的开发技术，并遵循规范的软件工程编程思想，指导C语言课程设计的全过程。

本书具有如下特色。

(1) 提出了一套课程设计选题和评价方法：本书第1章介绍课程设计的目的及要求，第2章提出了一套C语言课程设计选题的指导方案，包括选题要素、题目类型、选题建议和任务书的要求；第3章给出一套详细的课程设计评价方法，供课程设计指导老师借鉴。

(2) 引入了软件工程基础知识：常规C语言课程设计教材仅简单介绍C语言基础知识，本书除了涵盖C语言基础知识点，还扩展了进行项目开发需要的软件工程基础知识，让读者对课程设计项目的开发过程不仅做到知其然，更要做到知其所以然。

(3) 基于当下流行的VS 2013开发平台：常规C语言课程设计教材仍以TC或者VC 6.0作为项目开发平台，然而随着技术的发展，学习使用热门和流行的开发平台，对缩小学生与社会需求的差距起到重要作用，基于VS 2013开发平台也有利于学生后续面向对象开发方法和C++程序设计语言的学习，做到一脉相承。

(4) 详述了数组和链表两种不同的数据结构：数组和链表是C语言中的重点内容，其中链表还融合了结构体、指针、动态内存分配等众多C语言知识点，本书第9章商品库存管理系统和第10章图书馆管理系统采用数组结构管理数据，第11章学生成绩管理系统和第12章飞机订票系统则采用链表结构管理数据。

(5) 介绍了OpenGL和WinAPI两套流行的图形开发技术：为读者展示

了如何利用C语言进行图形编程，其中，第14章贪吃蛇项目和第18章画图板项目通过WinAPI技术实现，第15章俄罗斯方块和第16章五子棋均通过OpenGL技术实现。

(6) 精心挑选10个课程设计示范项目：精心挑选了10个项目作为示范项目，涵盖信息管理系统、经典游戏、应用工具三大类别，覆盖的知识面广泛，所有项目均在VS 2013平台上调试通过。针对每个项目，均以软件生命周期为主线，详细描述各个阶段的工作，切实指导课程设计全过程。

本书的第一篇内容可以作为教师开展课程设计的参考，满足教师对课程设计的指导需要。本书的第二篇和第三篇内容能帮助学生学习利用软件工程思想，进行完整项目的开发，是学生学习C语言以及提高C语言编程能力的得力帮手。附录中收录了C语言编程时需要经常参考的ASCII码表、运算符优先级和结合性，以及常用的库函数。

感谢王俊澎、暴雨、杨泽昆、胡兴农、王世宇、崔海、刘号真等在教材资料收集整理过程中给予的帮助，特别感谢东软集团高级软件工程师张吉对教材项目开发相关技术的指导和审定。

鉴于时间仓促，笔者水平有限，书中疏漏和不当之处在所难免，欢迎广大读者批评指正。

许真珍
2015年6月

CONTENTS

目录

第一篇　课程设计指导

第二篇　课程设计预备知识

第三篇 课程设计项目开发

第一类 信息管理系统

第二类　经典游戏

第三类 应用工具

PART 1

第一篇 课程设计指导

CHAPTER 1

第1章 课程设计目的及要求

1.1 课程设计的目的和任务

C语言是一种编程灵活、特色鲜明的程序设计语言。学习C语言除了学习必需的基本知识，如概念、方法和语法规则外，更重要的是要上机实践。C语言课程设计是很多高校计算机相关专业的必修课程，是C语言程序设计课程的后续实践环节。它是根据教学计划的要求，在教师的指导下，对学生实施程序设计训练的必要过程，是对前期课堂教学效果的检验。相比C语言程序设计课程的上机实验环节，C语言课程设计阶段要求更高，选题也更接近实际应用。通过C语言课程设计，可以达到以下目的。

(1) 深入理解C语言理论知识。学生通过完整项目的开发，可以更好地巩固C语言程序设计课程学习的内容，对先前学习的C语言理论知识有一个更深层次的认识，深入理解结构体、指针、链表、动态分配内存和文件操作等C程序设计中的中高级技术。

(2) 提高分析和解决问题的能力。课程设计为学生提供了一个既动手又动脑，独立实践的机会，有助于学生独立思考，并将课本上的理论知识和实际应用有机地结合起来，使学生了解高级程序设计语言的结构，掌握基本的程序设计过程和技巧，掌握基本的分析问题和利用计算机求解问题的能力，具备初步的高级语言程序设计能力。

(3) 提高C语言编程能力。使学生掌握面向过程语言的结构化程序设计方法，强化上机动手编程能力，熟练掌握C语言的调试方法，初步培养良好的编程习惯和编程风格，切实提高学生程序设计、调试、测试等工程实践能力。

(4) 提高学生的综合素质。包括创新能力、团队合作能力、项目文档撰写能力等。合作开发模式有助于增强同学之间的团队合作精神，也体会到今后工作中团队合作的重要性和必要性。

(5) 为后续课程奠定基础：为后续课程（如面向对象程序设计、数据结构、Java程序设计等)奠定必要的实践基础,使学生通过课程设计掌握高级编程语言的知识和编程技术,掌握程序设计的思想和方法,具备利用计算机求解实际问题的能力。

课程设计的任务是通过布置具有一定难度和编程工作量的课程设计题目,让学生系统地、综合地根据所学习的C语言相关知识,编写一个功能完善、实用性强,知识点覆盖面广的应用程序。要求学生能够遵循软件开发过程的基本规范,运用结构化程序设计的方法,按照课程设计的题目要求,独自地完成设计、编写、调试和测试应用程序及编写文档的任务。

采取的教学模式通常是指导教师指定若干课程设计的题目,学生3或4人一组,自由分组,并在指定题目中自主选题,进行合作项目开发,完成老师指定的题目,课程设计结束后提交设计报告,并进行设计答辩,根据小组项目完成质量和个人的表现对课程设计实践成绩进行评定。

1.2 课程设计的过程

课程设计主要过程分为如下5个阶段。

1. 选题阶段

学生在指导老师的指导下按照课程设计的要求和自己的实际情况进行选题。学生在选择过程中按照候选任务书的难易程度、小组成员的兴趣等因素,寻找合适的课程设计题目,并经指导教师确认后定题,一旦题目选定,不允许随意更改。

2. 分析设计阶段

指导教师应积极引导学生自主学习和钻研问题,明确设计要求,找出实现方法,按照需求分析、总体设计、详细设计这几个步骤进行。并在规定时间上交设计报告书。

3. 编码调试阶段

根据设计分析方案编写C代码,然后调试该代码,实现题目要求的功能。并在规定时间前反馈工程实现情况。

4. 总结报告阶段

将以上各阶段的成果和文档汇总成最终的课程设计报告,总结设计工作,要求学生按照需求分析、总体设计、详细设计、编码、测试的步骤撰写报告内容。

5. 答辩考核阶段

学生课程设计完成后,须提交相关课程设计报告纸质版,准备答辩PPT演示文档,并完成答辩,成绩由多部分组成,具体可参考第3章课程设计评价的内容。

1.3 课程设计的要求

学生开展课程设计通常要满足以下基本要求。

(1) 要求学生熟练掌握C语言的基本概念、基本数据类型、基本语句、数组、函数、指针、结构体类型、链表的处理及其灵活应用,掌握C语言中文件的操作和使用方法;

(2) 理清系统的总体框架,合理地划分系统的功能模块,画出功能模块图;

(3) 要求使用 C 语言利用面向过程的结构化程序设计方法和模块化思想编程，突出 C 语言的函数特征，以多个函数实现每一个子功能；

(4) 各模块单独编写程序代码，分别测试，最后整合各个模块的功能进行联合调试。各组中的同学之间开展讨论和协作、合理分工，认真完成课题；

(5) 必须实现需求分析中确定的基本功能，达到课程设计基本要求；

(6) 在源程序中合理使用注释，使程序容易阅读和理解；

(7) 程序界面要求友好、直观、易操作，能够进行菜单式功能选择，进行简单界面设计；

(8) 具有清晰的程序流程图和数据结构的详细定义；

(9) 程序应具备一定的容错能力。

参加课程设计的学生，应当认真完成课程设计的全部过程，满足课程设计的基本要求。在达到基本要求之后，鼓励学生进行创新设计，并以最终课程设计成果来证明其独立完成各种实际任务的能力，从而反映出理解和运用本课程知识的水平和能力。课程设计结束后，要求提交的材料包括：

(1) 课程设计报告电子版和纸质版各一(按格式书写)；

(2) 源程序一份，能编译成可执行文件并能正常运行(如有特殊运行要求，需要附说明书一份)；

(3) 答辩 PPT 演示文稿(含程序演示录制的视频文件)。

CHAPTER 2

第2章 课程设计选题

2.1 课程设计选题要素

恰当的选题是开展课程设计的前提,通过对常规C语言课程设计的项目选题进行调研和梳理,可以总结出一个好的选题需要满足以下几个关键要素。

(1) 可实施性。课程设计的选题首先要符合教学目标,使学生能够运用理论课程中所学的基本知识,进行基本技能方面的训练,具有可实施性。要求难度适中,让不同基础的学生经过努力都可以完成任务、有所收获,不能制定规模过大、要求过高、不切实际的题目。

(2) 可扩展性。完成课程设计选题所需要的绝大多数理论知识应该在相应的理论课程中讲授过,但考虑到课程设计的题目比理论课程中的练习题复杂度高,必然会应用一些没有学过的知识,然而,对这些需要扩展的知识,教师应在设计过程中补充讲解。

(3) 典型性。题目要具有较好的典型性和代表性,便于学生通过一个项目的实践,掌握一类项目开发所需要的相关知识和技术,最终实现举一反三的能力。

(4) 趣味性。题目要尽可能具有趣味元素,从而激发学生的课程设计的积极性,能够主动投入到课程设计工作中去,实现以学生为中心的自主学习。

(5) 新颖性。除了典型性和趣味性,选题还应该具有一定的新颖性,如果要求学生完成一些和课程设计教科书上要求完全一致的项目,学生的学习积极性和实践能力的提高将大打折扣。因此,项目选题应尽可能结合生产、科研、管理、教学等方面的实际需求进行命题,并具有启发性,鼓励学生大胆创新、在题目大框架下自行挖掘和开发特色功能。

2.2 课程设计题目类型

C语言课程设计的常规题目可以有以下几个类别。

(1) 信息管理类。信息管理类项目是指开发一些小型的MIS,如图书管理系统、学生成绩管理系统、员工工资管理系统、通讯录、飞机订票系统等，这些项目可以综合应用到C语言中的一些难点知识点，如指针、结构体、链表、文件等，非常有利于加深学生对相关知识点的理解。

(2) 游戏开发类。游戏开发类项目是指开发一些适合用C语言编程的小型游戏项目，如贪吃蛇、推箱子、俄罗斯方块、五子棋、迷宫等，这些游戏项目可以激发学生的学习兴趣，提高课程设计的积极性，能收到较好的效果。

(3) 应用工具类。该类项目主要是一些非常实用的小工具，比如电子时钟、万年历、画图板、计算器、文本编辑器等。这些项目与日常生活非常接近，有助于学生准确获取项目需求，并需要综合运用C语言中的很多知识点，如数组、结构体等，以及一些图形编程技术。

(4) 网络编程类。网络编程类项目可以让学生了解网络编程函数和编程技巧，理解网络协议和套接字编程的基本概念，常见的开发项目包括 Ping 程序设计、TCP 程序设计、UDP 程序设计、HTTP 程序设计。通过开发服务器端和客户端程序，实现基本的通信。

(5) 嵌入式应用类。C语言在嵌入式系统中的应用具有绝对优势，嵌入式操作系统下的应用开发也是C语言最主要的应用场合之一，包括驱动程序开发、Linux 下的应用程序等。需要了解嵌入式操作系统的相关知识。

2.3　课程设计选题建议

C语言课程设计实践环节的项目选题要能够符合学生的知识结构，缩小与先导课程的跨度，让每个学生都能在有限的时间内有效开展课程设计工作，并有所收获。项目开发使用的知识和技术绝大部分应该是学生已经学过的，仅可以补充少量的学生没有学过的知识和技术。

通常“C语言程序设计”是开展“C语言课程设计”的先导课程，通过对C语言课程设计常规选题的调研，2.2 节已经总结了主要的 5 大类课程设计选题，考虑到先导课程中已经学习过的关键知识点，以及参与C课程设计环节的学生类别，对课程设计选题给出如下建议。

(1) 对于大学低年级同学，由于很多计算机基础课尚未学习，对程序的系统概念，特别是整体设计的概念没有真正理解，如果项目要求采用的技术是先导课程中没有讲授的(比如数据库技术、网络通信技术等)，势必违背学生的认知规律，难以保证课程设计的实践效果。因此，适合低年级同学的项目选题包括游戏类、基于文件存储的信息管理类和应用工具类。

这些选题可以通过C语言 Win32 控制台应用程序来实现，和学生在先导课程中的要求一致。其中，基于文件存储的信息管理类项目采用文件形式进行数据的存储和读取，从而复习和巩固先导课程中介绍的文件关键知识点，同时避免了使用未学过的数据库。游戏类项目具有极大的趣味性，可以提高学生的学习兴趣和实践的积极性，应用工具类项目也是非常具有代表性的，对提升学生的实践能力有很大帮助。即使希望获得更好的界面效果，也只需要补充一些图形编程技术相关的图形描画库的知识介绍即可，从而很好地缩小了与先导课程的跨度，实现平稳过渡和有效衔接，符合学生的认知规律，最大程度提升学生的学习兴趣，保证课程设计的效果。

(2) 对于大学高年级同学，由于已经学习了计算机网络、数据库原理、嵌入式系统原理等基础课程，因此，可以开展更加复杂的课程设计项目，例如，网络编程类别的项目(基于网络协议的通信聊天软件等)、嵌入式应用类的项目(Linux 操作系统下的应用开发等)和基于数据库存储的信息管理类的项目(面向 MySQL、SQL Server 数据库的信息管理系统等)。

2.4 课程设计任务书

任务书是课程设计题目的具体表现形式,在课程设计开始时下发给学生。课程设计任务书可以有以下两种形式。

(1) "命题式"任务书。"命题式"任务书中的要求往往过于细化,通常把一个软件需要实现的功能一一清楚地列举出来,甚至给出了最终要求的界面截图。并且最终验收考核时,对照项目功能要求,把项目的完成程度作为一个重要的考核指标,功能实现完整的小组可以获得较高的评价,而功能开发不够全面,即使部分功能开发的较为完善,也不能获得较高的评价,甚至开发了没有要求的功能,也不会获得额外的加分。在这种评价机制的指导思想下,学生们只会对照老师要求的功能逐一开发,不会过多地思考软件的需求定位,也不会在软件设计上花费过多的时间,最终导致多个小组开发的项目功能和界面基本完全一致。这种做法,势必对学生的项目开发积极性造成影响,也会限制学生的创新力,不利于学生创新能力的培养。

(2) "启发式"任务书。"启发式"任务书不必细化项目需求,仅提供项目应用领域以及一些提示性的功能建议,注重让学生去挖掘项目需求,撰写需求文档,并以此驱动项目开发的全过程,学生自主开展项目的设计工作,包括界面设计、功能模块设计、数据结构及文件存储结构设计等。从而引导学生独立思考、主动探究、自主学习,并且有目的、有计划、有效率地开展项目开发,提高学生创新能力、实践能力和自主学习能力。

在最终考核时,会考虑项目开发各个阶段的完成情况,综合各阶段表现对学生进行评价,并且除了考虑项目的复杂度和工作量指标外,还会重点考察项目组的创新能力、项目的功能特色或技术特色,对创新性也作为考核的指标,因此,创新性强的小组也可以获得更高的评价。"启发式"任务书可以引导学生自主开展项目需求分析、设计、编码和测试工作,提升学生独立分析问题、解决问题的能力,以及有利于学生创新思维的培养。

CHAPTER 3

第3章 课程设计评价

3.1 课程设计报告

3.1.1 课程设计报告的内容

课程设计报告是进行课程设计评价的重要文档，如果课程设计采取的是分组开发的形式，则每个小组提交一份课程设计报告即可。课程设计报告通常应该包含如下几个方面的内容。

(1) 封面。写明课程设计题目、组长姓名和学号、项目组成员姓名和学号、指导教师、完成日期等。

(2) 项目参数。包括任务书内容、开发工具、开发平台、代码行数、开发周期、成员详细分工等。

(3) 报告正文。

① 目录：生成报告正文1级～3级标题的目录。

② 设计目的：程序功能简介、涉及技术介绍等。

③ 需求分析：程序详细功能需求，以及必要的性能需求分析。

④ 总体设计：程序模块划分，绘制系统功能结构图。

⑤ 详细设计：程序模块内部的详细设计，包括函数划分，以及函数内部逻辑设计，绘制程序流程图。

⑥ 实现：给出核心功能的源代码及代码分析过程，要求代码符合编码规范，并撰写适量的代码注释。

⑦ 测试：对核心功能模块编写测试用例，并整理测试用例表，重点关注错误输入和边界值输入的测试用例。

⑧ 设计总结：撰写设计体会，总结本次设计所取得的经验和收获，重点对设计过程中遇到的困难，以及解决的方法进行阐述。如果程序未能全部调试通过，则应分析其原因。

⑨ 参考文献：给出设计和书写报告中所参考的文献列表。

(4) 评分表。包括项目评分和成员评分两个部分。具体评价指标参见

3.3 节，成员评分依据项目评分和成员参与程度给出最终每个同学的成绩。

3.1.2 课程设计报告里程碑

课程设计报告不是课程设计全都结束之后再提交，而是在课程设计各个阶段分别提交阶段性课程设计报告，是指导教师审查课程设计进度的重要依据，作为推进课程设计各个阶段工作的里程碑。通常可以设置以下三个时间节点。

(1) 总体设计结束后。总体设计结束后，学生通常已经明确了自己小组的开发任务和需要的技术，详细划分了系统的功能模块，设计了功能结构图，并在小组内部进行了开发分工。此时提交的课程设计报告，应完成 3.1.1 节介绍的"①～④"部分。

(2) 编码结束后。编码结束后，学生通常已经基本实现了项目的主要功能，每个小组成员针对自己负责的模块进行详细设计，绘制了各自模块内部核心函数的程序流程图。此时提交的课程设计报告，应完成 3.1.1 节介绍的"①～⑥"部分。

(3) 测试结束后。测试结束后，经过对项目的各个功能模块进行的详细测试，项目中的 Bug 已经基本排除，程序趋于完善，课程设计已经接近尾声。此时提交的课程设计报告即为最终完整的课程设计报告。

3.2 课程设计答辩

课程设计答辩不是必须要开展的环节，教师可以根据实际情况决定是否答辩。课程设计答辩是指以小组为单位，对课程设计成果物(主要为文档、源代码、可执行程序)进行集中展示和讲解，通过教师提问和学生回答，作为课程设计评价的重要依据。

开展课程设计答辩具有以下优点。

(1) 有助于提高学生的重视程度。学生在课程设计开始就被告知最后要进行课程设计答辩，比没有答辩要求的学生重视程度更高，能付出更多的努力，以期在答辩环节能经得起全班同学的比较和顺利回答老师的提问。

(2) 有助于锻炼学生的综合能力。课程设计答辩，有助于提高学生的语言表达能力，归纳总结能力，演示文档撰写能力等综合能力，在当今激烈的社会竞争中，这些能力对学生的未来发展也是至关重要的，只会技术，不会把自己的设计表达出来，不能很好地与他人沟通，将不利于学生的全面发展。

(3) 有助于教师对课程设计进行评分。答辩时的表现，通常可以直接反映出一个小组项目开发的技术水平，通过项目的现场演示，可以直观了解一个项目的设计难度、实现程度、界面友好性等情况。同时，答辩还可以间接反映出小组每个成员的学习态度和参与程度。通过面对面的答辩环节，可以深入了解每个学生的实际参与情况、技术掌握情况等。

课程设计答辩时，要提交课程设计报告纸质版文档给答辩评委，准备答辩 PPT 演示文档，以及录制的程序运行演示视频，答辩时间通常不少于 10 分钟，提问不少于 5 分钟。答辩结束后，教师负责在课程设计报告最后一页评分表上给出评分。

3.3 课程设计评价机制

3.3.1 课程设计评价分级标准

评价是检测学生理解问题和解决问题能力的一个重要手段,教师需要严格跟踪课程设计进度,审查学生各个阶段提交的文档。最终考核验收时由指导教师根据本课程设计的要求严格把关,公平公正,仔细评审学生提交的课程设计报告,认真组织课程设计答辩,对学生的学习态度、出勤情况、动手能力、独立分析和解决问题的能力、创新精神、设计报告质量和答辩水平等指标进行综合考评。建议教师在成绩记录时将学生的成绩分为A、B、C、D、E 5个档次。以下是评判标准。

优(A):按要求完成题目,有完整的符合标准的文档,文档有条理、文笔通顺,格式正确,其中有总体设计思想的论述,有正确的流程图,程序完全实现设计方案,设计方案先进,软件可靠性好。答辩回答问题正确,对系统的演示流畅,源代码解释清晰。

良(B):完成设计题目,有完整的符合标准的文档,文档有条理、文笔通顺,格式正确;有完全实现设计方案的软件,设计方案较先进。答辩回答问题较好,对系统的演示较为流畅,源代码解释较为清晰。

中(C):基本完成题目,有完整的符合标准的文档,有基本实现设计方案的软件,设计方案正确。答辩回答问题基本正确,对系统的演示基本完成,源代码解释较为清楚。

及格(D):基本完成题目,有完整的符合标准的文档,有基本实现设计方案的软件,设计方案基本正确。答辩回答问题基本正确,系统演示能够完成。源代码解释基本清楚。

不及格(E):没有完成题目的要求,没有完整的符合标准的文档,软件没有基本实现设计方案,设计方案不正确。答辩回答问题不正确,系统演示不能够完成,源代码解释不清楚。

3.3.2 课程设计评价指标

每个小组成员的最终成绩可以由阶段检查成绩、小组项目设计水平和组长打分三部分组成,其中,阶段检查占30%,项目设计水平占60%,组长打分占10%。具体的评分细则描述如下。

(1) 阶段检查。阶段检查占30分,主要由平时出勤情况和三个阶段里程碑提交的报告质量,以及每个团队成员的参与情况综合决定。

(2) 小组项目设计水平。小组项目评分占60分,主要分为5个方面进行评价:问题规模(15分)、技术难度(15分)、实现程度(15分)、报告质量(10分)、答辩情况(5分)。表3.1是项目设计水平的评分细则。

表3.1 项目设计水平的评分细则

考察项目	总分	评分细则	分数
问题规模	15分	创新完成小组指定任务,工作量饱满	12～15分
		全部完成小组指定任务,工作量略显不足	9～12分
		少量小组指定任务未完成,工作量明显不足	5～9分
		大量的小组指定任务未完成,工作量明显不足	0～5分

续表

考察项目	总分	评分细则	分数
技术难度	15分	采用技术先进、模型正确	12～15分
		采用技术得当、模型正确	9～12分
		采用技术不够先进、模型存在一些问题	5～9分
		采用技术落后、模型存在很多问题	0～5分
实现程度	15分	系统实现完整,界面友好,没有错误	12～15分
		系统实现完整,界面友好,存在少许错误	9～12分
		系统实现不够完整,界面不够友好,存在一些错误	5～9分
		系统实现不够完整,界面不够友好,存在明显错误	0～5分
报告质量	10分	报告完整、格式统一、结构清晰、图表正确	9～10分
		报告完整、格式较为统一、结构较为清晰、图表较为正确	7～9分
		报告基本完整、有格式问题、结构基本清晰、图表基本正确	5～7分
		报告不够完整、格式问题较多、结构较混乱、图表有错误	0～5分
答辩情况	5分	答辩表达清晰,主要问题回答正确深入	5分
		答辩表达清晰,主要问题回答正确,但不够深入	4分
		答辩表达基本清晰,主要问题回答基本正确,有一些错误	3分
		答辩表达不清晰,主要问题回答有误或回答不出	0～2分

(3) 组长打分。

课程设计是团队开发方式,项目组长是开发团队的核心,起到了重要的领导作用,因此,在课程设计评分环节应该给项目组长一定的权限。此外,由于项目组长和项目组成员的接触更为密切,更能了解成员的参与程度和技术水平,因此项目组长打分具有一定的说服力。组长评分占10分,主要考察以下两个方面。

一是承担工作量的大小:总分5分。

① 工作量饱满(5分);

② 工作量一般(3～4分);

③ 工作量较少(1～2分)

④ 工作量很少(0分)。

二是团队精神:总分5分。

① 积极参与团队讨论,主动沟通,对小组工作提出建设性的建议(5分);

② 能参与团队讨论,但较为被动(3～4分);

③ 较少参与团队讨论(1～2分);

④ 基本不参与团队讨论(0分)。

3.3.3 课程设计评分表

课程设计报告最后一页的评分表可以设计成如表3.2所示的格式。其中,小组项目设计水平得分A=A1+A2+A3+A4+A5,总分60分。每一个成员的最终成绩由小组项目设计水平得分A+阶段评分B+组长评分C组成,再转换为分级制A～E的得分即可。

表 3.2　课程设计评分表

<table>
<tr><th>项目</th><th colspan="2">说　明</th><th>满　分</th><th>小组得分</th></tr>
<tr><td>问题规模</td><td colspan="2">考察工作量是否饱满，是否具有创新性</td><td>15</td><td>A1</td></tr>
<tr><td>技术难度</td><td colspan="2">考察技术是否先进，模型是否正确</td><td>15</td><td>A2</td></tr>
<tr><td>实现程度</td><td colspan="2">考察实现是否完整，界面是否友好，是否有 Bug</td><td>15</td><td>A3</td></tr>
<tr><td>报告质量</td><td colspan="2">考察报告是否完整，格式是否统一，结构是否清晰，图表是否规范</td><td>10</td><td>A4</td></tr>
<tr><td>答辩情况</td><td colspan="2">考察表达是否清晰，问题回答是否正确</td><td>5</td><td>A5</td></tr>
<tr><td colspan="3">项目设计水平总成绩</td><td>60</td><td>A</td></tr>
<tr><td>成员名</td><td>阶段评分（总分 30 分）</td><td>组长评分（总分 10 分）</td><td>最终得分（总分 100 分）</td><td>最终分级（A～E）</td></tr>
<tr><td>成员 1</td><td>B1</td><td>C1</td><td>A＋B1＋C1</td><td></td></tr>
<tr><td>成员 2</td><td>B2</td><td>C2</td><td>A＋B2＋C2</td><td></td></tr>
<tr><td>成员 3</td><td>B3</td><td>C3</td><td>A＋B3＋C3</td><td></td></tr>
<tr><td>成员 4</td><td>B4</td><td>C4</td><td>A＋B4＋C4</td><td></td></tr>
</table>

PART 2

第二篇 课程设计预备知识

CHAPTER 4

第4章 C语言基础知识

4.1 C语言概述

在学习C语言之前，先了解一下C语言的历史。

C语言于1972年11月问世。1978年，美国电话电报公司（AT&T）贝尔实验室正式发布C语言。1983年，由美国国家标准局（American National Standards Institute，ANSI）开始制定C语言标准，于1989年12月完成，并在1990年春天发布，称为ANSI C，有时也被称为C89或C90。

C语言是一门通用的、模块化、程序化的编程语言，被广泛应用于操作系统和应用软件的开发。由于其高效和可移植性，适应于不同硬件和软件平台，深受开发人员的青睐。

1. C语言早期发展

1969—1973年在美国电话电报公司（AT&T）贝尔实验室开始了C语言的最初研发。根据C语言的发明者丹尼斯·里奇（Dennis Ritchie）说，C语言最重要的研发时期是在1972年。

C语言之所以命名为C，是因为C语言源自Ken Thompson发明的B语言，而B语言则源自BCPL语言。C语言的诞生是和UNIX操作系统的开发密不可分的，原先的UNIX操作系统都是用汇编语言写的，1973年，UNIX操作系统的核心用C语言改写，从此以后，C语言成为编写操作系统的主要语言。

2. ANSI C和ISO C

20世纪70年代到20世纪80年代，C语言被广泛应用，从大型主机到小型微机，也衍生了C语言的很多不同版本。

为统一C语言版本，1983年，美国国家标准局（American National Standards Institute，ANSI）成立了一个委员会，来制定C语言标准。1989年，C语言标准被批准，被称为ANSI X3.159—1989 Programming Language C。这个版本的C语言标准通常被称为ANSI C。又由于这个版本是1989年完成制定的，因此也被称为 C89。

后来 ANSI 把这个标准提交到 ISO（国际化标准组织），1990 年被 ISO 采纳为国际标准，称为 ISO C。又因为这个版本是 1990 年发布的，因此也被称为 C90。

ANSI C（C89）与 ISO C（C90）内容基本相同，主要是格式组织不一样。因为 ANSI 与 ISO 的 C 标准内容基本相同，所以对于 C 标准，可以称为 ANSI C，也可以说是 ISO C，或者 ANSI / ISO C。注意：以后看到 ANSI C、ISO C、C89、C90，要知道这些标准的内容都是一样的。目前，几乎所有的开发工具都支持 ANSI / ISO C 标准，它是 C 语言用得最广泛的一个标准版本。

3. C99

在 ANSI C 标准确立之后，C 语言的规范在很长一段时间内都没有大的变动。1995 年，C 程序设计语言工作组对 C 语言进行了一些修改，成为后来的 1999 年发布的 ISO/IEC 9899：1999 标准，通常被称为 C99。

但是各个公司对 C99 的支持所表现出来的兴趣不同。当 GCC 和其他一些商业编译器支持 C99 的大部分特性的时候，微软和 Borland 却似乎对此不感兴趣。GCC（GNU Compiler Collection，GNU 编译器集合）是一套由 GNU 工程开发的支持多种编程语言的编译器。

4.2 C 语言知识点

4.2.1 数据类型

数据类型是按被定义变量的性质、表示形式、占据存储空间的多少、构造特点来划分的。在 C 语言中，数据类型可分为：基本数据类型，构造数据类型，指针类型，空类型 4 大类，如图 4.1 所示。

数据类型说明如表 4.1 所示。

表 4.1 C 语言数据基本类型

数据类型	说明
基本数据类型	基本数据类型最主要的特点是，其值不可以再分解为其他类型。也就是说，基本数据类型是自我说明的
构造数据类型	构造数据类型是根据已定义的一个或多个数据类型用构造的方法来定义的。也就是说，一个构造类型的值可以分解成若干个“成员”或“元素”。每个“成员”都是一个基本数据类型或又是一个构造类型。在 C 语言中，构造类型有以下几种：数组类型、结构体类型、共用体（联合）类型、枚举类型
指针类型	指针是一种特殊的，同时又是具有重要作用的数据类型。其值用来表示某个变量在内存储器中的地址。虽然指针变量的取值类似于整型量，但这是两个类型完全不同的量，因此不能混为一谈
空类型	其类型说明符为 void，在后面函数中还要详细介绍

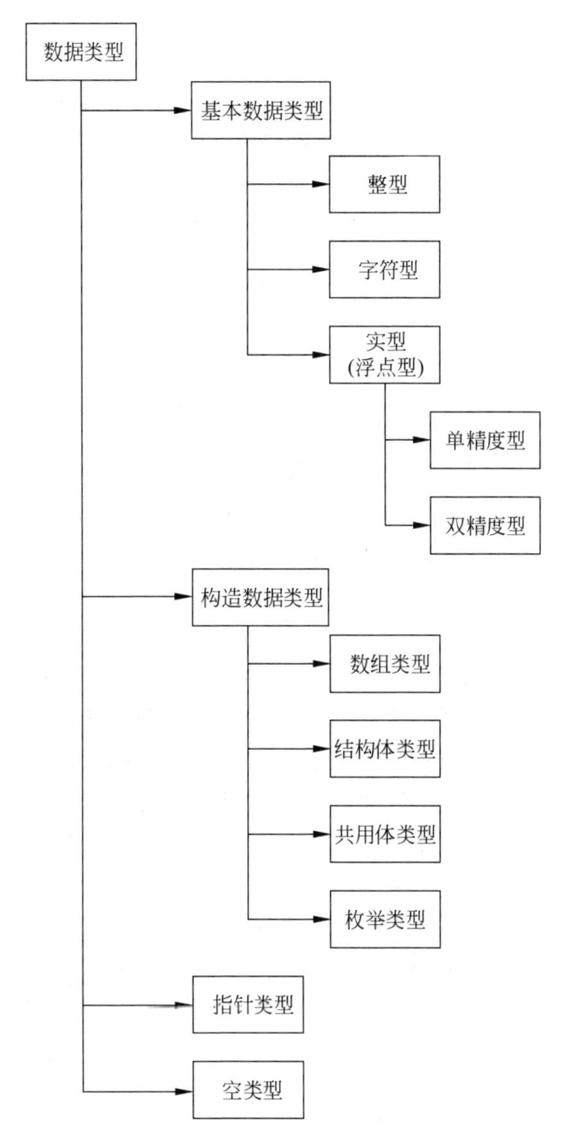

图 4.1　C 语言基本类型

4.2.2　运算符和表达式

C 语言基本算术运算符如表 4.2 所示。

表 4.2　C 语言基本算术运算符

数据类型	说　明
算术运算符	用于各类数值运算。包括加(+)、减(-)、乘(*)、除(/)、求余(或称模运算,%)、自增(++)、自减(--)共 7 种
关系运算符	用于比较运算。包括大于(>)、小于(<)、等于(==)、大于等于(>=)、小于等于(<=)和不等于(!=)6 种
逻辑运算符	用于逻辑运算。包括与(&&)、或(‖)、非(!)三种

续表

数据类型	说　明
位操作运算符	参与运算的量,按二进制位进行运算。包括位与(&)、位或(|)、位非(～)、位异或(^)、左移(＜＜)、右移(＞＞) 6种
赋值运算符	用于赋值运算,分为简单赋值(=)、复合算术赋值(+=,-=,*=,/=,%=)和复合位运算赋值(&=,|=,^=,＞＞=,＜＜=)三类共11种
条件运算符	这是一个三目运算符,用于条件求值(?:)
逗号运算符	用于把若干表达式组合成一个表达式(,)
指针运算符	用于取内容(*)和取地址(&)两种运算
求字节数运算符	用于计算数据类型所占的字节数(sizeof)
特殊运算符	有括号(),下标[],成员(-＞,.)等几种

表达式是由常量、变量、函数和运算符组合起来的式子。一个表达式有一个值及其类型,它们等于计算表达式所得结果的值和类型。表达式求值按运算符的优先级和结合性规定的顺序进行。单个的常量、变量、函数可以看作是表达式的特例。

4.2.3 输入输出操作

C语言中基本的输入输出函数有以下几个。

putchar():把变量中的一个字符常量输出到显示器屏幕上。

getchar():从键盘上输入一个字符常量,此常量就是该函数的值。

printf():把键盘中的各类数据,加以格式控制输出到显示器屏幕上。

scanf():从键盘上输入各类数据,并存放到程序变量中。

puts():把数组变量中的一个字符串常量输出到显示器屏幕上。

gets():从键盘上输入一个字符串常量并放到程序的数组中。

scanf():从一个字符串中提取各类数据。

putchar()和getchar():顾名思义就是从输入流中获取一个字符和输出一个字符,比较简单,不再多讲。例如:

```
char c = getchar();
putchar(c);
```

格式化输入输出函数scanf()和printf()是最有用的,所以下面重点讲一下。

1. printf()

一般形式:

```
printf("格式控制",输出列表);
```

例如:printf("a=%d,b=%f,c=%c\n",a,b,c);

1) 格式控制

格式控制是用双引号括起来的字符串,也称“转换控制字符串”,它包含以下两部分信息。

(1) 格式说明:由“%”和格式字符组成,如%d,%f,%c。它的作用是把输出数据转换为指定格式输出,格式的说明总是由“%”字符开始的。

(2) 普通字符：需要原样输出的字符，或者是一些有特殊含义的字符，如\n,\t。

2) 输出列表

就是需要输出的一些数据，也可以是表达式，如果在函数中需要输出多个变量或表达式，则要用逗号隔开。

一些特殊字符的输出方法如下。

(1) 单引号，双引号和反斜杠的输出在前面加转义字符"\"。

例如："\'","\"","\\"。

(2) %的输出用两个连在一起的%%，即 printf("%%");。

常用的格式说明如表 4.3 所示。

表 4.3　C 语言输出格式及其说明

格　式	说　明
d	以十进制形式输出带符号整数(正数不输出符号)
o	以八进制形式输出无符号整数(不输出前缀 O)
x	以十六进制形式输出无符号整数(不输出前缀 OX)
u	以十进制形式输出无符号整数
f	以小数形式输出单精度实数
lf	以小数形式输出双精度实数
e	以指数形式输出单、双精度实数
g	以%f%e 中较短的输出宽度输出单、双精度实数
c	输出单个字符
s	输出字符串

2. scanf()函数

scanf 的很多用法都是和 printf 对应的，故不再赘述。

例如，输入为日期 yyyy-mm-dd，就可以这样写：

```
int year,month,day;
scanf("%d-%d-%d",&year,&month,&day);
```

再如：

```
scanf("%3d %*3d %2d",&m,&n); //输入 113 118 69 回车(系统将 113 赋予 m,将 69 赋予 n,因为 *
号表示跳过它相应的数据,所以 118 不赋予任何变量)
```

用%s 读入的时候是会忽略掉空格、回车和制表符的。并且以空格、回车和制表符作为字符串结束的标志。

4.2.4　选择

用 if 语句可以构成分支结构。它根据给定的条件进行判断，以决定执行某个分支程序段。C 语言的 if 语句有以下三种基本形式。

1. 第一种形式

```
if(表达式)语句
```

其语义是：如果表达式的值为真，则执行其后的语句，否则不执行该语句。

2. 第二种形式

```
if(表达式)
    语句 1;
else
    语句 2;
```

其语义是：如果表达式的值为真，则执行语句1，否则执行语句2。其执行过程如图4.2所示。

例如，输入两个整数，输出其中的大数。用if-else语句判别a，b的大小，若a大，则输出a，否则输出b。程序代码如下。

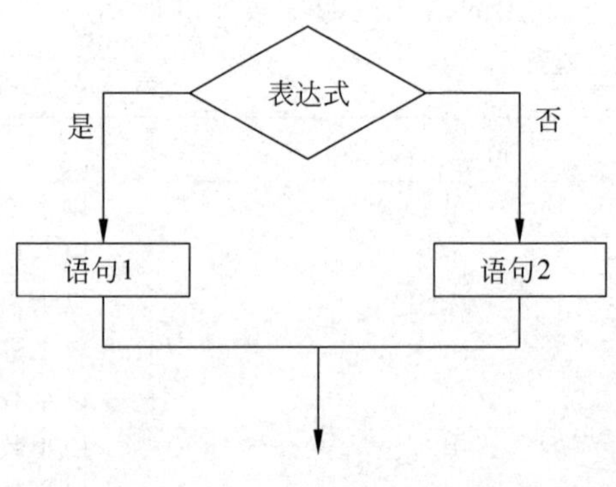

图 4.2 if-else 流程示意图

```
#include<stdio.h>
int main(){
    int a, b;
    printf("input two numbers:    ");
    scanf("%d%d",&a,&b);
    if(a>b)
        printf("max=%d\n",a);
    else
        printf("max=%d\n",b);
    return 0;
}
```

3. 第三种形式

前两种形式的if语句一般都用于两个分支的情况。当有多个分支选择时，可采用if-else-if语句，其一般形式为：

```
if(表达式 1)
    语句 1;
else if(表达式 2)
    语句 2;
else if(表达式 3)
    语句 3;
  ⋮
else if(表达式 m)
    语句 m;
else
    语句 n;
```

其语义是：依次判断表达式的值，当出现某个值为真时，则执行其对应的语句。然后跳到整个if语句之外继续执行程序。如果所有的表达式均为假，则执行语句n。然后继续执行后续程序。if-else-if语句的执行过程如图4.3所示。

在使用if语句时还应注意以下问题。

(1) 在三种形式的if语句中，在if关键字之后均为表达式。该表达式通常是逻辑表达式或关系表达式，但也可以是其他表达式，如赋值表达式等，甚至也可以是一个变量。例如：

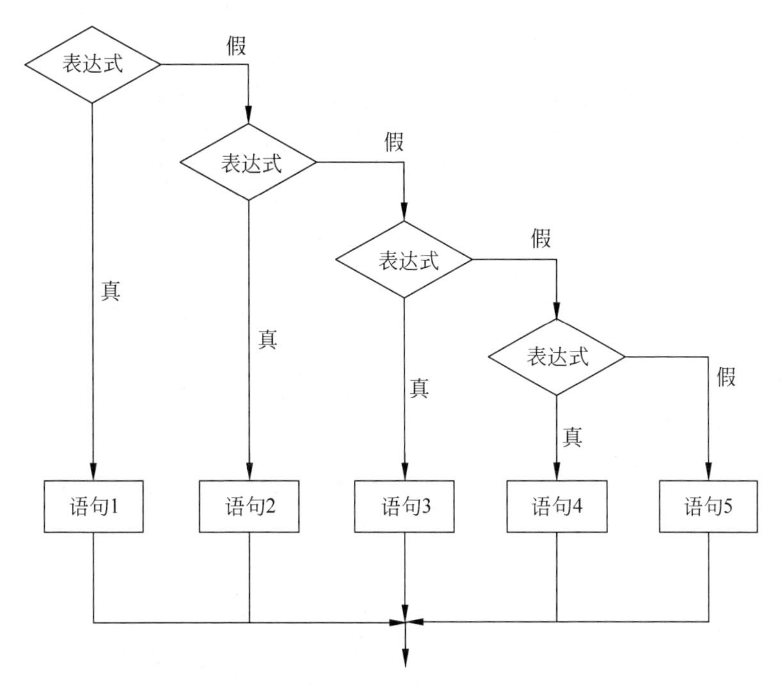

图 4.3　if-else-if 语句流程示意图

```
if(a=5)语句;
if(b)语句;
```

都是允许的。只要表达式的值为非 0,即为"真"。例如,在 if(a=5)中表达式的值永远为非 0,所以其后的语句总是要执行的,当然这种情况在程序中不一定会出现,但在语法上是合法的。

又如,有程序段:

```
if(a=b)
    printf("%d",a);
else
    printf("a=0");
```

本语句的语义是,把 b 值赋予 a,如为非 0 则输出该值,否则输出"a=0"字符串。这种用法在程序中是经常出现的。

(2) 在 if 语句中,条件判断表达式必须用括号括起来,在语句之后必须加分号。

在 if 语句的三种形式中,所有的语句应为单个语句,如果要想在满足条件时执行一组(多个)语句,则必须把这一组语句用{}括起来组成一个复合语句。但要注意的是,在}之后不能再加分号。例如:

```
if(a>b){
    a++;
    b++;
}else{
    a=0;
    b=10;
}
```

(3) if 语句的嵌套。

当 if 语句中的执行语句又是 if 语句时，则构成了 if 语句嵌套的情形。其一般形式可表示如下：

```
if(表达式)
    if 语句;
```

或者为：

```
if(表达式)
    if 语句;
else
    if 语句;
```

在嵌套内的 if 语句可能又是 if-else 型的，这将会出现多个 if 和多个 else 重叠的情况，这时要特别注意 if 和 else 的配对问题。例如：

```
if(表达式 1)
    if(表达式 2)
        语句 1;
    else
        语句 2;
```

其中的 else 究竟是与哪一个 if 配对呢？应该理解为：

```
if(表达式 1)
    if(表达式 2)
        语句 1;
    else
        语句 2;
```

还是应理解为：

```
if(表达式 1)
    if(表达式 2)
        语句 1;
else
    语句 2;
```

为了避免这种二义性，C 语言规定，else 总是与它前面最近的 if 配对，因此对上述例子应按前一种情况理解。

以下程序段为比较两个数的大小关系。

```
#include<stdio.h>
int main(){
    int a,b;
    printf("please input A,B:     ");
    scanf("%d%d",&a,&b);
    if(a!=b)
    if(a>b)  printf("A>B\n");
    else      printf("A<B\n");
    else      printf("A=B\n");
```

```
    return 0;
}
```

本例中用了 if 语句的嵌套结构。采用嵌套结构实质上是为了进行多分支选择，实际上有三种选择，即 A＞B、A＜B 或 A＝B。这种问题用 if-else-if 语句也可以完成，而且程序更加清晰。因此，在一般情况下较少使用 if 语句的嵌套结构，以使程序更便于阅读理解。

4.2.5　循环

C 语言循环控制语句提供了 while 语句、do-while 语句和 for 语句来实现循环结构。

1. while 循环语句

一般形式如下：

```
while(表达式)
    语句;
```

其执行过程如图 4.4 所示。

(1) 计算 while 后面括号里表达式的值，若其结果非 0，则转入(2)，否则转(3)。

(2) 执行循环体，转(1)。

(3) 退出循环，执行循环体下面的语句。

由于是先执行判断后执行循环体，所以循环体可能一次都不执行。循环体可以为空语句"；"。

2. do-while 语句

一般形式如下，其执行过程如图 4.5 所示。

```
do
    语句;
while(表达式);
```

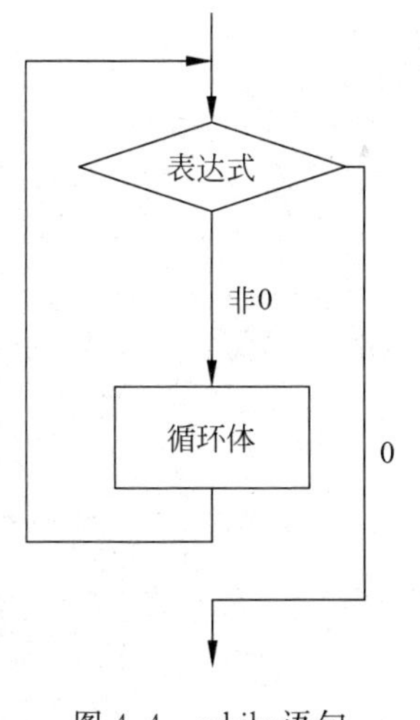

图 4.4　while 语句

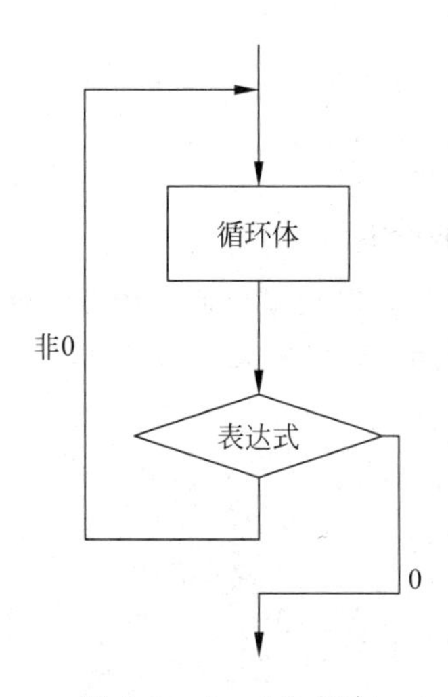

图 4.5　do-while 语句

(1) 执行循环体,转(2)。

(2) 计算 while 后面括号里表达式的值,若其结果非 0,则转入(1),否则转(3)。

(3) 退出循环,执行循环体下面的语句。

注意:do-while 语句最后的分号(;)不可少,否则提示出错。循环体至少执行一次。

3. for 语句

for 语句是循环控制结构中使用最广泛的一种循环控制语句,特别适合已知循环次数的情况。

一般形式如下,其执行过程如图 4.6 所示。

```
for ( [表达式 1]; [表达式 2 ]; [表达式 3] )
    语句;
```

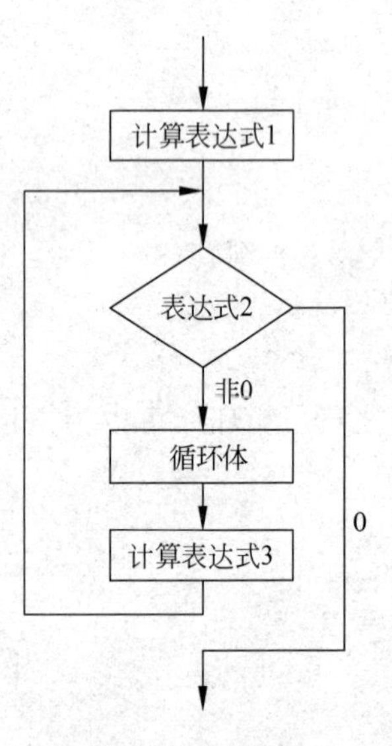

图 4.6 for 语句

其中:

表达式 1:一般为赋值表达式,给控制变量赋初值。

表达式 2:关系表达式或逻辑表达式,循环控制条件。

表达式 3:一般为赋值表达式,给控制变量增量或减量。

语句:循环体,当有多条语句时,必须使用复合语句。

其执行过程如下:首先计算表达式 1,然后计算表达式 2。若表达式 2 为真,则执行循环体;否则,退出 for 循环,执行 for 循环后的语句。如果执行了循环体,则循环体每执行 ·次,都计算表达式 3,然后重新计算表达式 2,依次循环,直至表达式 2 的值为假,退出循环。

for 语句的三个表达式都是可以省略的,但分号";"绝对不能省略,例如,for 语句的以下几种格式都是允许的。

(1) for(; ;)语句;

(2) for(;表达式 2;表达式 3)语句;

(3) for(表达式 1;表达式 2;)语句;

(4) for(i=1,j = n; i < j; i ++,j --)语句;

4.2.6 数组

1. 数组的概念

数组是用来存储一组数据的构造数据类型。

特点:只能存放一种类型的数据,如全部是 int 型或者全部是 char 型,数组里的数据称为元素。

2. 一维数组的定义

格式:

```
类型 数组名[元素个数];
```

例如,存储 5 个人的年龄:

```
int agrs[5];          //在内存中开辟 4×5 = 20 个字节的存储空间
```

可以在定义数组的同时对数组进行初始化：

```
int ages[5] = {17,18,19,20,21};
```

遍历数组：

```
for(int i = 0;i<5;i++)
{
    printf("ages[ %d] = %d\n",i,ages[i]);
}
```

注意：

(1) 数组的初始化：

① int ages[5]={17,18,19,20,21}; //一般写法

② int ages[5]={17,18};//只对前两个元素赋值

③ int ages[5]={[3]=10,[4]=11};//对指定的元素赋值，这里为第三个和第四个元素赋值

④ int ages[]={11,12,13}; //正确，右边的元素确定，则个数可以省略，这里为 3 个

⑤ int ages[];//错误，编译器无法知道应该分配多少存储空间

⑥ int ages[5];ages={17,18,19,20,21}; //错误，只能在定义数组时这样进行初始化

⑦ int ages['A']={1,2,3};//正确，相当于是 ages[65]

⑧ int count=5;int ages[count]={1,2,3,4,5};//这种写法是错误的，在定义数组时元素的个数必须为常量或者不写，不能是一个变量

(2) 计算数组元素。当没有表明数组元素个数时，对其进行遍历(要求使用数组元素个数)可以使用 sizeof 运算符来计算数组元素的个数：

```
int count = sizeof(ages)/sizeof(int); //数组的总长度除以单个的长度等于元素个数
```

3. 一维数组内存存储细节

假设有数组如下：

```
int x[] = {1,2};
char ca[5] = {'a','A','B','C','D'};
```

数组名即代表数组的地址。

在内存中，内存从大到小进行寻址，为数组分配了存储空间后，数组的元素自然地从上往下排列存储，整个数组的地址为首元素的地址。

模拟该数组的内存存储细节如图 4.7 所示。

字节地址	数组	数组元素	内容
0x01			
0x02			
0x03		ca[0]	'a'
0x04		ca[1]	'A'
0x05	ca	ca[2]	'B'
0x06		ca[3]	'C'
0x07		ca[4]	'D'
0x08			0000 0001
0x09		x[0]	0000 0000
0x0a			0000 0000
0x0b			0000 0000
0x0c	x		0000 0010
0x0d		x[1]	0000 0000
0x0e			0000 0000
0x0f			0000 0000

图 4.7　数组的存储细节示意图

注意：字符在内存中是以对应 ASCII 值的二进制形式存储的，而非图 4.7 中的形式。在这个例子中，数组 x 的地址为它的首元素的地址 0x08，数组 ca 的地址为 0x03。

4. 数组——传地址调用

函数定义时用数组作为函数形参，函数调用时用函数名作为实参，能实现传地址调用。

```
void change(int array[])          //数组可以作为函数的形参,可以省略数组元素的个数
{
    array[0] = 100;
}

void change2(int a)               //基本类型作为函数的形参
{
    a = 200;
}
int main()
{
    int ages[5] = {1,2,3,4,5};
    change2(ages[0]);
    change(ages);
    return 0;
}
```

array 数组与 ages 数组的地址一致,若以数组作为函数的参数,这种传递方式是传址调用,传递的是整个数组的地址,修改形参数组元素的值,就是修改实参的值。

当把一个数组当作参数来传递时,它会被看作是一个指针,在该函数体内使用 sizeof 运算符来计算数组的长度,在 VS 2013 中得出的数值为 4,而非数组的实际长度,因为任何类型的指针都占 4 个字节的存储空间。

提示:数组作为一个函数的参数时,如果函数体涉及数组遍历等操作,通常把数组的实际元素个数也作为参数传递给函数。例如:

```
void maxofarray(int array[],int size){…},实参为 ages 和 sizeof(ages)/sizeof(int)
```

5. 二维数组

二维数组本质上是以一维数组作为数组元素的数组,即“数组的数组”。

int ages1[3][10];//数组能够存放 3 个数组,每个数组存放 10 个数值,共 3×10=30 个数组数值。

使用场合:五子棋,俄罗斯方块等,假设:

```
char Y[3][2] = {
    {'A','B'},
    {'C,'D'},
    {'E,'F'}
};
```

内存情况如图 4.8 所示。

4.2.7 函数

在前面已经介绍过,C 源程序是由函数组成的。虽然在前面各章的程序中大都只有一个主函数 main(),但实用程序往往由多个函数组成。函数是 C 源程序的基本模块,通过对函数模块的调用实现特定的功能。C 语言中的函数相当于其他高级语言的子程序。C 语言不仅提供了极为丰富的库函数(如 Turbo C,MS C 都提供了三百多个库函数),还允许用户

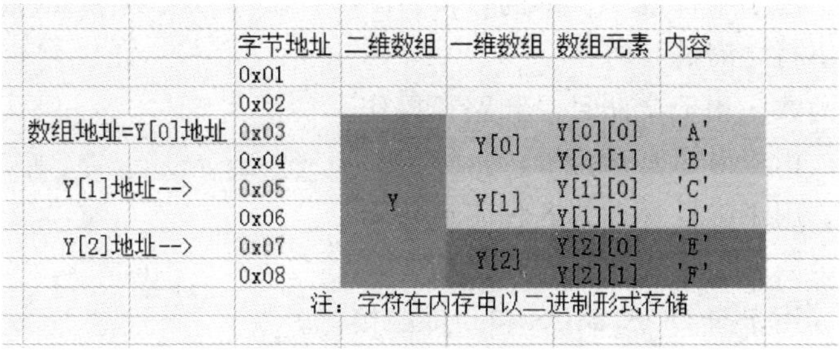

	字节地址	二维数组	一维数组	数组元素	内容
	0x01				
	0x02				
数组地址=Y[0]地址	0x03	Y	Y[0]	Y[0][0]	'A'
	0x04			Y[0][1]	'B'
Y[1]地址-->	0x05		Y[1]	Y[1][0]	'C'
	0x06			Y[1][1]	'D'
Y[2]地址-->	0x07		Y[2]	Y[2][0]	'E'
	0x08			Y[2][1]	'F'

注：字符在内存中以二进制形式存储

图 4.8　二维数组在内存中的存储示意图

建立自己定义的函数。用户可把自己的算法编成一个个相对独立的函数模块，然后用调用的方法来使用函数。可以说 C 程序的全部工作都是由各式各样的函数完成的，所以也把 C 语言称为函数式语言。

由于采用了函数模块式的结构，C 语言易于实现结构化程序设计，使程序的层次结构清晰，便于程序的编写、阅读、调试。

在 C 语言中可从不同的角度对函数分类。

(1) 从函数定义的角度看，函数可分为库函数和用户定义函数两种。

① 库函数：由 C 系统提供，用户无须定义，也不必在程序中做类型说明，只需在程序前包含该函数原型的头文件即可在程序中直接调用。在前面各章的例题中反复用到 printf、scanf、getchar、putchar、gets、puts、strcat 等函数均属此类。

② 用户定义函数：由用户按需要写的函数。对于用户自定义函数，不仅要在程序中定义函数本身，而且在主调函数模块中还必须对该被调函数进行类型说明，然后才能使用。

(2) C 语言的函数兼有其他语言中的函数和过程两种功能，从这个角度看，又可把函数分为有返回值函数和无返回值函数两种。

① 有返回值函数：此类函数被调用执行完后将向调用者返回一个执行结果，称为函数返回值。如数学函数即属于此类函数。由用户定义的这种要返回函数值的函数，必须在函数定义和函数说明中明确返回值的类型。

② 无返回值函数：此类函数用于完成某项特定的处理任务，执行完成后不向调用者返回函数值。这类函数类似于其他语言的过程。由于函数无须返回值，用户在定义此类函数时可指定它的返回为"空类型"，空类型的说明符为"void"。

(3) 从主调函数和被调函数之间数据传送的角度看又可分为无参函数和有参函数两种。

① 无参函数：函数定义、函数说明及函数调用中均不带参数。主调函数和被调函数之间不进行参数传送。此类函数通常用来完成一组指定的功能，可以返回或不返回函数值。

② 有参函数：也称为带参函数。在函数定义及函数说明时都有参数，称为形式参数(简称为形参)。在函数调用时也必须给出参数，称为实际参数(简称为实参)。进行函数调用时，主调函数将把实参的值传送给形参，供被调函数使用。

(4) C 语言提供了极为丰富的库函数，这些库函数又可从功能角度做以下分类。

① 字符类型分类函数。用于对字符按 ASCII 码分类：字母，数字，控制字符，分隔符，大小写字母等。

② 转换函数。用于字符或字符串的转换；在字符量和各类数字量(整型，实型等)之间进行转换；在大、小写之间进行转换。

③ 目录路径函数。用于文件目录和路径操作。

④ 诊断函数。用于内部错误检测。

⑤ 图形函数。用于屏幕管理和各种图形功能。

⑥ 输入输出函数。用于完成输入输出功能。

⑦ 接口函数。用于与 DOS,BIOS 和硬件的接口。

⑧ 字符串函数。用于字符串操作和处理。

⑨ 内存管理函数。用于内存管理。

⑩ 数学函数。用于数学函数计算。

⑪ 日期和时间函数。用于日期、时间转换操作。

⑫ 进程控制函数。用于进程管理和控制。

⑬ 其他函数。用于其他各种功能。

以上各类函数不仅数量多,而且有的还需要硬件知识才会使用,因此要想全部掌握则需要一个较长的学习过程。应首先掌握一些最基本、最常用的函数,再逐步深入。附录 C 中列出了一部分常用的库函数,其余部分读者可根据需要查阅 C 语言函数手册。

还应该指出的是,在 C 语言中,所有的函数定义,包括主函数 main 在内,都是平行的。也就是说,在一个函数的函数体内,不能再定义另一个函数,即不能嵌套定义。但是函数之间允许相互调用,也允许嵌套调用。习惯上把调用者称为主调函数。函数还可以自己调用自己,称为递归调用。

main 函数是主函数,它可以调用其他函数,而不允许被其他函数调用。因此,C 程序的执行总是从 main 函数开始,完成对其他函数的调用后再返回到 main 函数,最后由 main 函数结束整个程序。一个 C 源程序必须有也只能有一个主函数 main。

4.2.8 指针

在计算机中,所有的数据都存放在存储器中。一般把存储器中的一个字节称为一个内存单元,不同的数据类型所占用的内存单元数不等,如短整型量占两个单元,字符量占一个单元等,在前面已有详细的介绍。为了正确地访问这些内存单元,必须为每个内存单元编号。根据一个内存单元的编号即可准确地找到该内存单元。内存单元的编号也叫作地址。既然根据内存单元的编号或地址就可以找到所需的内存单元,所以通常也把这个地址称为指针。

内存单元的指针和内存单元的内容是两个不同的概念。可以用一个通俗的例子来说明它们之间的关系。到银行去存取款时,银行工作人员将根据账号去找存款单,找到之后在存单上写入存款、取款的金额。在这里,账号就是存单的指针,存款数是存单的内容。对于一个内存单元来说,单元的地址即为指针,其中存放的数据才是该单元的内容,如图 4.9 所示。

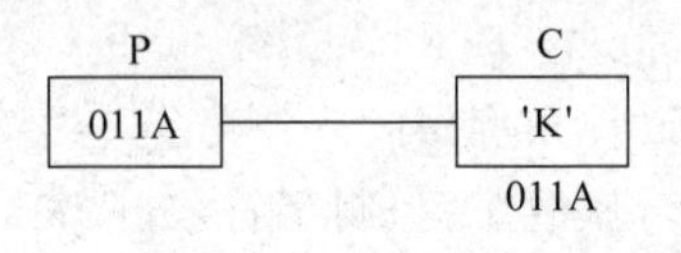

图 4.9　指针示意图

图 4.9 中,设有字符变量 C,其内容为'K'(ASCII 码为十进制数 75),C 占用了 011A 号单元(地址用十六进制数表示)。设有指针变量 P,内容为 011A,这种情况称为指针 P 指向变量 C,或者说 P 是指向变量 C 的指针。

在 C 语言中，允许用一个变量来存放指针，这种变量称为指针变量。因此，一个指针变量的值就是某个内存单元的地址或称为某内存单元的指针。

严格地说，一个指针是一个地址，是一个常量。而一个指针变量却可以被赋予不同的指针值，是变量。但常把指针变量简称为指针。为了避免混淆，本书中约定："指针"是指地址，是常量；"指针变量"是指取值为地址的变量。定义指针的目的是为了通过指针去访问内存单元。

既然指针变量的值是一个地址，那么这个地址不仅可以是变量的地址，也可以是其他数据结构的地址。在一个指针变量中存放一个数组或一个函数的首地址有何意义呢？

因为数组或函数都是连续存放的。通过访问指针变量取得了数组或函数的首地址，也就找到了该数组或函数。这样一来，凡是出现数组、函数的地方都可以用一个指针变量来表示，只要该指针变量中赋予数组或函数的首地址即可。这样做，将会使程序的概念十分清楚，程序本身也精练、高效。

在 C 语言中，一种数据类型或数据结构往往都占有一组连续的内存单元。用"地址"这个概念并不能很好地描述一种数据类型或数据结构，而"指针"虽然实际上也是一个地址，但它却是一个数据结构的首地址，它是"指向"一个数据结构的，因而概念更为清楚，表示更为明确。这也是引入"指针"概念的一个重要原因。

变量的指针就是变量的地址。存放变量地址的变量是指针变量。即在 C 语言中，允许用一个变量来存放指针，这种变量称为指针变量。因此，一个指针变量的值就是某个变量的地址或称为某变量的指针。

为了表示指针变量和它所指向的变量之间的关系，在程序中用 * 符号表示"指向"。例如，i_pointer 代表指针变量，而 *i_pointer 是 i_pointer 所指向的变量。因此，下面两个语句作用相同：

```
i = 3;
*i_pointer = 3;
```

第二个语句的含义是将 3 赋给指针变量 i_pointer 所指向的变量。

指针变量的定义包括以下三个内容。

(1) 指针类型说明，即定义变量为一个指针变量；

(2) 指针变量名；

(3) 变量值(指针)所指向的变量的数据类型。

其一般形式为：

```
类型说明符  *变量名;
```

其中，* 表示这是一个指针变量，变量名即定义的指针变量名，类型说明符表示本指针变量所指向的变量的数据类型。

例如：

```
int *p1;
```

表示 p1 是一个指针变量，它的值是某个整型变量的地址。或者说 p1 指向一个整型变量。至于 p1 究竟指向哪一个整型变量，应由向 p1 赋予的地址来决定。

再如：

```
int *p2;                    /*p2是指向整型变量的指针变量*/
float *p3;                  /*p3是指向浮点变量的指针变量*/
char *p4;                   /*p4是指向字符变量的指针变量*/
```

应该注意的是，一个指针变量只能指向同类型的变量，如p3只能指向浮点变量，不能时而指向一个浮点变量，时而又指向一个字符变量。

4.2.9 自定义数据类型

1. 结构体

定义语法：

```
struct [名称]
{
    成员列表;
}[变量列表];
```

示例程序：

```
struct Student
{
    int age;
    char *name;
    char sex;
} Davlid={24,"Davlid",'M'};
struct
{
    int age;
    char name[20];
} Tom;
int main()
{
    struct Student Mike={1,"MIKE"};          //初始化
    struct Student Rubin={.age=10};
    return 0;
}
```

可部分初始化。

同类的结构体可互相赋值，如：Mike=Rubin;。

结构体指针不可以取结构体内部成员的地址，也就是说不可以指向内部成员变量，只能指向结构体类型变量，例如：

```
struct Student *p;
p=&Mike;                    /*指向结构体类型变量*/
p->age;
Mike.age;
```

以上两种写法等价，均可以获得结构体成员age的值。

结构体变量属于值类型，当作参数时属于值传递；结构体指针属于地址类型，当作参数

时属于地址传递。

2. 共用体

用同一段内存，存放不同类型的变量，共用体所占内存等于内部占字节数最大的一个变量所占的字节。且任何一个时刻，内存中的这段单元只能存放一个有效的变量内容。

例如：

```
union Test
{
    int age;
    char sex;
    float soloar;

};
union Test test001;
test001.sex = 'M';
printf("%c\n",test001.sex);
test001.age = 10;
printf("%d\n",test001.age);        //引用成员,这样才知道应该取多少字节的数据
    return 0;
```

输出：

```
M
10
```

其他使用方法和初始化方式与结构体类似。

3. 枚举类型

定义一个变量只能取指定的值。

语法：

```
enum [枚举名称]
{
    元素列表;
}[变量列表];
```

例如：

```
enum Weekday
{
    sun,mon,tue,wed,thu,fri,sat
};
```

元素默认从 0 开始，往上自动加 1，也可指定值。

```
enum Weekday
{
    sun,mon,tue,wed,thu,fri,sat
};
int main()
{
```

```
    enum Weekday week;
    week = sun;
    printf(" % d\n",week);
    return 0;
}
```

输出：

```
0
```

4. 用 typedef 声明新类型名

按定义变量的方式，把变量名换成新类型名，再在最前面加上 typedef，就声明了新类型。以后就可以使用该类型名称，声明这个类型的变量了。

例如：

```
typedef int num[100];
num a;
```

相当于

```
int a[100];
typedef int integer;
integer a;
```

相当于

```
int a;
```

CHAPTER 5

第5章 软件工程基础知识

迄今为止，计算机系统已经经历了4个不同的发展阶段，但是人们仍然没有彻底摆脱“软件危机”的困扰，软件已经成为限制计算机发展的瓶颈。为了更有效地开发与维护软件，软件工作者在20世纪60年代后期认真研究消除软件危机的途径，从而形成了一门新兴的工程学科——软件工程学(通常简称软件工程)。

5.1 软件工程概述

从20世纪60年代中期到20世纪70年代中期是计算机发展的第二个阶段，此阶段的特点是：硬件环境相对稳定，出现了“软件作坊”的开发组织形式。人们开始广泛使用产品软件(可购买)，从而建立了软件的概念。随着计算机技术的发展和计算机应用的日益广泛，软件系统的规模越来越庞大，高级编程语言层出不穷，应用领域不断拓宽，开发者和用户有了明确的分工，社会对软件的需求量剧增。但软件开发技术没有重大突破，软件产品的质量不高，生产效率低下，从而导致了“软件危机”的产生。1968年，北大西洋公约组织的计算机科学家在联邦德国召开国际会议，讨论软件危机问题，在这次会议上正式提出并使用了“软件工程”这个名词，一门新兴的工程学科就此诞生。

概括地说，软件工程是指导计算机软件开发和维护的一门工程学科。采用工程的概念、原理、技术和方法来开发与维护软件，把经过时间考验而证明正确的管理技术和当前能够得到的最好的技术方法结合起来，以经济地开发出高质量的软件并有效地维护它，这就是软件工程。

人们曾经给软件工程下过许多定义，虽然不同的定义使用了不同的词句，强调的重点也有差异，但是，人们普遍认为软件工程具有下述本质特性。

(1) 软件工程关注于大型程序的构造；

(2) 软件工程的中心课题是控制复杂性；

(3) 软件经常变化；

(4) 开发软件的效率非常重要；

(5) 和谐地合作是开发软件的关键;

(6) 软件必须有效地支持它的用户;

(7) 在软件工程领域中通常由具有一种文化背景的人替另一种文化背景的人创造产品。

自从1968年在联邦德国召开的国际会议上正式提出并使用了"软件工程"这个术语以来,研究软件工程的专家学者们陆续提出了一百多条关于软件工程的准则或"信条"。著名的软件工程专家B. W. Boehm综合这些学者们的意见总结了7条软件工程的基本原理。他认为这7条原理是确保软件产品质量和开发效率的原理的最小集合。这7条原理是相互独立,也是缺一不可的,可以证明在此之前提出的一百多条软件工程原理都可以用这7条原理的任意组合蕴涵或派生。这7条原理如下。

(1) 用分阶段的生命周期计划严格管理。这条原理意味着,应该把软件生命周期划分成若干个阶段,并对应地制定出切实可行的计划,然后严格按照计划对软件的开发与维护进行管理。

(2) 坚持进行阶段评审。在每个阶段进行严格的评审,以便尽早发现软件开发过程中所犯的错误,是一条必须遵守的重要原则。

(3) 实行严格的产品控制。在软件开发过程中不应随意改变需求,因为改变一项需求往往需要付出较高的代价。但是,在软件开发过程中改变需求又是难免的,只能依靠科学的产品控制技术来顺应这种需求。也就是说,当改变需求时,为了保持软件各个配置成分的一致性,必须实行严格的产品控制。

(4) 采用现代程序设计技术。实践表明,采用先进的技术不仅可以提高软件开发和维护的效率,而且可以提高软件产品的质量。

(5) 结果应能清楚审查。为了提高软件开发过程的可见性,更好地进行管理,应该根据软件开发项目的总目标及完成期限,规定开发组织的责任和产品标准,从而使得所得到的结果能够清楚地审查。

(6) 开发小组的人员应该少而精。开发小组人员的素质和数量是影响软件产品质量和开发效率的重要因素。这条基本原理的含义是,软件开发小组的组成人员的素质应该好,而人数不宜过多。

(7) 承认不断改进软件工程实践的必要性。仅有上述6条原理不能保证软件开发和维护的过程能赶上时代的步伐,能跟上技术的不断进步。因此,按照这条基本原理,不仅要积极主动地采纳新的软件技术,而且要不断总结经验。

通常在软件生命周期全过程中使用的一整套技术方法的集合称为方法学或范型,主要包括三个元素:方法,工具和过程。其中,方法是完成软件开发的各项任务的技术方法,回答"怎样做"的问题;工具是为运用方法而提供的自动化的或半自动化的软件工程支撑环境;过程是为了获得高质量的软件所需要完成的一系列任务的框架,它规定了完成各项任务的工作步骤。

5.2 软件生命周期

概括地说,软件生命周期由软件定义、软件开发和运行维护(也称为软件维护)三个时期组成,每个时期又进一步划分成若干个阶段。下面介绍软件生命周期中各个阶段的基本任务和常用方法。

5.2.1　可行性分析

可行性研究的目的是确定问题是否值得去解决。怎样达到这个目的呢？要靠客观分析几种主要的可能解法的利弊，从而判断原定的系统规模和目标是否现实，系统完成后所能带来的效益是否大到值得投资开发这个系统的程度。因此，可行性研究实质上是要进行一次大大压缩简化了的系统分析和设计过程，也就是较高层次上以较抽象的方式进行的系统分析和设计的过程。

首先需要进一步分析和澄清问题定义。在问题定义阶段初步确定问题的规模和目标，如果是正确的就进一步加以肯定，如果有错误就应该及时改正，如果对目标系统有任何约束和限制，也必须把它们清楚地列举出来。

在澄清了问题定义之后，分析员应该导出系统的逻辑模型。然后从系统逻辑模型出发，探索若干种可供选择的主要解法(即系统实现方案)。对每种解法都应该仔细研究它的可行性，一般来说至少应该从下述三个方面研究每种解法的可行性。

(1) 技术可行性。使用现有的技术能实现这个系统吗？

(2) 经济可行性。这个系统的经济效益能超过它的开发成本吗？

(3) 操作可行性。系统的操作方式在这个用户组织内行得通吗？

必要时还应该从法律、社会效益等更广泛的方面研究每种解法的可行性。

当然，可行性研究最根本的任务是对以后的行动方针提出建议。如果问题没有可行的解，分析员应该建议立即停止这项开发工程，以免时间、资源、人力和金钱的浪费；如果问题值得解，分析员应该推荐一个较好的解决方案，并且为工程制定一个初步的计划。

可行性研究需要的时间长短取决于工程的规模，一般来说，可行性研究的成本只是预期工程的 5%～10%。

5.2.2　需求分析

为了开发出真正满足用户需求的软件产品，首先必须知道用户的需求。对软件需求的深入理解是软件开发工作获得成功的前提条件，不论人们把设计和编码工作做得如何出色，不能真正满足用户需求的程序只会令用户失望，给开发者带来烦恼。

需求分析是软件定义时期的最后一个阶段，它的基本任务是准确地回答"系统必须做什么？"这个问题。

虽然在可行性分析阶段已经粗略地了解了用户的需求，甚至还提出了一些可行的方案，但是，可行性研究的基本目的是用较小的成本在较短的时间内确定是否存在可行的解法，因此许多细节被忽略了，然而最终的系统中却不能遗漏任何一个微小的细节，所以可行性分析不能代替需求分析。

需求分析的任务还不是确定系统怎样完成它的工作，而仅仅是确定系统必须完成哪些工作，也就是对目标系统提出完整、准确、清晰、具体的需求。在需求分析结束前，系统分析员应该写出软件需求规格说明书，以书面形式准确地描述出软件需求。

需求分析的任务主要分为以下几类。

1. 确定系统的综合要求

虽然功能需求是对软件系统的一项基本需求，但却并不是唯一的需求。通常对软件系统有下述几方面的综合要求。

(1) 功能需求。这方面的需求指定系统必须提供的服务。通过需求分析应该划分出系统必须完成的所有功能。

(2) 性能需求。性能需求指定系统必须满足的定时约束或容量约束,通常包括速度(响应时间)、信息量速率、主存容量、磁盘容量、安全性等方面的需求。

(3) 可靠性和可用性需求。可靠性需求定量地指定系统的可靠性。可用性与可靠性密切相关,它量化了用户可以使用系统的程度。

(4) 出错处理需求。这类需求说明系统对环境错误应该怎样响应。

(5) 接口需求。接口需求描述应用系统与它的环境通信的格式。常见的接口需求有:用户接口需求;软件接口需求;硬件接口需求;通信接口需求等。

(6) 约束。设计约束或实现约束描述在设计或实现应用系统时应遵守的限制条件。在需求分析阶段提出这类需求,并不是要取代设计(或实现)过程,只是说明用户或环境强加给项目的限制条件。

(7) 逆向需求。逆向需求说明软件系统不应该做什么。理论上有无限多个逆向需求,人们应该尽量选取能澄清真实需求且可消除可能发生的误解的那些逆向需求。

(8) 将来可能提出的要求。应该明确地列出那些虽然不属于当前系统开发范畴,但是据分析将来可能的扩充和修改预做准备,以便一旦确定需要时能比较容易地进行这种扩充。

2. 分析系统的数据要求

任何一个软件系统本质上都是信息处理系统,系统必须处理的信息和系统应该产生的信息在很大程度上决定了系统的面貌,对软件设计有深远影响,因此,必须分析系统的数据要求,这是软件需求分析的一个重要任务。

3. 导出系统的逻辑模型

综合上述两项分析的结果,可以导出系统的详细逻辑模型,通常用数据流图、实体-联系图、状态转换图、数据字典和主要的处理算法描述这个逻辑模型。

4. 修正系统开发计划

根据在分析过程中获得的对系统的更深入更具体的了解,可以比较准确地估计系统的成本和进度,修正以前制定的开发计划。

5.2.3 总体设计

总体设计的基本目的是回答“概括地说,系统应该如何实现?”这个问题,因此总体设计又称为概要设计或初步设计。通过这个阶段的工作将划分出组成系统的物理元素——程序、文件、数据库、人工过程和文档等。总体设计的另一项重要任务是设计软件的结构,也就是要确定系统中每个程序由哪些模块组成的以及这些模块相互间的关系。

总体设计过程通常由两个主要阶段组成:系统设计阶段,确定系统的具体实现方案;结构设计阶段,确定软件结构。典型的总体设计过程包括下述 9 个步骤。

(1) 设想供选择的方案;

(2) 选取合理方案;

(3) 推荐最佳方案;

(4) 功能分解;

(5) 设计软件结构;

(6) 设计数据库;

(7) 制定测试计划;

(8) 书写文档;

(9) 审查和复查。

总体设计的基本原理主要有:模块化,抽象,逐步求精,信息隐藏和局部化以及模块独立。其中,模块化就是把程序划分成独立命名且可独立访问的模块,每个模块完成一个子功能,把这些模块集成起来构成一个整体,可以完成指定的功能满足用户的需要。抽象是人类在认识复杂现象的过程中使用的最强有力的思维工具,把现实世界中一定事物、状态或过程之间的相似的方面集中和概括起来,暂时忽略它们之间的差异,这就是抽象。求精帮助设计者在设计过程中逐步揭示出低层细节。信息隐藏的原理指出:应该这样设计和确定模块,使得一个模块内包含的信息(过程和数据)对于不需要这些信息的模块来说,是不能访问的。局部化是指把一些关系密切的软件元素物理地放得彼此靠近,在模块中使用局部数据元素是局部化的一个例子。模块独立的概念是模块化、抽象、信息隐藏和局部化概念的直接结果。

软件的结构可以由图形工具来描绘。最常用的图形工具有层次图、HIPO图和结构图。

1. 层次图

层次图用来描绘软件的层次结构。一个矩形框代表一个模块,方框间的连线表示调用关系。如图5.1所示,最顶层的方框代表正文加工系统的主控模块,它调用下层模块,完成正文加工的全部功能。第二层的每个模块完成正文加工的一个主要功能。例如,“编辑”模块通过调用它的下属模块可以完成6种编辑功能中的任何一种。

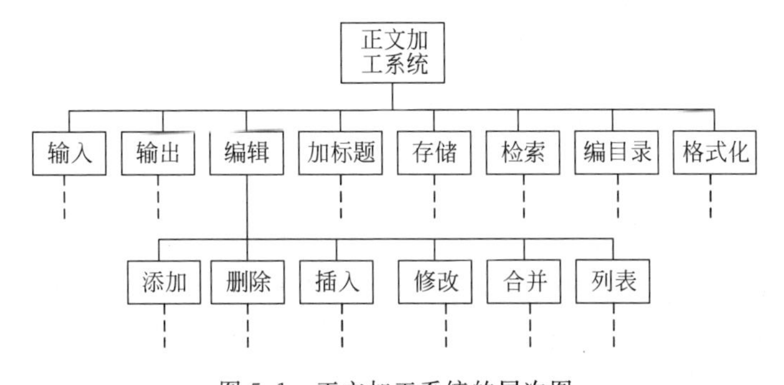

图5.1 正文加工系统的层次图

2. HIPO图

HIPO图是IBM公司发明的“层次图加输入/处理/输出图”。层次图加上编号称为H图,如图5.2所示。在层次图的基础上,除最顶层的方框之外,其余每个方框都加了编号。层次图中每一个方框都有一个对应的IPO图(表示模块的处理过程)。每张IPO图应增加的编号与其表示的(对应的)层次图编号一致。IPO图是输入/加工/输出图的简称。

3. 结构图

结构图是Yordon提出的进行软件结构设计的工具。结构图和层次图类似,一个方框代表一个模块,方框内注明模块的名字或主要功能。方框之间的直线(箭头)表示模块的调

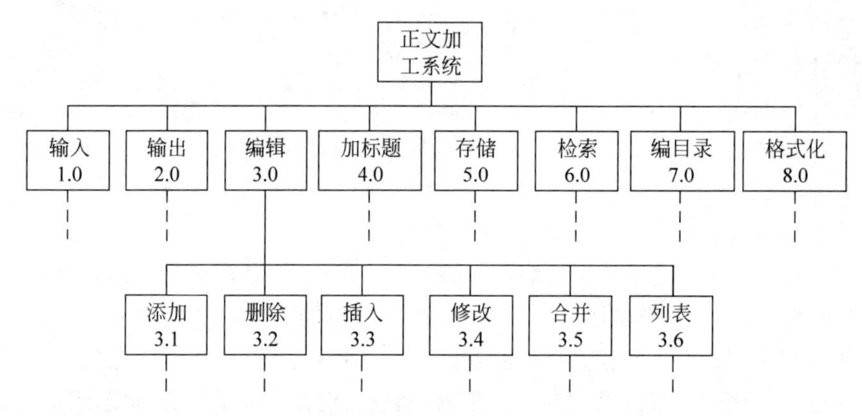

图 5.2 带编号的层次图(H 图)

用关系。用带注释的箭头表示模块调用过程中来回传递的信息,尾部是空心的,表示传递的是数据,实心的表示传递的是控制,如图 5.3 所示。

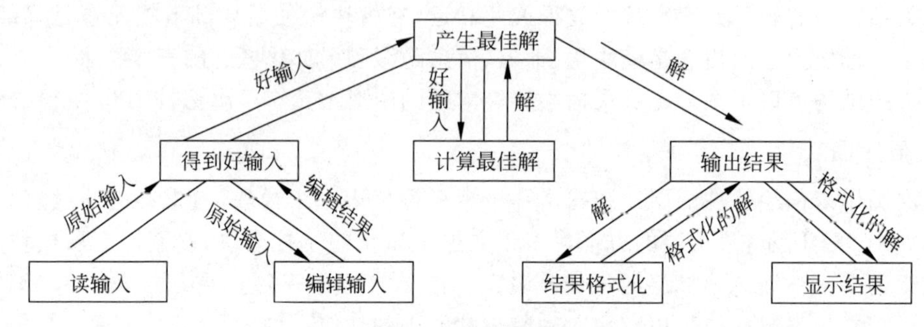

图 5.3 结构图的例子

5.2.4 详细设计

详细设计阶段的根本目标是确定应该怎样实现所要求的系统,也就是说,经过这个阶段的设计工作,应该得出对目标系统的精确描述,从而在编码阶段可以把这个描述直接翻译成某种程序设计语言书写的程序。

详细设计阶段的任务还不是具体地编写程序,而是要设计出程序的"蓝图",以后程序员将根据这个蓝图写出实际的程序代码。因此,详细设计的结果基本上决定了最终的程序代码的质量。详细设计的目标不仅是逻辑上正确地实现每个模块的功能,更重要的是设计出的处理过程应该尽可能简明易懂。结构程序设计技术是实现上述目标的关键技术,因此是详细设计的逻辑基础。

描述程序处理过程的工具称为过程设计工具,它们可以分为图形、表格和语言三种。不论是哪类工具,对它们的基本要求都是能提供对设计的无歧义的描述,也就是应该能指明控制流程、处理功能、数据组织以及其他方面的实现细节,从而在编码阶段能把对设计的描述直接翻译成程序代码。

程序流程图又称程序框图,它是历史最悠久、使用最广泛的描述过程设计的方法,然而它也是使用最混乱的一种方法。

从 20 世纪 40 年代末到 20 世纪 70 年代中期,程序流程图一直是软件设计的主要工具。

它的主要优点是对控制流程的描绘很直观，便于初学者掌握。画程序流程图要首先掌握三种基本结构的流程图的画法。

1. 顺序结构

顺序结构是简单的线性结构，各框图按顺序执行。

2. 选择(分支结构)

这种结构是对某个给定条件进行判断，条件为真或假时分别执行不同的框的内容。

3. 循环结构

循环结构有两种基本形态：while 型和 do-while 型。while 型在满足条件时反复执行；do-while 型先执行一次，然后判断条件为真就反复执行。

三种基本的控制结构如图 5.4 所示。

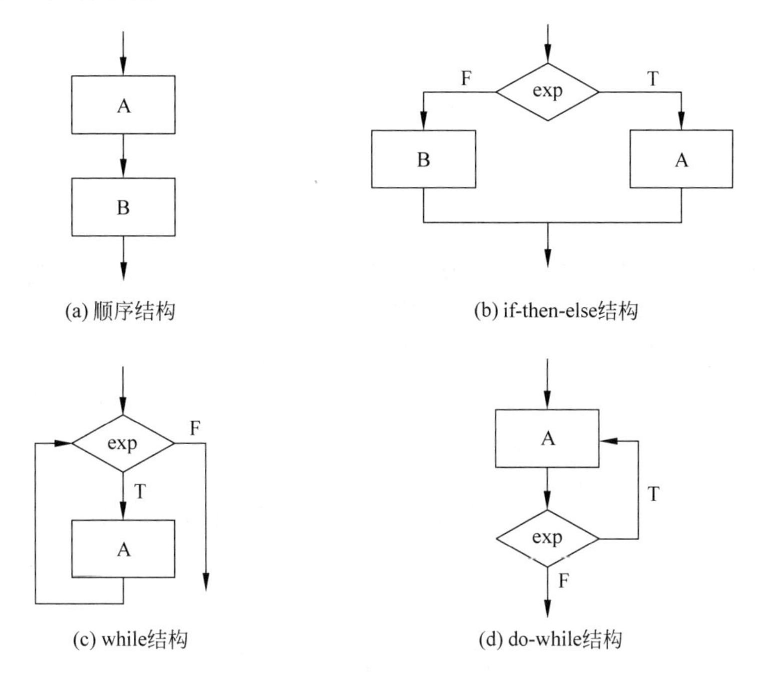

图 5.4　三种基本的控制结构

其他常用的控制结构如图 5.5 所示。

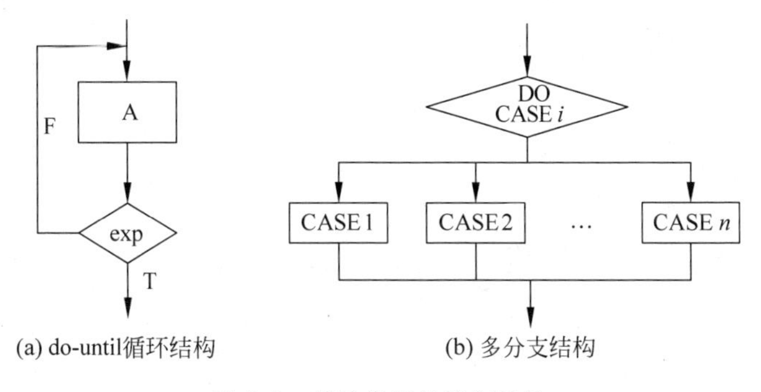

图 5.5　其他常用的控制结构

图 5.6 中列出了程序流程图中使用的各种符号。

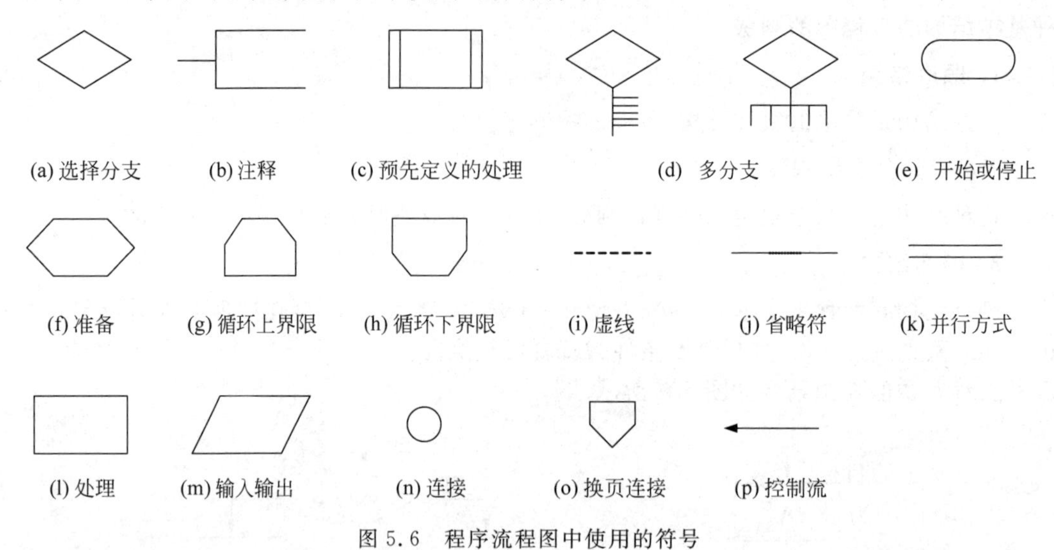

图 5.6 程序流程图中使用的符号

5.2.5 编码

这个阶段的关键任务是写出正确的容易理解、容易维护的程序模块。程序员应该根据目标系统的性质和实际环境，选取一种适当的高级程序设计语言(必要时使用汇编语言)，把详细设计的结果翻译成用选定的语言书写的程序，并仔细调试编写出的每一个模块。

编码时要注重编码规范，确保各模块的代码风格统一，并提高代码的可读性。命名规范是编码规范的重要组成部分。匈牙利命名法是一种编程时的命名规范，其基本原则是：变量名＝属性＋类型＋对象描述。其中每一对象的名称都要求有明确含义，并且符合标识符的命名要求，可以选取对象名字全称或名字的一部分(各组成单词的首字母大写)，要基于容易记忆、容易理解的原则，保证名字的连贯性。表 5.1 列出了本书中项目遵循的主要命名规范，帮助读者理解项目中的代码。

表 5.1 本书项目的命名规范

变量类型	前缀
int	i
unsigned int	ui
short	s
unsigned short	us
long	l
unsigned long	ul
char	c
float	f
double	d
struct	st
union	un
enum	en

续表

变量类型	前　缀
void	v
数组	"a" ＋上述类型前缀＋标识符
指针	"p" ＋上述类型前缀＋标识符
指针数组	"a" ＋ "p" ＋上述类型前缀＋标识符
数组指针	"p" ＋ "a" ＋上述类型前缀＋标识符
函数指针	"p" ＋ "f" ＋标识符
函数指针数组	"a" ＋ "p" ＋ "f" ＋标识符

5.2.6　测试

什么是测试？它的目标是什么？G. Myers 给出了关于测试的一些规则，这些规则也可以看作是测试的目标或定义。

(1) 测试是为了发现程序中的错误而执行程序的过程。

(2) 好的测试方案是极可能发现迄今为止尚未发现的错误的测试方案。

(3) 成功的测试是发现了至今为止尚未发现的错误的测试。

从上述规则可以看出，测试的正确性定义是“为了发现程序中的错误而执行程序的过程”。这和某些人通常想象的“测试是为了表明程序是正确的”，“成功的测试是没有发现错误的测试”等是完全相反的。正确认识测试的目标十分重要，测试目标决定了测试方案的设计。如果为了表明程序是正确的而进行测试就会设计一些不易暴露错误的测试方案；相反，如果测试是为了发现程序中的错误，就会力求设计出最能暴露错误的测试方案。

测试任何一种产品都有两种方法：如果已经知道了产品应该具有的功能，可以通过测试来检验是否每个功能都能正常使用；如果知道产品的内部工作过程，可以通过测试来检验产品内部动作是否按照规格说明书的规定正常进行。前一种方法称为黑盒测试，后一种称为白盒测试。

测试用例(Test Case)是为某个特殊目标而编制的一组测试输入、执行条件以及预期结果，以便测试某个程序路径或核实是否满足某个特定需求。测试用例设计和执行是测试工作的核心，也是工作量最大的任务之一。

在编写测试用例前，要根据需求规格说明书和设计说明书，详细了解用户的真正需求，并且对软件所实现的功能已经准确理解，然后着手制订测试用例。测试数据应该选用少量、高效的测试数据进行尽可能完备的测试。测试用例通常包括如下几个方面的内容。

(1) 序号(测试用例的编号)；

(2) 测试项(欲测试的功能)；

(3) 前提条件(该测试用例需要满足的预备条件)；

(4) 操作步骤(应输入的数据和相应的操作处理)；

(5) 预期结果(预期的输出结果或其他响应效果)；

(6) 测试结果(测试结论为“通过”或“不通过”)。

测试主要包括以下几类。

1. 正确性测试

输入用户实际数据以验证系统是否满足需求规格说明书的要求；测试用例中的测试点

应首先保证要至少覆盖需求规格说明书中的各项功能，并且正常。

2. 容错性(健壮性)测试

程序能够接收正确数据输入并且产生正确(预期)的输出，输入非法数据(非法类型、不符合要求的数据、溢出数据等)，程序应能给出提示并进行相应处理。把自己想象成一名对产品操作一点儿也不懂的客户，再进行任意操作。

3. 完整(安全)性测试

完整(安全)性指对未经授权的人使用软件系统或数据的企图，系统能够控制的程度，程序的数据处理能够保持外部信息(数据库或文件)的完整。

4. 接口间测试

测试各个模块相互间的协调和通信情况，数据输入输出的一致性和正确性。

5. 压力测试

输入10条记录运行各个功能，输入30条记录运行，输入50条记录进行测试。

6. 性能

完成预定的功能系统所需的运行时间(主要是针对数据库而言)。

7. 可理解(操作)性

理解和使用该系统的难易程度(界面友好性)。

8. 可移植性

在不同操作系统及硬件配置情况下的运行性。

测试方法包括如下三种。

1. 边界值分析法

确定边界情况(刚好等于、稍小于、稍大于和刚刚大于等价类边界值)，针对系统在测试过程中主要输入一些合法数据/非法数据，主要在边界值附近选取。

2. 等价划分

将所有可能的输入数据(有效的和无效的)划分成若干个等价类。

3. 错误推测

主要是根据测试经验和直觉，参照以往的软件系统出现错误之处。

一个软件系统或项目共用一套完整的测试用例，整个系统测试过程测试完毕，将实际测试结果填写到测试用例中，操作步骤应尽可能详细，测试结论是指最终的测试通过或者不通过的结果。

5.2.7 维护

维护阶段的关键任务是，通过各种必要的维护活动使系统持久地满足用户的需要。

通常有4类维护活动：改正性维护，也就是诊断和改正在使用过程中发现的软件错误；适应性维护，即修改软件以适应环境的变化；完善性维护，即根据用户的要求改进或扩充软件使它更完善；预防性维护，即修改软件，为将来的维护活动预先做准备。

每一项维护活动都应该准确地记录下来，作为正式的文档资料加以保存。

CHAPTER 6

C语言开发平台 第6章

6.1 C语言开发平台概述

为了编译、连接C程序，需要有相应的C语言编译器与连接器。目前大多数C语言编程环境都是集成开发环境(Integrated Development Environment, IDE)，把程序的编辑、编译、连接、运行都集成在一个环境中，界面友好，简单易用。目前，C语言的主流集成环境有Turbo C、Win-TC、Code::Blocks、Qt Creator、Visual C++ 6.0、Visual Studio等。

Turbo C是美国Borland公司的产品，其中经典的版本是Turbo C 2.0，可以进行程序的编辑、调试及各种环境变量的设置。然而Turbo C只能编译1000行以下的代码，并且不能实现可视化操作，已经不能适应时代的发展。

Win-TC是Windows平台下的C语言开发工具，提供Windows平台的开发界面，因此也就支持Windows平台下的功能，例如剪切、复制、粘贴、查找、替换等操作。与Turbo C相比，Win-TC在功能上也进行了很大的扩充。然而Win-TC仍然使用过时的Turbo C 2.0作为内核，在该平台上编写的代码很难移植到其他主流平台上执行。

Code::Blocks是一个全功能的跨平台C/C++集成开发环境。Code::Blocks是开放源码软件。对于追求完美的C/C++程序员，再也不必忍受Eclipse的缓慢，再也不必忍受VS.NET的庞大和高昂的价格。

Qt Creator是跨平台的Qt IDE。Qt Creator是Qt被Nokia收购后推出的一款新的轻量级集成开发环境。此IDE能够跨平台运行，支持的系统包括Linux(32位及64位)、Mac OS X以及Windows。根据官方描述，Qt Creator的设计目标是使开发人员能够利用Qt这个应用程序框架更加快速及轻易地完成开发任务。

Visual C++ 6.0简称VC或者VC 6.0，是微软1989年推出的一款C/C++编译器，界面友好，调试功能强大。VC 6.0是一款革命性的产品，非常经典，至今仍然有很多高校将VC 6.0作为C语言的教学环境以及上机实验的工具。

Visual Studio 简称 VS，是 Windows 下图形界面的集成开发环境，编辑、编译、连接、调试等都可以可视化地进行。Visual Studio 是微软对 VC 6.0 的升级版，支持更多的编程语言，更加强大的功能，也比 VC 6.0 的性能更加稳定，是目前很多软件公司进行 C 语言项目开发时采用的主流开发环境。考虑到软件的更新换代非常快，本教材将不再采用已经过时的 VC 6.0 开发环境，而是向读者介绍当下业界最为流行和广泛使用的 Visual Studio 2013 开发环境，本书的所有项目程序均在 Visual Studio 2013 中调试通过。

6.2 VS 2013 开发平台

Visual Studio 2013 为用户开发 C 和 C++程序提供了一个集成环境，该集成环境包括源程序的输入和编辑，源程序的编译和连接，程序运行时的调试和跟踪，项目的自动管理，为程序的开发提供了各种工具，并具有窗口管理和联机帮助等功能。

6.2.1 VS 2013 概述

Microsoft Visual Studio 是美国微软公司的开发工具包系列产品。VS 是一个基本完整的开发工具集，它包括整个软件生命周期中所需要的大部分工具，如 UML 工具、代码管控工具、集成开发环境（IDE）等。所写的目标代码适用于微软支持的所有平台，包括 Microsoft Windows、Windows Mobile、Windows CE、. NET Framework、. NET Compact Framework 和 Microsoft Silverlight 及 Windows Phone。

Visual Studio 是目前最流行的 Windows 平台应用程序的集成开发环境。最新版本为 Visual Studio 2015，基于. NET Framework 4.5.2。本书使用的为 Visual Studio 2013，该版本使用相对更加广泛，相对之前版本新增了代码信息指示（Code Information Indicators）、团队工作室（Team Room）、身份识别、. NET 内存转储分析仪、敏捷开发项目模板、Git 支持以及更强力的单元测试支持。

6.2.2 VS 2013 创建 Win32 控制台工程

VS 2013 启动后，就产生如图 6.1 所示的 VS 2013 集成环境。

创建 Win32 控制台的步骤如下。

（1）选择基础环境中“文件”菜单中的“新建”命令，然后选择“项目”选项，如图 6.2 所示。

（2）选择弹出对话框左侧 Visual C++选项里的 Win32 项目，然后选择对话框中间的“Win32 控制台应用程序”，并在对话框下方输入拟创建项目的名称（如“project1”）和储存路径（如 D 盘根目录）。默认项目所属的解决方案名称和项目名称相同，也可以手动修改解决方案的名称（如 program）。最后单击右下方的“确定”按钮，如图 6.3 所示。

（3）在弹出的“Win32 应用程序向导”对话框下方，单击“下一步”按钮，如图 6.4 所示。

（4）勾选“附加选项”下方的“空项目”复选框，取消勾选“安全开发生命周期（SDL）检查”复选框（为了提高代码的可移植性，避免使用诸如 scanf_s 函数），然后单击“完成”按钮，如图 6.5 所示。

（5）创建完毕的 Win32 控制台项目如图 6.6 所示。

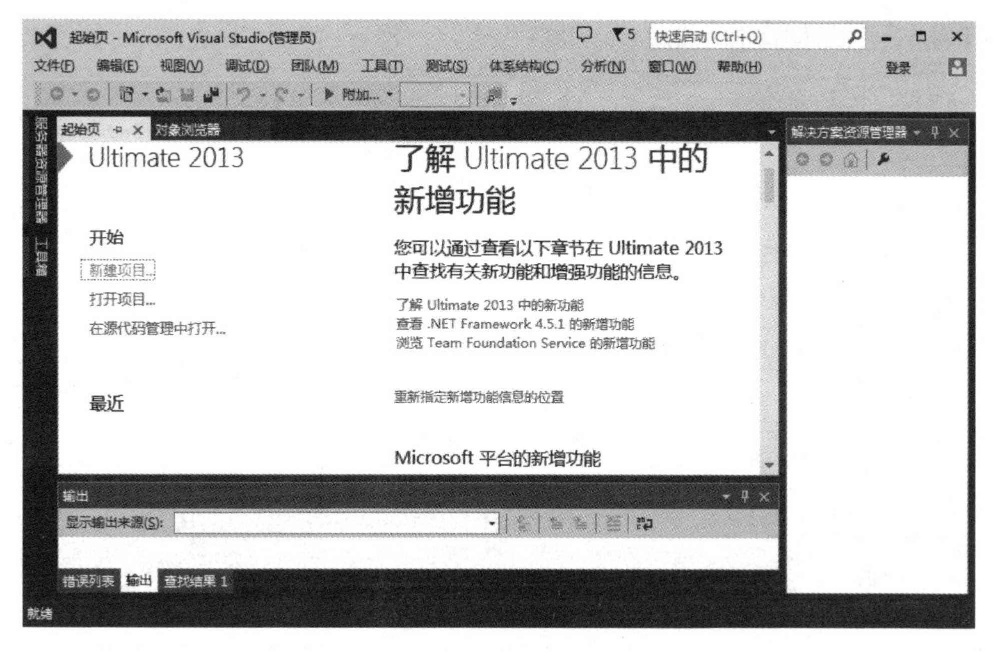

图 6.1　VS 2013 集成环境

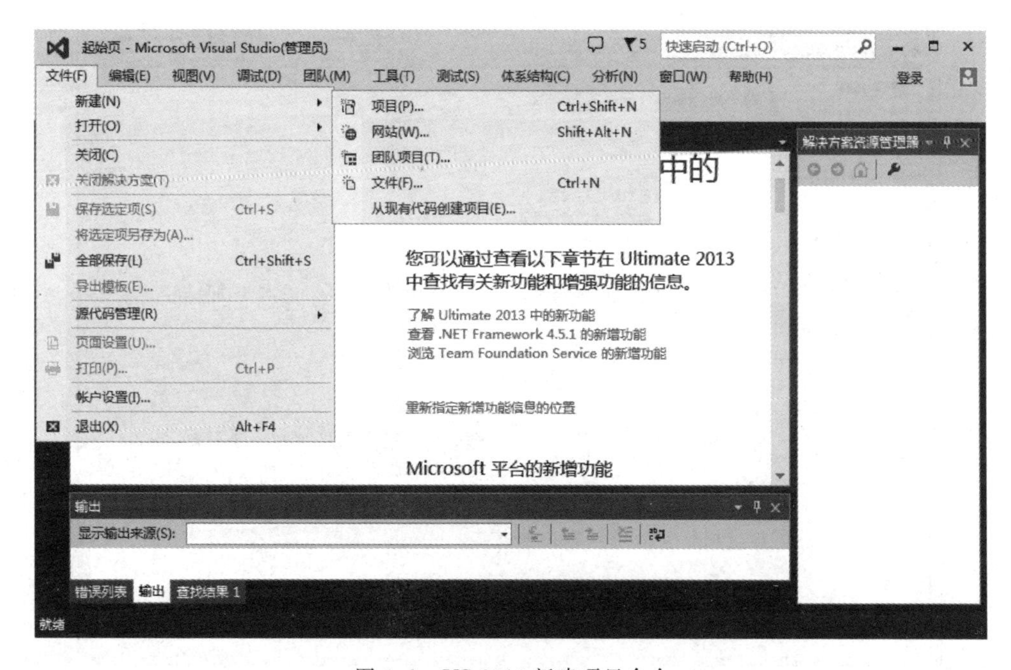

图 6.2　VS 2013 新建项目命令

图 6.3　VS 2013 选择 Win32 项目

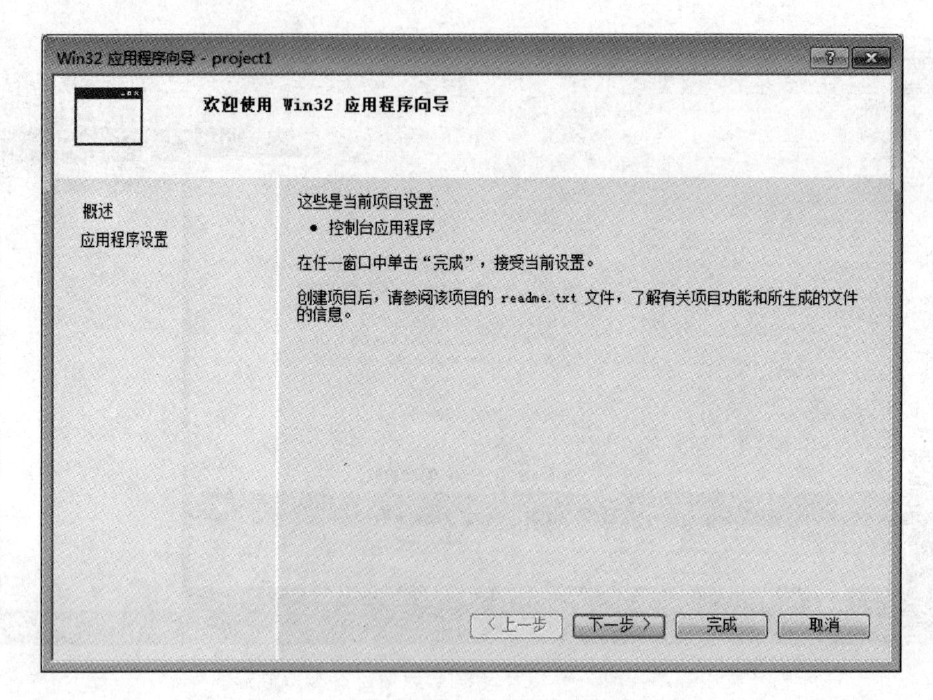

图 6.4　VS 2013 建立 Win32 应用程序引导

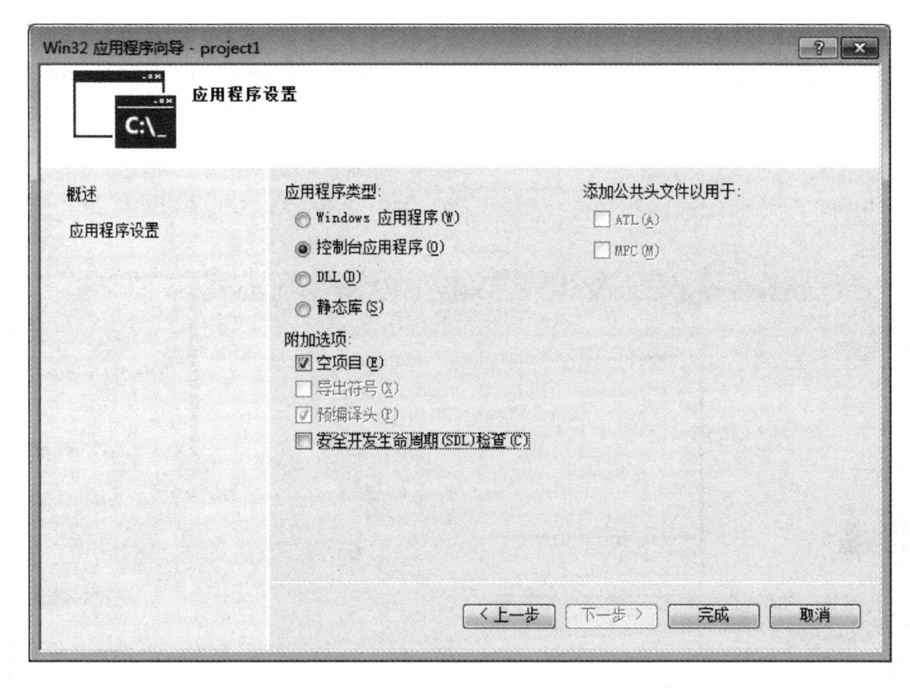

图 6.5　VS 2013 建立 Win32 应用程序选项

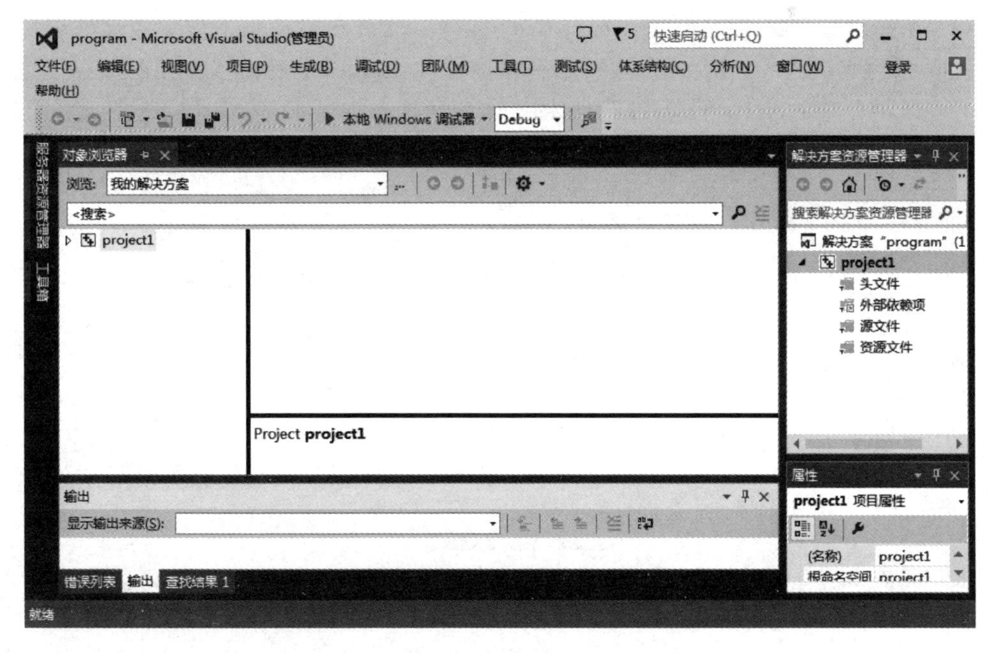

图 6.6　VS 2013 建立 Win32 应用程序完成

6.2.3 VS 2013 中 C 程序开发步骤

在创建完毕的 Win32 控制台中进行 C 程序开发的步骤如下。

(1) 在“源文件”选项中，单击鼠标右键，然后选择弹出的菜单中选择“添加”选项中的“新建项”选项，如图 6.7 所示。

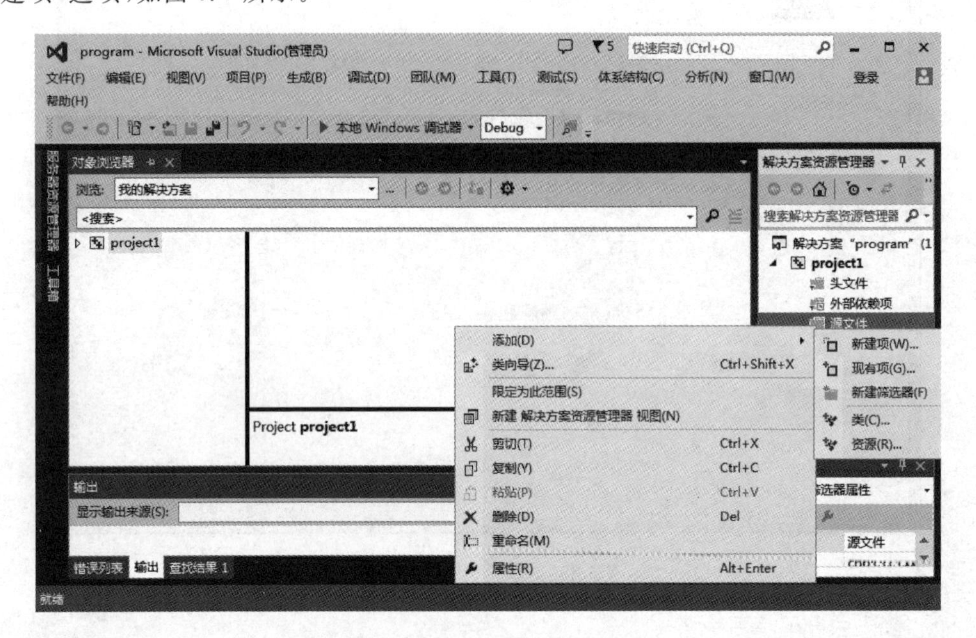

图 6.7 选择“新建项”命令

(2) 在弹出对话框的中间位置，选择“C++文件”，然后在对话框下方更改文件名称，并且将.cpp 后缀名改为.c。例如，新建一个源程序文件 test.c，最后设置文件的保存位置，默认保存在之前创建的 project1 项目下，如图 6.8 所示。

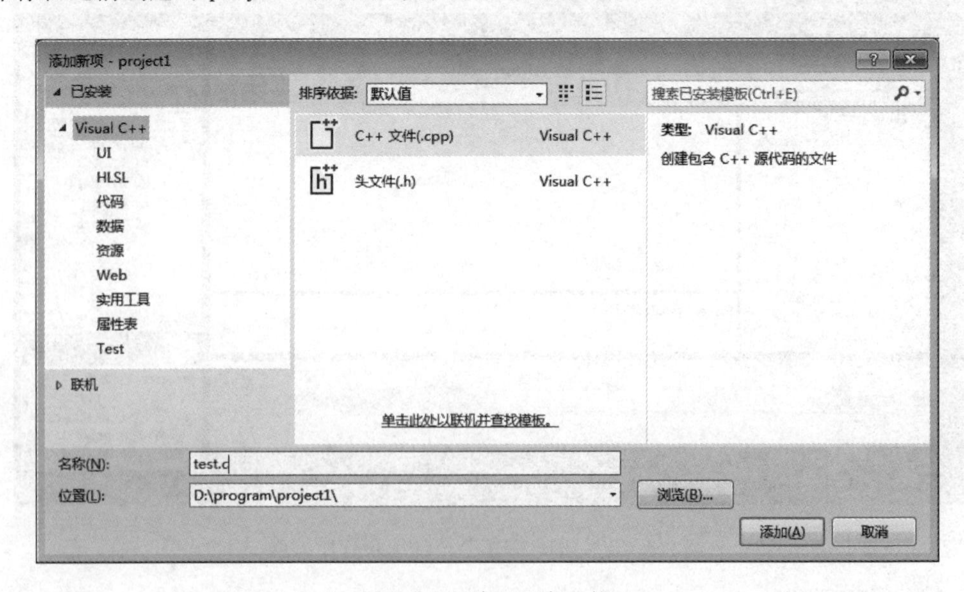

图 6.8 创建源程序文件

(3) 在“源文件”选项下出现新建的 test.c 文件，并且可以在如图 6.9 所示的窗口中输入源程序代码，例如输入一个简单的求两个数最大值的代码。

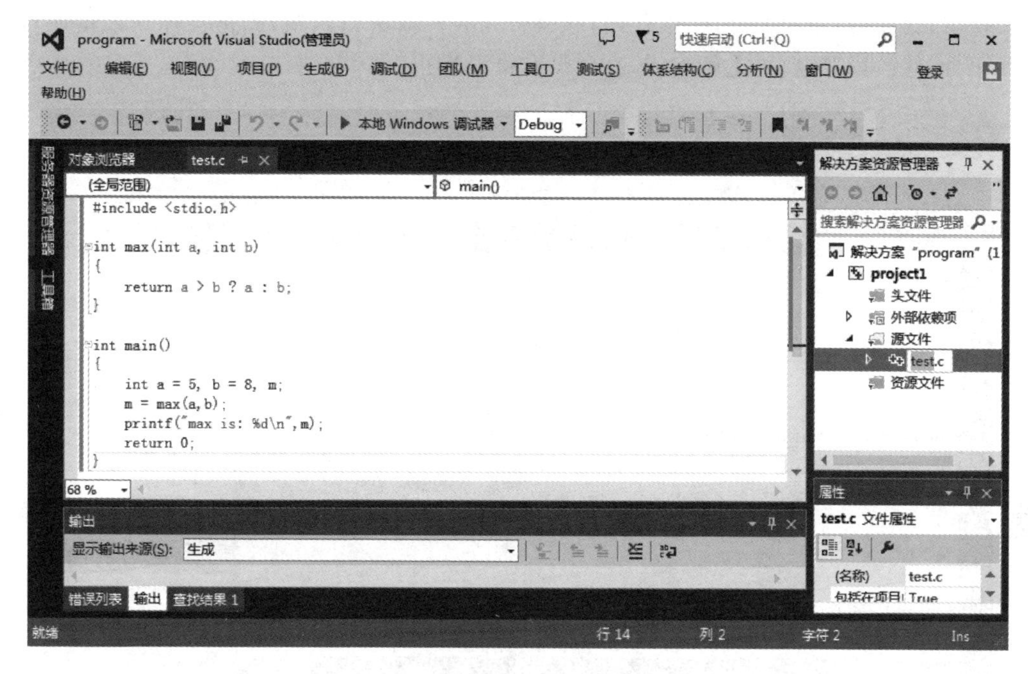

图 6.9 编辑源程序文件

(4) 编辑完源代码之后，选择主菜单上的“生成”命令，在其下拉菜单中选择“编译”选项，则开始编译程序，如图 6.10 所示。

图 6.10 编译源程序文件

(5) 若源代码无误，编译成功后，会在编译调试窗口中显示生成成功，如图 6.11 所示。若源代码有错误，会在编译调试窗口中显示错误和警告的数量，以及详细的错误列表(每个错误位置，错误号，错误类型，错误代码)和警告列表。双击错误项，光标会停在该错误对应的代码处，修改后存盘，再重新编译，直到没有错误为止。

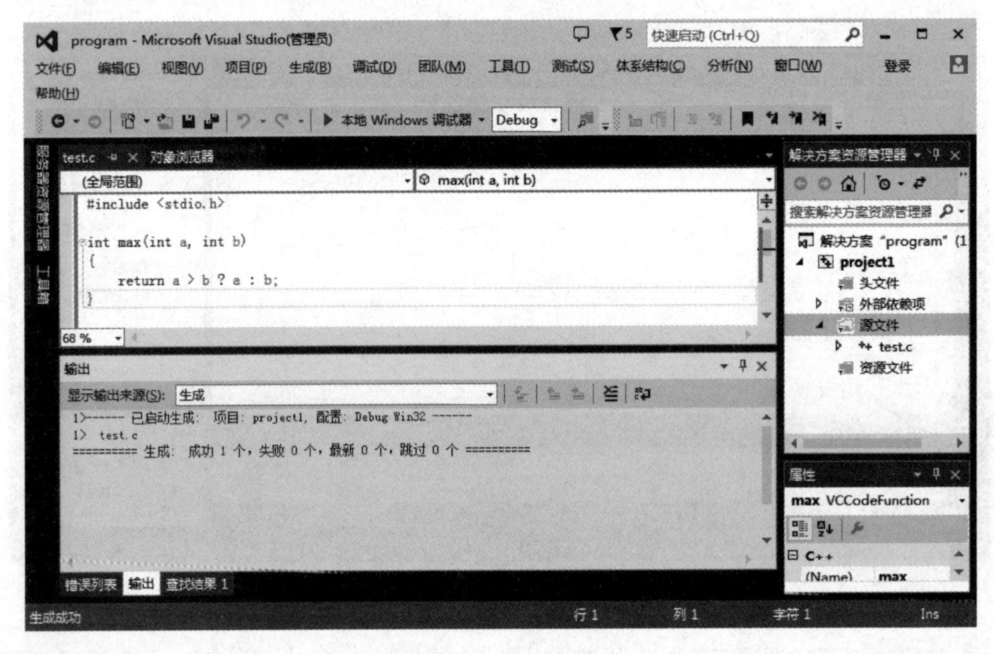

图 6.11 编译结果

(6) 编译成功后，单击“生成”菜单，选择“生成 project1”命令，进行工程的连接操作，生成可执行程序，如图 6.12 所示。

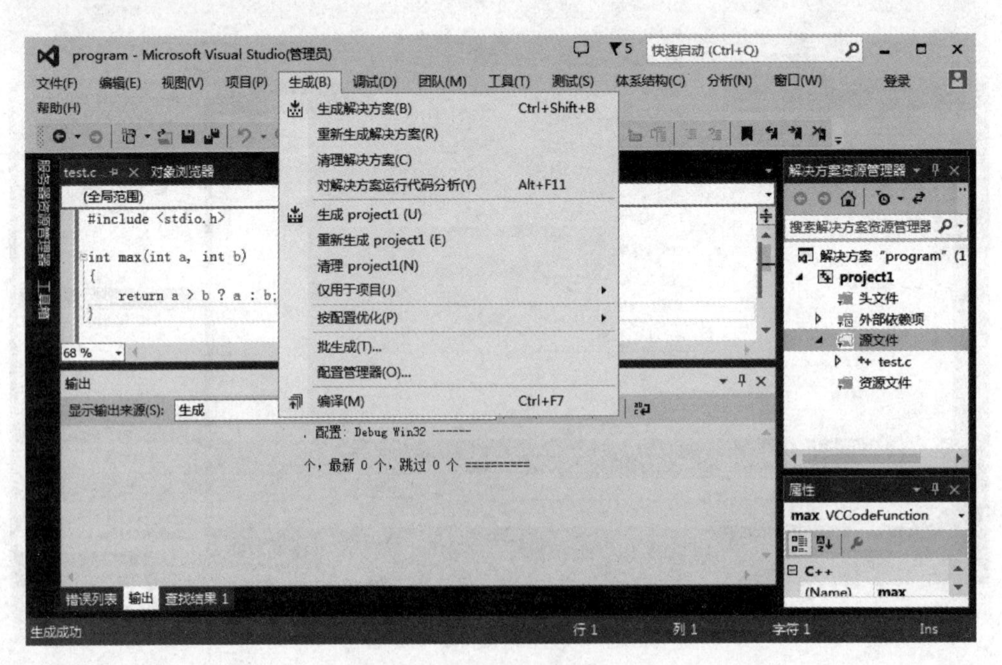

图 6.12 生成可执行程序

(7) 如果生成成功，界面如图 6.13 所示，提示已经生成了一个可执行程序文件，文件名和工程名相同，即 project1. exe。如果生成失败，会给出相应的提示信息。

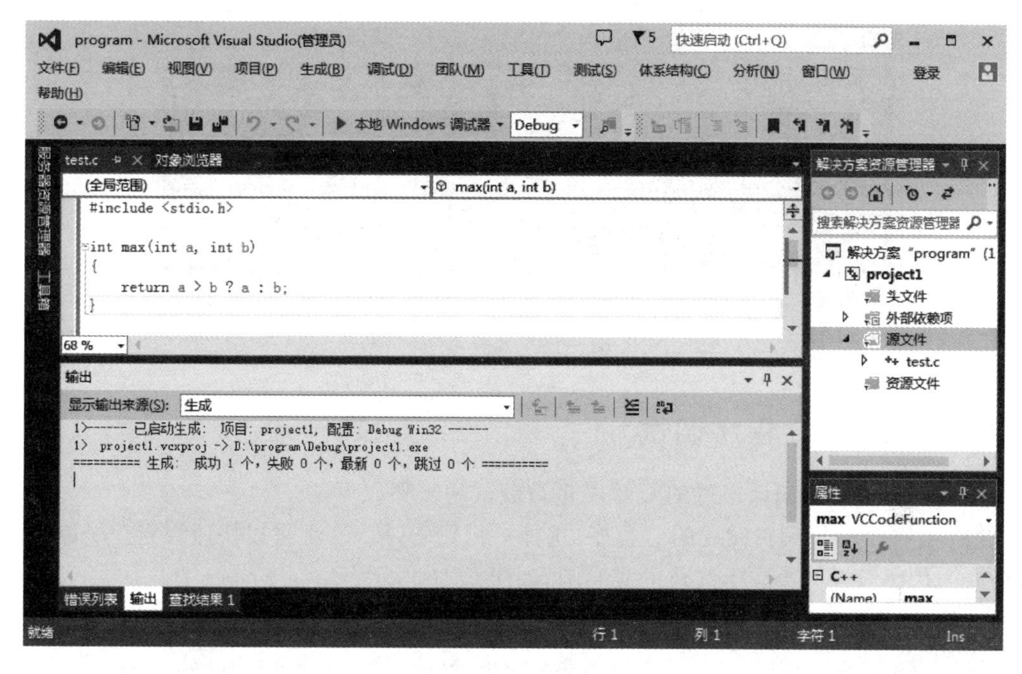

图 6.13　生成结果

(8) 选择主菜单上的“调试”命令，在其下拉菜单中选择“开始执行(不调试)”选项，则开始运行程序，如图 6.14 所示。

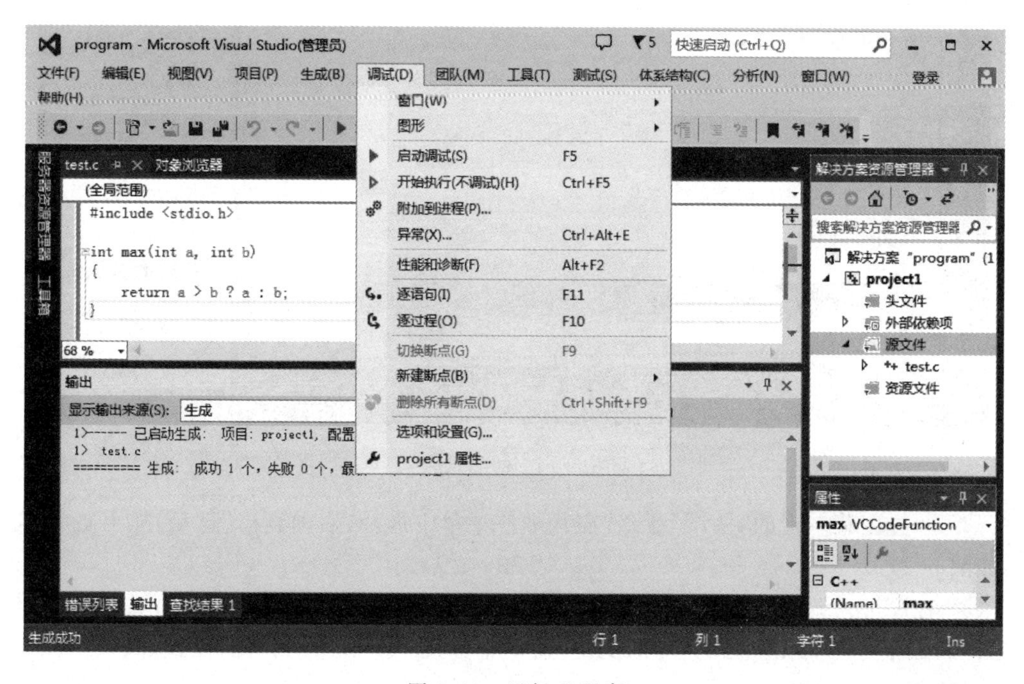

图 6.14　运行 C 程序

(9) 可执行程序在控制台窗口下运行,与 Windows 中 DOS 程序的窗口类似。图 6.15 是执行程序后,弹出 DOS 窗口中显示的程序执行结果,最大值为 8。

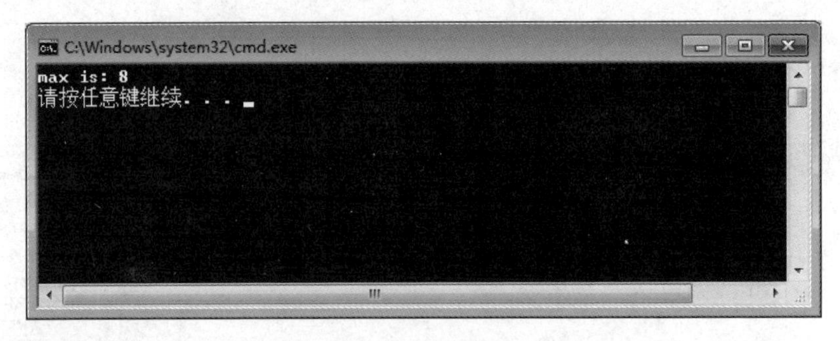

图 6.15　运行结果

6.2.4　VS 2013 程序调试

对编辑完成并且编译通过的 C 程序进行调试的步骤如下。

(1) 对一个已经编辑完成的 C 程序,选择一行代码,按 F9 键可以快速设定一个断点,断点样式为代码行左侧上一个红色的实心圆,如图 6.16 所示。

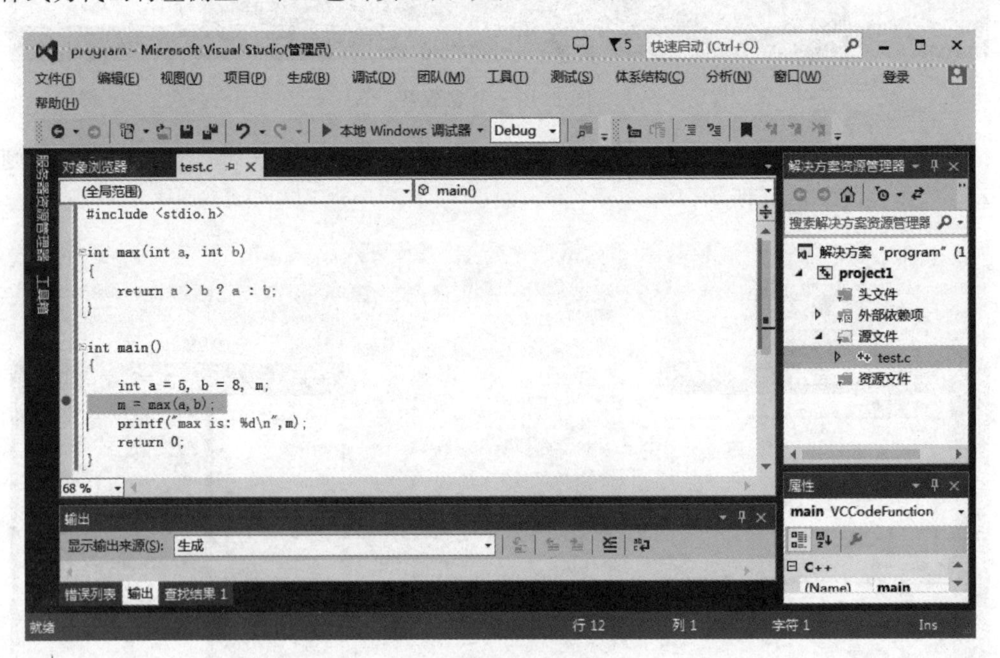

图 6.16　断点设置

(2) 选择主菜单上的"调试"命令,在其下拉菜单中选择"启动调试"选项,则开始调试程序,如图 6.17 所示。

(3) 程序进入调试状态,直接会运行到断点设置处,代码行左侧的黄色箭头表示当前代码运行到的位置。而在下方的"局部变量"窗口中,可以查看运行到当前位置,内存中存在的变量和其具体值,如图 6.18 所示。

图 6.17　“调试”选项

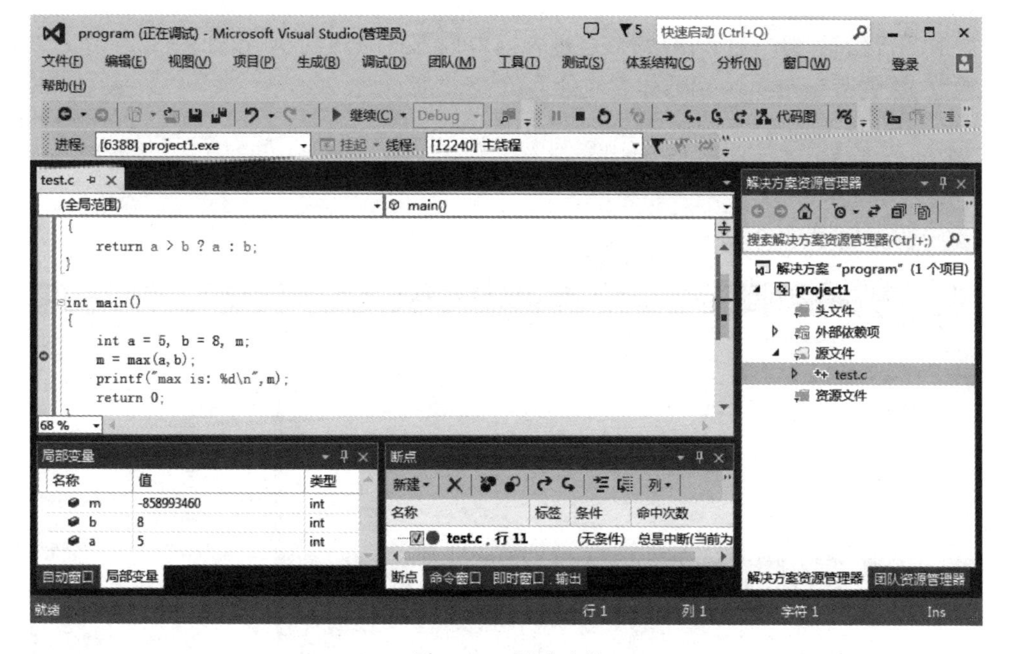

图 6.18　调试过程

(4) 进入调试状态后可以选择“逐过程”调试，快捷键为 F10。该调试为运行当前位置的下一行代码，当遇到函数时，直接运行函数而不进入函数内部执行，如图 6.19 所示，不进入 max 函数直接进行到下行代码，已经获得 m 的值为 8。

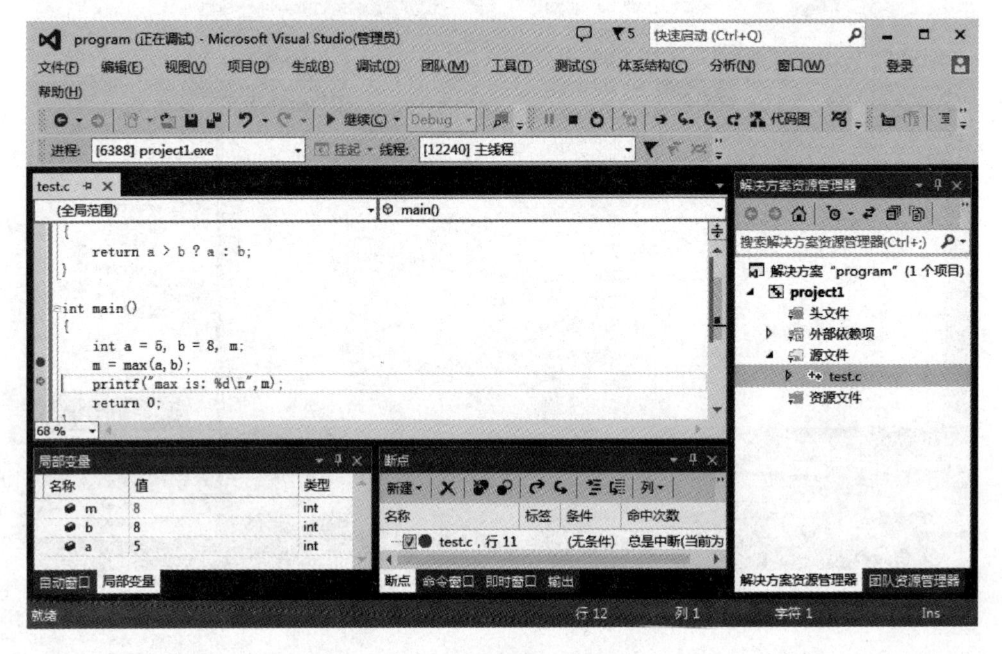

图 6.19 “逐过程”调试

(5) 进入调试状态后可以选择“逐语句”调试，快捷键为 F11。该调试为运行当前运行位置的下一行代码，但是遇到函数时，会进入函数内部逐条语句执行，如图 6.20 所示，进入 max 函数，黄色箭头在 max 函数体左花括号位置。

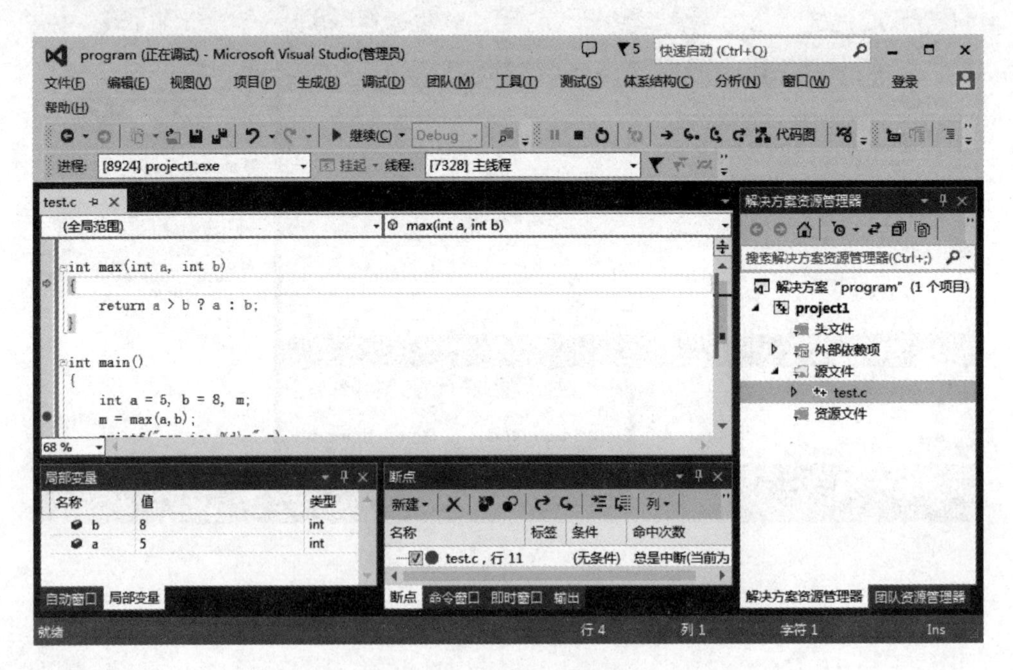

图 6.20 “逐语句”调试

(6) 调试过程也可以不设置断点，而直接使用“逐过程”调试或“逐语句”调试选项来直接进入调试模式，而此时直接从 main 函数左花括号开始执行调试，如图 6.21 所示。

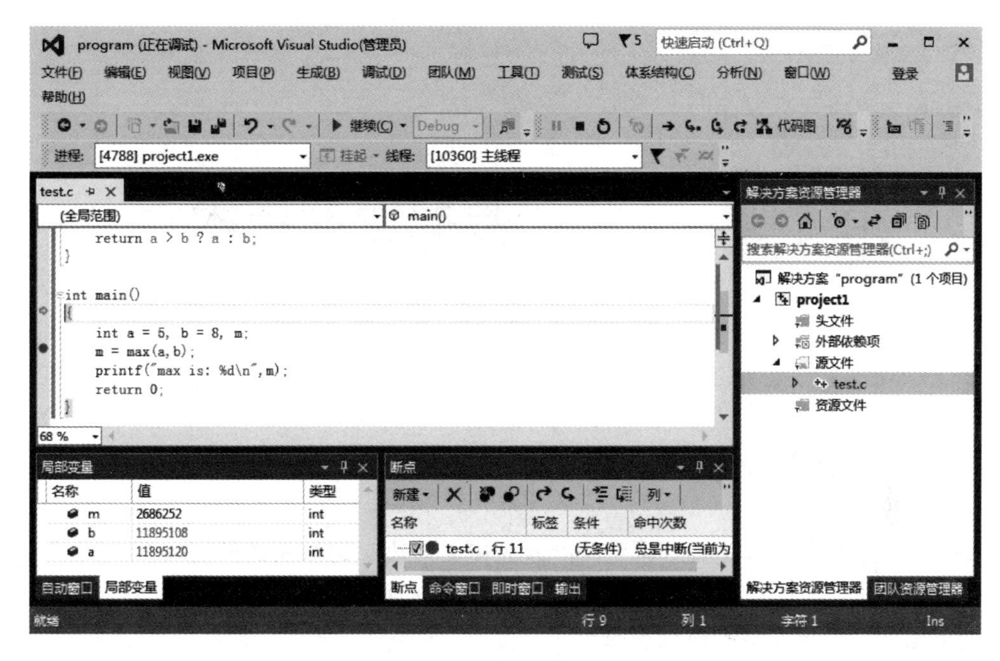

图 6.21　直接进入调试模式

(7) 调试完成后，可以选择主菜单上的调试，在其下拉菜单中选择“停止调试”选项，或者使用快捷键 Shift+F5，结束调试程序，如图 6.22 所示。

图 6.22　退出调试模式

CHAPTER 7

第7章 数据管理技术

7.1 链表数据结构

如何才能编写一个学生管理系统呢？首先需要解决存储结构的问题，例如，××学校一年级一共有200名学生，如何存储他们的信息呢？出现了学生留级和退学的情况又该如何处理呢？

可以用动态分配的办法为一个结构分配内存空间。每一次分配一块空间用来存放一个学生的数据，称之为一个节点。有多少个学生就应该申请分配多少块内存空间，也就是说要建立多少个节点。当然用结构数组也可以完成上述工作，但如果预先不能准确把握学生人数，也就无法确定数组大小。而且当学生留级、退学之后也不能把该元素占用的空间从数组中释放出来。

用动态存储的方法可以很好地解决这些问题。有一个学生就分配一个节点，无须预先确定学生的准确人数，某学生退学，可删除该节点，并释放该节点占用的存储空间，从而节约了宝贵的内存资源。另一方面，用数组的方法必须占用一块连续的内存区域。而使用动态分配时，每个节点之间可以是不连续的（节点内是连续的）。节点之间的联系可以用指针实现。即在节点结构中定义一个成员项用来存放下一节点的首地址，这个用于存放地址的成员，称为指针域。

可在第一个节点的指针域内存入第二个节点的首地址，在第二个节点的指针域内又存放第三个节点的首地址，如此串连下去直到最后一个节点。最后一个节点因无后续节点连接，其指针域可赋为0。这样一种连接方式，在数据结构中称为“链表”。

如图7.1所示为简单链表的示意图。

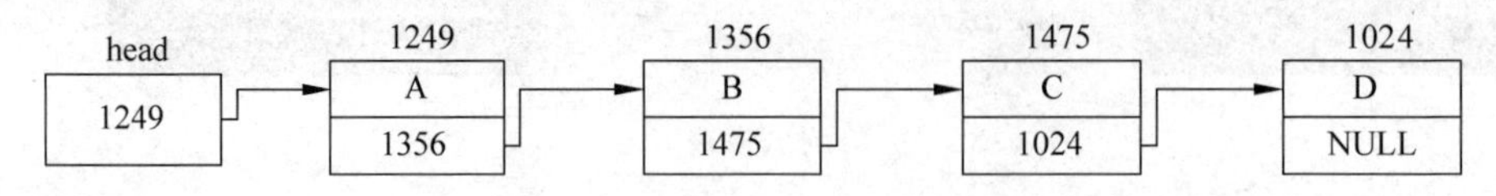

图7.1 一个简单的链表示意图

图 7.1 中，第 0 个节点称为头节点，它存放有第一个节点的首地址，它没有数据，只是一个指针变量。以下的每个节点都分为两个域，一个是数据域，存放各种实际的数据，如学号 num，姓名 name，性别 sex 和成绩 score 等。另一个域为指针域，存放下一节点的首地址。链表中的每一个节点都是同一种结构类型。

例如，一个存放学生学号和成绩的节点应为以下结构：

```
struct stu{
    int num;
    int score;
    struct stu * next;
}
```

前两个成员项组成数据域，后一个成员项 next 构成指针域，它是一个指向 stu 类型结构的指针变量。

对链表的主要操作有以下几种。

(1) 建立链表；

(2) 节点的查找与输出；

(3) 插入一个节点；

(4) 删除一个节点。

下面通过例题来说明这些操作。

例 7-1　建立一个三个节点的链表，存放学生数据。为简单起见，假定学生数据结构中只有学号和年龄两项。可编写一个建立链表的函数 creat。程序如下。

```
#define NULL 0
#define TYPE struct stu
#define LEN sizeof (struct stu)
struct stu{
    int num;
    int age;
    struct stu * next;
};
TYPE * creat(int n){
    struct stu * head, * pf, * pb;
    int i;
    for(i = 0;i < n;i++){
        pb = (TYPE * ) malloc(LEN);
        printf("input Number and  Age\n");
        scanf(" % d % d",&pb -> num,&pb -> age);
        if(i == 0) pf = head = pb;
        else pf -> next = pb;
        pb -> next = NULL;
        pf = pb;
    }
    return(head);
}
```

在函数外首先用宏定义对三个符号常量做了定义。这里用 TYPE 表示 struct stu，用

LEN 表示 sizeof(struct stu)主要的目的是为了在以下程序内减少书写并使阅读更加方便。结构 stu 定义为外部类型,程序中的各个函数均可使用该定义。

creat 函数用于建立一个有 n 个节点的链表,它是一个指针函数,它返回的指针指向 stu 结构。在 creat 函数内定义了三个 stu 结构的指针变量。head 为头指针,pf 为指向两相邻节点的前一节点的指针变量。pb 为后一节点的指针变量。

7.2 文件存储技术

所谓"文件"是指一组相关数据的有序集合。这个数据集有一个名称,叫作文件名。实际上在前面的各章中已经多次使用了文件,例如源程序文件、目标文件、可执行文件、库文件(头文件)等。

文件通常是驻留在外部介质(如磁盘等)上的,在使用时才调入内存中来。从不同的角度可对文件做不同的分类。

(1) 从用户的角度看,文件可分为普通文件和设备文件两种。

普通文件是指驻留在磁盘或其他外部介质上的一个有序数据集,可以是源文件、目标文件、可执行程序;也可以是一组待输入处理的原始数据,或者是一组输出的结果。源文件、目标文件、可执行程序可以称作程序文件;输入输出数据可称作数据文件。

设备文件是指与主机相连的各种外部设备,如显示器、打印机、键盘等。在操作系统中,把外部设备也看作是一个文件来进行管理,把它们的输入、输出等同于对磁盘文件的读和写。

通常把显示器定义为标准输出文件,一般情况下在屏幕上显示有关信息就是向标准输出文件输出。如前面经常使用的 printf、putchar 函数就是这类输出。

键盘通常被指定为标准的输入文件,从键盘上输入就意味着从标准输入文件上输入数据。scanf、getchar 函数就属于这类输入。

(2) 从文件编码的方式来看,文件可分为 ASCII 码文件和二进制码文件两种。

ASCII 文件也称为文本文件,这种文件在磁盘中存放时每个字符对应一个字节,用于存放对应的 ASCII 码。

例如,数 5678 的存储形式如图 7.2 所示,共占用 4 个字节。

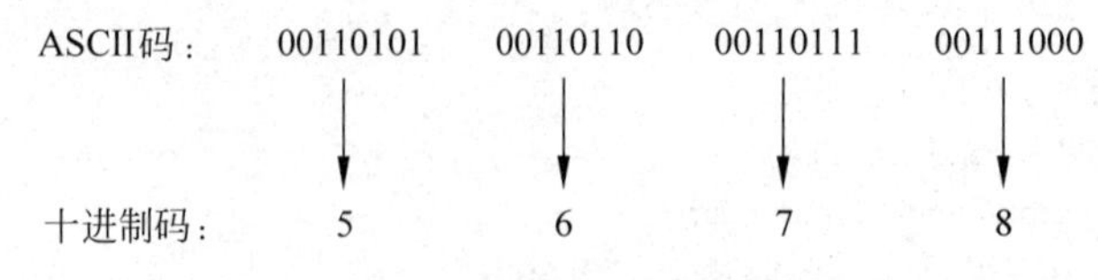

图 7.2　数 5678 的存储形式

ASCII 码文件可在屏幕上按字符显示,例如,源程序文件就是 ASCII 文件,用 DOS 命令 TYPE 可显示文件的内容。由于是按字符显示,因此能读懂文件内容。

二进制文件是按二进制的编码方式来存放文件的。

例如,数 5678 的存储形式为:

```
00010110 00101110
```

只占两个字节。二进制文件虽然也可在屏幕上显示,但其内容无法读懂。C系统在处理这些文件时,并不区分类型,都看成是字符流,按字节进行处理。输入输出字符流的开始和结束只由程序控制而不受物理符号(如回车符)的控制。因此也把这种文件称作"流式文件"。

接下来讲解C语言的文件的相关知识,需要理解的知识点包括数据流、缓冲区、文件类型、文件存取方式。

1. 数据流

数据流指程序与数据的交互是以流的形式进行的。进行C语言文件的存取时,都会先进行"打开文件"操作,这个操作就是打开数据流,而"关闭文件"操作就是关闭数据流。

2. 缓冲区

缓冲区指在程序执行时,所提供的额外内存,可用来暂时存放做准备执行的数据。它的设置是为了提高存取效率,因为内存的存取速度比磁盘驱动器快得多。

C语言的文件处理功能依据系统是否设置"缓冲区"分为两种:一种是设置缓冲区,另一种是不设置缓冲区。由于不设置缓冲区的文件处理方式,必须使用较低级的I/O函数(包含在头文件io.h和fcntl.h中)来直接对磁盘存取,这种方式的存取速度慢,并且由于不是C的标准函数,跨平台操作时容易出问题。下面只介绍第一种处理方式,即设置缓冲区的文件处理方式。

当使用标准I/O函数(包含在头文件stdio.h中)时,系统会自动设置缓冲区,并通过数据流来读写文件。当进行文件读取时,不会直接对磁盘进行读取,而是先打开数据流,将磁盘上的文件信息复制到缓冲区内,然后程序再从缓冲区中读取所需数据,如图7.3所示;而事实上,当写入文件时,并不会马上写入磁盘中,而是先写入缓冲区,只有在缓冲区已满或"关闭文件"时,才会将数据写入磁盘。

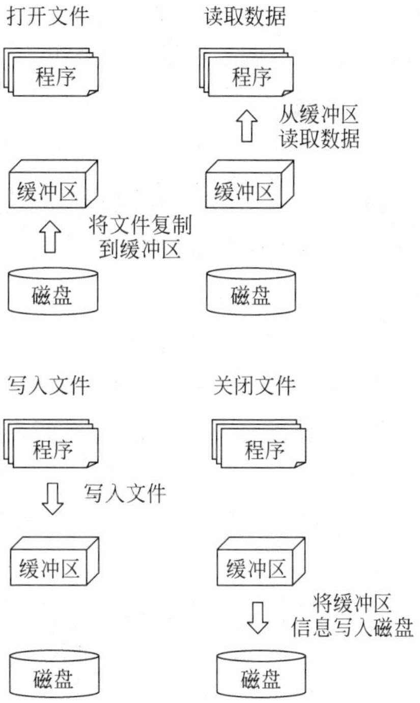

图7.3 缓冲区示意图

3. 文件类型

文件类型分为文本文件和二进制文件两种。文本文件是以字符编码的方式进行保存的。二进制文件将内存中数据原封不动地读到文件中,适用于非字符为主的数据。如果以记事本打开,只会看到一堆乱码。

其实,除了文本文件外,所有的数据都可以算是二进制文件。二进制文件的优点在于存取速度快,占用空间小,以及可随机存取数据。

4. 文件存取方式

文件存取方式包括顺序存取方式和随机存取方式两种。

顺序读取也就是从上往下,一笔一笔读取文件的内容。保存数据时,将数据附加在文件的末尾。这种存取方式常用于文本文件,而被存取的文件则称为顺序文件。

随机存取方式多半以二进制文件为主。它会以一个完整的单位来进行数据的读取和写入，通常以结构为单位。

7.2.1 文本文件操作

C语言中主要通过标准I/O函数来对文本文件进行处理。相关的操作包括打开、读写、关闭与设置缓冲区。

相关的存取函数有：fopen()，fclose()，fgetc()，fputc()，fgets()，fputs()，fprintf()，fscanf()等。

1. 打开文件

函数原型为：_CRTIMP FILE * __cdecl fopen(const char *, const char *);

第一个参数为文件名，第二个参数为打开模式。

打开成功，fopen返回一个结构指针地址，否则返回一个NULL。如果没有指定文件路径，则默认为当前工作目录。例如：

```
FILE *fp;
fp = fopen("c:\\temp\\test.txt", "r") //由于反斜杠\是控制字符,所以必须再加一个反斜杠
```

使用fopen()函数打开的文件会先将文件复制到缓冲区。注意：所下达的读取或写入动作，都是针对缓冲区进行存取而不是磁盘，只有当使用fclose()函数关闭文件时，缓冲区中的数据才会写入磁盘。

打开文本文件的操作有以下几种。

"r"：只能从文件中读数据，该文件必须先存在，否则打开失败。

"w"：只能向文件写数据，若指定的文件不存在则创建它，如果存在则先删除它再重建一个新文件。

"a"：向文件增加新数据(不删除原有数据)，若文件不存在则打开失败，打开时位置指针移到文件末尾。

"r+"：可读/写数据，该文件必须先存在，否则打开失败。

"w+"：可读/写数据，用该模式打开新建一个文件，先向该文件写数据，然后可读取该文件中的数据。

"a+"：可读/写数据，原来的文件不被删除，位置指针移到文件末尾。

打开二进制文件的模式与打开文本文件的含义是一样的，不同的是模式名称里面多一个字母'b'，以表示以二进制形式打开文件。

2. 关闭文件

函数原型为：_CRTIMP int __cdecl fclose(FILE *);

关闭成功返回值0，否则返回非零值。

注：在执行完文件的操作后，要进行"关闭文件"操作。虽然程序在结束前会自动关闭所有的打开文件，但文件打开过多会导致系统运行缓慢，这时就要自行手动关闭不再使用的文件，来提高系统整体的执行效率。

例 7-2　打开文件并进行判断和关闭文件。

```
FILE * fp;
fp = fopen("c:\\temp\\test.txt", "r");

if(fp == NULL)
    printf("fail to open the file! \n");
else
{
    printf("The file is open! \n");
    fclose(fp);
}
```

3. 字符存取函数

函数原型为：

```
_CRTIMP int __cdecl fputc(int, FILE * );
_CRTIMP int __cdecl fgetc(FILE * );
```

字符读取函数 fgetc()可从文件数据流中一次读取一个字符，然后读取光标移动到下一个字符，并逐步将文件的内容读出。

如果字符读取成功，则返回所读取的字符，否则返回 EOF。EOF 是表示数据结尾的常量，真值为－1。另外，要判断文件是否读取完毕，可利用 feof()进行检查。未完返回 0，已完返回非零值。

feof()函数原型为：`_CRTIMP int __cdecl feof(FILE * );`

例 7-3　fgetc()函数的使用。

```
#include <stdio.h>

main()
{
    FILE * fp;
    fp = fopen("c:\\temp\\test.txt", "r");
    if(fp != NULL)
    {
        while(!feof(fp))
            printf("%c", fgetc(fp));
    }
    else
        printf("fail to open! \n");
    fclose(fp);

    return 0;
}
```

若要将字符逐一写入文件，可使用 fputc()函数。

例 7-4　fputc()函数的使用。

```
#include <stdio.h>
```

```
#include <conio.h>

main()
{
    char filename[20], ch;
    FILE *fp;
    printf("Enter a filename: ");
    scanf("%s", filename);
    printf("Enter some characters to output to file: ");
    if((fp = fopen(filename, "w")) == NULL)
        printf("fail to open! \n");
    else
    {
        while((ch = getchar()) != '\015')
            fputc(ch, fp);
    }
    fclose(fp);

    return 0;
}
```

4. 字符串存取函数

函数原型为：

```
_CRTIMP int __cdecl fputs(const char *, FILE *);
_CRTIMP char * __cdecl fgets(char *, int, FILE *);
```

fgets 函数的作用是从指定文件读入一个字符串，如“fgets(str, n, fp);”。

参数 n 为要求得到的字符个数，但只从 fp 指向的文件输入 n－1 个字符，然后在最后加一个'\0'字符，因此得到的字符串共有 n 个字符，把它们放在字符数组 str 中。如果在读完 n－1 个字符之前遇到换行符或 EOF，读入结束。

fputs 函数的作用是向指定文件输出一个字符串，如：fputs("Hey", fp);。

把字符串"Hey"输出到 fp 指向的文件。fputs 函数的第一个参数可以是字符串常量、字符数组名或字符型指针。若输出成功，则返回 0，否则返回 EOF。

5. 格式化存取函数

函数原型为：

```
_CRTIMP int __cdecl fprintf(FILE *, const char *, ...);
_CRTIMP int __cdecl fscanf(FILE *, const char *, ...);
```

它们与 printf 和 scanf 函数相仿，都是格式化读写函数。不同的是：fprintf 和 fscanf 函数的读写对象不是终端(标准输入输出)，而是磁盘文件。printf 函数是将内容输出到终端(屏幕)，因此，fprintf 就是将内容输出到磁盘文件了。

例 7-5 fprintf 和 fscanf 函数的使用。

```
#include <stdio.h>
```

```
void main()
{
    FILE * fp;

    int num = 10;
    char name[10] = "Leeming";
    char gender = 'M';

    if((fp = fopen("info.txt", "w+")) == NULL)
        printf("can't open the file! \n");
    else
        fprintf(fp, "%d, %s, %c", num, name, gender);//将数据格式化输出到文件 info.txt 中

    fscanf(fp, "%d, %s, %c", &num, name, &gender);  //从文件 info.txt 中格式化读取数据
    printf("%d, %s, %c \n", num, name, gender);     //格式化输出到屏幕

    fclose(fp);
}
```

7.2.2 二进制文件操作

1. 数据块存取函数

函数原型：

```
_CRTIMP size_t __cdecl fread(void *, size_t, size_t, FILE *);
_CRTIMP size_t __cdecl fwrite(const void *, size_t, size_t, FILE *);
```

当要求一次存取一组数据(如一个数组、一个结构体变量的值)，fread 和 fwrite 函数可以解决该类问题。它们的调用形式一般为：

```
fread(buffer, size, count, fp);
fwrite(buffer, size, count, fp);
```

其中，buffer：对于 fread 来说，指的是读入数据的存放地址；对于 fwrite 来说，是要输出数据的地址。

size：读写数据时，每笔数据的大小。

count：读写数据的笔数。

fp：文件指针。

例 7-6　fread 和 fwrite 函数的使用。

```
#include <stdio.h>
#define SIZE 3

typedef enum { MM, GG } Gender;

typedef struct
{
    char name[10];
    int  age;
```

```
    Gender gender;
} Person;

void write2file(Person emp[SIZE])
{
    FILE * fp;
    if((fp = fopen("emp.txt", "wb")) == NULL)
    {
        printf("cannot open file! \n");
        return;
    }

    for(int i = 0; i < SIZE; i++)
        if(fwrite(&emp[i], sizeof(Person), 1, fp) != 1)
            printf("file write error! \n");
    fclose(fp);
}

void read_from_file(FILE * fp)
{
    Person emp_out[SIZE];

    if((fp = fopen("emp.txt", "rb")) == NULL)
    {
        printf("cannot open file! \n");
        return;
    }

    printf("\n%d employee's information read: \n", SIZE);

    for(int i = 0; i < SIZE; i++)
    {
        if(fread(&emp_out[i], sizeof(Person), 1, fp) != 1)
            if(feof(fp))
            {
                fclose(fp);
                return;
            }
        printf("%-5s %4d %5d \n", emp_out[i].name, emp_out[i].age, emp_out[i].gender);
    }
    fclose(fp);
}

void main()
{
    FILE * fp = NULL;
    Person employee[SIZE];

    printf("Enter %d employee's information: \n", SIZE);
    for(int i = 0; i < SIZE; i++)
        scanf("%s %d %d", employee[i].name, &employee[i].age, &employee[i].gender);
```

```
    write2file(employee);
    read_from_file(fp);
}
```

2. 随机存取函数 fseek()

函数原型：

```
_CRTIMP int __cdecl fseek(FILE * , long, int);
```

对流式文件可以进行顺序读写，也可以进行随机读写。关键在于控制文件的位置指针，如果位置指针是按字节位置顺序移动的，就是顺序读写。如果能将位置指针按需要移动到任意位置，就可以实现随机读写。所谓随机读写，是指读完上一个字符(字节)后，并不一定要读写其后续的字符(字节)，而可以读写文件中任意位置上所需要的字符(字节)。该函数的调用形式为：

```
fseek(fp, offset, start);
```

start：起始点，用 0、1、2 代替。0 代表文件开始，名字为 SEEK_SET；1 代表当前位置，名字为 SEEK_CUR；2 代表文件末尾，名字为 SEEK_END。

fseek()函数一般用于二进制文件，因为文本文件要发生字符转换，计算位置时往往会发生混乱。

例如：

```
fseek(fp, i * sizeof(Person), 0);
```

CHAPTER 8

第 8 章 图形编程技术

8.1 OpenGL 图形编程技术

8.1.1 OpenGL 简介

OpenGL(Open Graphics Library,开放图形库)是一个跨编程语言、跨平台的应用程序接口(API)。它用于生成二维、三维图像,是一个功能强大,调用方便的底层图形库。

它是开放的三维图形软件包,独立于窗口系统和操作系统;是个与硬件无关的软件接口,可以在不同的平台如 Windows 95、Windows NT、UNIX、Linux、Mac OS、OS/2 之间进行移植;并且与 Visual C++紧密结合,便于实现机械手的有关计算和图形算法,可以保证算法的正确性和可靠性;使用简便,效率高。

OpenGL 常用于 CAD、虚拟实境、科学可视化程序和电子游戏开发。

8.1.2 环境配置

1. 选择编译环境

Windows 系统的主要编译环境有 Visual Studio、Broland C++ Builder、Dev-C++等,这些环境均支持 OpenGL。以下环境配置的步骤说明以 Visual Studio 2013 作为环境。

2. 安装 GLUT 工具包

GLUT 工具包对于 OpenGL 不是必需的,但推荐安装,这会给之后的学习提供一定的方便。

Windows 环境下的 GLUT 下载地址如下。

http://www.opengl.org/resources/libraries/glut/glutdlls37beta.zip

在 Windows 下安装 GLUT 的步骤如下。

(1) 将下载的 GLUT 压缩包解压,得到 5 个文件。

(2) 在“我的电脑”中搜索 gl. h，找到所在文件夹(Visual Studio 2013 中目标位置为安装目录下 Windows Kits\8. 1\Include\um\gl)，将解压得到的 glut. h 放到 gl 文件夹内。

(3) 将解压得到的 glut. lib 和 glut32. lib 放到静态函数库所在的文件夹内(Visual Studio 2013 中目标位置在安装目录下 Windows Kits\8. 1\lib)。

(4) 将解压得到的 glut. dll 和 glut32. dll 放在操作系统目录下面的 SysWOW64 文件夹内(C:\Windows\SysWOW64)。

3. 建立一个 OpenGL 工程

(1) 选择 File→New→Project 命令，然后选择 Win32 Console Application，输入一个名字或者默认，然后单击 OK 按钮。

(2) 弹出一个对话框，单击左侧的 Application Settings，并选择 Empty Project，单击“完成”按钮。

(3) 在工程中添加一个源文件的新建文件，命名为“OpenGL. c”。注意用. c 作为文件结尾。

(4) 接下来，可以建立第一个 OpenGL 程序如下。注意，此程序在正确安装 GLUT 的情况下可编译运行。

```
#include<gl/glut.h>
void myDisplay(void){
    glClear(GL_COLOR_BUFFER_BIT);
    glRectf(-0.5f, -0.5f, 0.5f, 0.5f);
    glFlush();}
int main(int argc, char *argv[]){
    glutInit(&argc, argv);
    glutInitDisplayMode(GLUT_RGB | GLUT_SINGLE);
    glutInitWindowPosition(100, 100);
    glutInitWindowSize(400, 400);
    glutCreateWindow("My first OpenGL program.");
    glutDisplayFunc(&myDisplay);
    glutMainLoop();
    return 0;}
```

运行结果是在黑色窗口中央画一个白色的矩形。

注意：以“glut”开头的函数都是 GLUT 工具包所提供的函数。

(1) glutInit 是对 GLUT 进行初始化，这个函数必须在其他的函数使用之前调用一次。格式固定，一般在开始加上 glutInit(&argc, argv)。

(2) glutInitDisplayMode 设置显示方式。其中，GLUT_RGB 表示使用 RGB 颜色，与之对应的还有 GLUT_INDEX(表示使用索引颜色)。GLUT_SINGLE 表示使用单缓冲，与之对应的还有 GLUT_DOUBLE(使用双缓冲)。

(3) glutInitWindowPosition 设置窗口在屏幕中的位置。

(4) glutInitWindowSize 设置窗口的大小。

(5) glutCreateWindow 根据前面设置的信息创建窗口。参数将被作为窗口的标题。窗口被创建后，并不立即显示到屏幕上。需要调用 glutMainLoop 才能看到窗口。

(6) glutDisplayFunc 设置一个函数，当需要进行画图时，这个函数就会被调用。

(7) glutMainLoop 进行一个消息循环。

(8) 以“gl”开头的函数都是 OpenGL 的标准函数。

① glClear 清除。GL_COLOR_BUFFER_BIT 表示清除颜色，glClear 函数还可以清除其他的东西，但这里不做介绍。

② glRectf 画一个矩形。4 个参数分别表示了位于对角线上的两个点的横、纵坐标。

③ glFlush 保证前面的 OpenGL 命令立即执行(而不是让它们在缓冲区中等待)。其作用与 fflush(stdout)类似。

8.1.3 绘制几何图形

1. 点

数学中点只有位置，没有大小。计算机中，不能表示无穷小的点，OpenGL 中的点将被画成单个像素(像素是构成数码影像的基本单元，通过以像素每英寸 PPI 为单位来表示影像分辨率的大小)，虽然可能足够小，但并不是无穷小。同一像素上，OpenGL 可以绘制出坐标不同的点，但像素的具体颜色将取决于 OpenGL 的实现。

OpenGL 中定义顶点函数的形式是以“glVertex”开头，后面加一个数字和一或两个字母。数字表示参数的个数，2 表示有两个参数，3 表示有三个参数，等等；字母表示参数的类型：

s 表示 16 位整数，在 OpenGL 中类型为 GLshort；

i 表示 32 位整数，在 OpenGL 中类型为 GLint 和 GLsizei；

f 表示 32 位浮点数，在 OpenGL 中类型为 GLfloat 和 GLclampf；

d 表示 64 位整数，在 OpenGL 中类型为 GLdouble 和 GLclampd；

v 表示传递的几个参数将使用指针的方式。

例如：

```
glVertex2d
glVertex2f
glVertex3f
glVertex3fv
```

这些函数除了参数的类型和个数不同以外，功能是相同的。例如，以下 5 个代码是等效的。

```
glVertex2i(1,3);
glVertex2f(1.0f,3.0f);
glVertex3f(1.0f,3.0f,0.0f);
glVertex4f(1.0f,3.0f,0.0f,1.0f);
GLfloat VertexArr3[ ] = {1.0f,3.0f,0.0f};glVertex3fv(VertexArr3);
```

注意：OpenGL 很多函数都采用类似于 glVertex * 的形式，一个相同的前缀加上参数的说明标记。

OpenGL 规定，顶点定义必须包含在 glBegin 函数之后，glEnd 函数之前，否则无效。并由 glBegin 来指明如何使用这些点。例如：

```
glBegin(GL_POINTS);
        glVertex2f(0.0f,0.0f);
        glVertex2f(0.5f,0.0f);
glEnd();
```

则这两个点将分别被画出来。

glBegin 支持的方式除了 GL_POINTS 和 GL_LINES，还有 GL_LINE_STRIP，GL_LINE_LOOP，GL_TRIANGLES，GL_TRIANGLE_STRIP，GL_TRIANGLE_FAN 等，每种方式的大致效果见图 8.1。

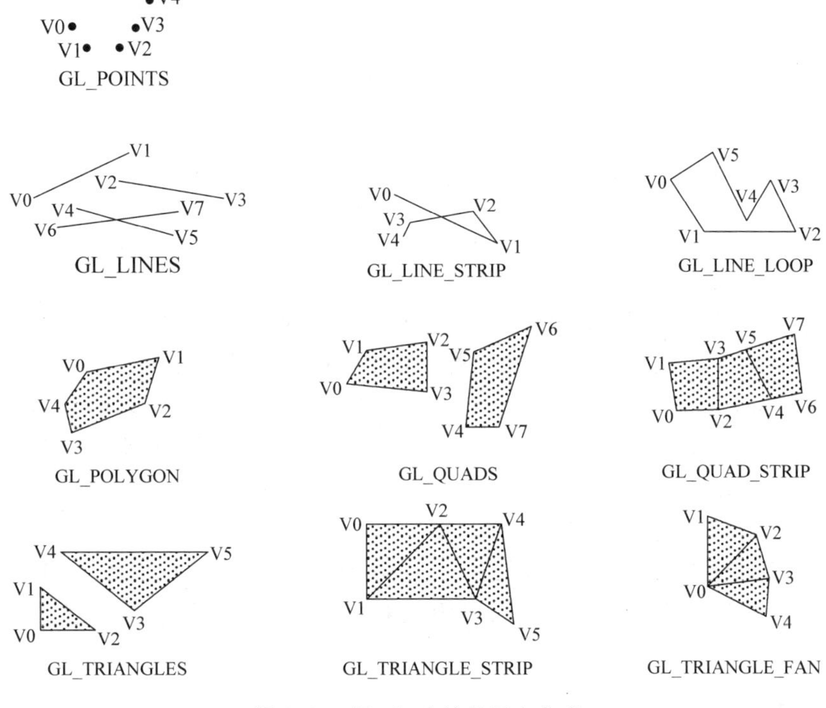

图 8.1　glBegin 支持的画点方式

程序代码模板：

```
void myDisplay(void){
    glClear(GL_COLOR_BUFFER_BIT);
    glBegin(/ * 在这里填写目标模式 * /);
    / * 在这里使用 glVertex * 系列函数 * /
    / * 指定顶点位置 * /
    glEnd();
    glFlush();}
```

前面已提过，点是有大小的，OpenGL 中默认点的大小为 1 个像素。当点太小时，难以看清楚，可以用 glPointSize 来改变点的大小：glPointSize(GLfloat size)。注意：在具体实现中，点的大小必须大于 0.0f，默认值为 1.0f，单位是像素。当 size 设置的很大时，则会出现问题。

2. 直线

数学中直线无限长，且无宽度。但 OpenGL 的直线却是有宽度的，并且为有限长。可以想象，人类或者计算机无法表示无穷，并且要绘制图形，一定有确定的标准，即为直线设有不影响其他因素的宽度和需要的长度。

1）设置直线宽度

实现方式：void glLineWidth(GLfloat width)；

2）虚线的实现

首先，使用 glEnable(GL_LINE_STIPPLE)；来启动虚线模式，使用 glDisable(GL_LINE_STIPPLE)可以关闭它。

然后，使用 glLineStipple 来设置虚线的样式。

void glLineStipple(GLint factor, GLushort pattern)；

pattern 是由 1 和 0 组成的长度为 16 的序列，从最低位开始看，如果为 1，则直线上接下来应该画的 factor 个点将被画为实的；如果为 0，则直线上接下来应该画的 factor 个点将被画为虚的。

3. 多边形

数学中是由多条线段首尾相连而形成的闭合区域。OpenGL 规定一个多边形必须是凸多边形(多边形内任意两点所确定的线段都在多边形内)，并且使用顶点来确定多边形。

注意：OpenGL 默认为凸多边形。当使用的多边形不是凸多边形时，最后输出的效果是未定义的。OpenGL 为了效率，放宽了检查，这可能会导致显示错误。为了避免这个错误，应尽量使用三角形，因为所有的三角形都是凸多边形。

1）多边形的两面以及绘制方式

从三维的角度来看，一个多边形具有两个面。每一个面都可以设置不同的绘制方式：填充、只绘制边缘轮廓线、只绘制顶点。其中，“填充”是默认的方式。可以为两个面分别设置不同的方式。

```
glPolygonMode(GL_FRONT, GL_FILL);              /* 设置正面为填充方式 */
glPolygonMode(GL_BACK, GL_LINE);               /* 设置反面为边缘绘制方式 */
glPolygonMode(GL_FRONT_AND_BACK, GL_POINT);    /* 两面均为顶点绘制方式 */
```

2）反转

一般约定为“顶点以逆时针顺序出现在屏幕上的面”为“正面”，另一个面即称为“反面”。生活中常见的物体表面，通常都可以用这样的“正面”和“反面”，“合理地”被表现出来。但也有一些表面比较特殊，例如“麦比乌斯带”，可以全部使用“正面”或全部使用“反面”来表示。

OpenGL 中可以通过 glFrontFace 函数来交换“正面”和“反面”的概念。

```
glFrontFace(GL_CCW);    /* 设置 CCW 方向为“正面”,CCW 即 CounterClockWise,逆时针 */
glFrontFace(GL_CW);     /* 设置 CW 方向为“正面”,CW 即 ClockWise,顺时针 */
```

3）剔除多边形表面

在三维空间中，一个多边形虽然有两个面，但无法看见反面的那些多边形，而一些多边形虽然是正面的，但被其他多边形所遮挡。如果将无法看见的多边形和可见的多边形同等对待，无疑会降低处理图形的效率。在这种时候，可以将不必要的面剔除。

首先，使用 glEnable(GL_CULL_FACE)；来启动剔除功能(使用 glDisable(GL_CULL_FACE)可以关闭它)。然后，使用 glCullFace 来进行剔除。

glCullFace 的参数可以是 GL_FRONT，GL_BACK 或者 GL_FRONT_AND_BACK，分别表示剔除正面、剔除反面、剔除正反两面的多边形。

注意：剔除功能只影响多边形，而对点和直线无影响。例如，使用 glCullFace(GL_FRONT_AND_BACK)后，所有的多边形都将被剔除，所以看见的就只有点和直线。

4) 镂空多边形

直线可以被画成虚线，而多边形则可以进行镂空。

首先，使用 glEnable(GL_POLYGON_STIPPLE)；来启动镂空模式(使用 glDisable(GL_POLYGON_STIPPLE)可以关闭它)。然后，使用 glPolygonStipple 来设置镂空的样式。

void glPolygonStipple(const GLubyte * mask)；其中的参数 mask 指向一个长度为 128 字节的空间，它表示了一个 32×32 的矩形应该如何镂空。其中，第一个字节表示了最左下方的从左到右(也可以是从右到左，这个可以修改)8 个像素是否镂空(1 表示不镂空，显示该像素；0 表示镂空，显示其后面的颜色)，最后一个字节表示了最右上方的 8 个像素是否镂空。

5) 数据保存为图片

考虑到大量数据的烦琐，将数据保存成图片，并用专门的工具进行编辑，显然会方便很多。

首先，用 Windows 自带的画笔程序新建一幅图片，取名为 mask.bmp，注意保存时，应该选择“单色位图”。在“图像”－＞“属性”对话框中，设置图片的高度和宽度均为 32。

用放大镜观察图片，并编辑它。黑色对应二进制 0(镂空)，白色对应二进制 1(不镂空)，编辑完毕后保存。

然后，就可以使用以下代码来获得这个 Mask 数组。

```
static GLubyte Mask[128];
FILE * fp;
fp = fopen("mask.bmp", "rb");
if( !fp )
    exit(0);
/* 移动文件指针到这个位置,使得再读 sizeof(Mask)个字节就会遇到文件结束。注意: - (int)
sizeof(Mask)虽然不是什么好的写法,但在这里它确实是正确有效的。如果直接写 - sizeof(Mask)的
话,取负号会出现问题,因为 sizeof 取得的是一个无符号数 */
if( fseek(fp, - (int)sizeof(Mask), SEEK_END) )
    exit(0);
/* 读取 sizeof(Mask)个字节到 Mask */
if( !fread(Mask, sizeof(Mask), 1, fp) )
    exit(0);
fclose(fp);
```

现在编辑一个图片作为 mask，并用上述方法取得 Mask 数组，运行后观察效果。

说明：绘制虚线时可以设置 factor 因子，但多边形的镂空无法设置 factor 因子。用鼠标改变窗口的大小，观察镂空效果的变化情况。

4. 具体示例

1）绘制一个圆

正 n 边形，当 n 越大时，这个图形就接近为圆。

注意：画圆的方法很多，此处讲解的是比较简单的，但效率较低。

```
const int n = 20;
const GLfloat R = 0.5f;
const GLfloat Pi = 3.14415926536f;
void myDisplay(void){
    int i;
    glClear(GL_COLOR_BUFFER_BIT);
    glBegin(GL_POLYGON);
    for (i = 0; i < n; ++i)
        glVertex2f(R * cos(2 * Pi / n * i), R * sin(2 * Pi / n * i));
    glEnd();
    glFlush();}
```

尝试修改 n 的值，观察将 n 不断增大时图形的变化。

2）绘制一个五角星

设五角星的 5 个顶点分布位置关系如下：

```
        A
  E           B


     D     C
```

首先，根据余弦定理列方程，计算五角星的中心到顶点的距离 a（假设五角星对应正五边形的边长为 1.0）：

```
a = 1 / (2 - 2 * cos(72 * Pi/180));
```

然后，根据正弦和余弦的定义，计算 B 的 x 坐标 bx 和 y 坐标 by，以及 C 的 y 坐标 Cy（假设五角星的中心在坐标原点）：

```
bx = a * cos(18 * Pi/180);
by = a * sin(18 * Pi/180);
cy =- a * cos(18 * Pi/180);
```

5 个点的坐标通过以上 4 个量表示出来。

```
const GLfloat Pi = 3.1415926536f;
void myDisplay(void){
    GLfloat a = 1 / (2 - 2 * cos(72 * Pi / 180));
    GLfloat bx = a * cos(18 * Pi / 180);
    GLfloat by = a * sin(18 * Pi / 180);
    GLfloat cy = - a * cos(18 * Pi / 180);
    GLfloat
        PointA[2] = { 0, a },
        PointB[2] = { bx, by },
        PointC[2] = { 0.5, cy },
```

```
        PointD[2] = { -0.5, cy },
        PointE[2] = { -bx, by };
    glClear(GL_COLOR_BUFFER_BIT);
    /* 按照 A->C->E->B->D->A 的顺序,可以一笔将五角星画出 */
    glBegin(GL_LINE_LOOP);
    glVertex2fv(PointA);
    glVertex2fv(PointC);
    glVertex2fv(PointE);
    glVertex2fv(PointB);
    glVertex2fv(PointD);
    glEnd();
    glFlush();}
```

3）绘制正弦函数的图形

由于 OpenGL 默认坐标值只能从－1 到 1，所以设置一个因子 factor，把所有的坐标值等比例缩小，这样就可以画出更多个正弦周期。

试修改 factor 的值，观察变化情况。

```
const GLfloat factor = 0.1f;
void myDisplay(void){
    GLfloat x;
    glClear(GL_COLOR_BUFFER_BIT);
    glBegin(GL_LINES);
    glVertex2f(-1.0f, 0.0f);
    glVertex2f(1.0f, 0.0f);             /* 以上两个点可以画 x 轴 */
    glVertex2f(0.0f, -1.0f);
    glVertex2f(0.0f, 1.0f);             /* 以上两个点可以画 y 轴 */
    glEnd();
    glBegin(GL_LINE_STRIP);
    for (x =-1.0f / factor; x<1.0f / factor; x += 0.01f)
        glVertex2f(x * factor, sin(x) * factor);
    glEnd();
    glFlush();}
```

8.1.4　颜色设置

OpenGL 支持两种颜色模式：一种是 RGBA，一种是颜色索引模式。

无论哪种颜色模式，计算机都必须为每一个像素保存一些数据。不同的是，RGBA 模式中，数据直接就代表了颜色；而颜色索引模式中，数据代表的是一个索引，要得到真正的颜色，还必须去查索引表。

1. RGBA 颜色

RGBA 模式中，每一个像素会保存以下数据：R 值（红色分量）、G 值（绿色分量）、B 值（蓝色分量）和 A 值（alpha 分量）。其中，红、绿、蓝三种颜色相组合，就可以得到所需要的各种颜色，而 alpha 不直接影响颜色，它将留待以后介绍。

在 RGBA 模式下选择颜色是十分简单的事情，只需要一个函数就可以完成。

glColor * 系列函数可以用于设置颜色，其中，三个参数的版本可以指定 R、G、B 的值，而 A 值采用默认；4 个参数的版本可以分别指定 R、G、B、A 的值。例如：

```
void glColor3f(GLfloat red, GLfloat green, GLfloat blue);
void glColor4f(GLfloat red, GLfloat green, GLfloat blue, GLfloat alpha);
```

将浮点数作为参数，其中，0.0 表示不使用该种颜色，而 1.0 表示将该种颜色用到最多。例如：

```
glColor3f(1.0f, 0.0f, 0.0f);   表示不使用绿、蓝色，而将红色使用最多，于是得到最纯净的红色
glColor3f(0.0f, 1.0f, 1.0f);   表示使用绿、蓝色到最多，而不使用红色。混合的效果就是浅蓝色
glColor3f(0.5f, 0.5f, 0.5f);   表示各种颜色使用一半，效果为灰色
```

浮点数可以精确到小数点后若干位，这并不表示计算机就可以显示如此多种颜色。实际上，计算机可以显示的颜色种数将由硬件决定。如果 OpenGL 找不到精确的颜色，会进行类似"四舍五入"的处理。

glColor 系列函数，在参数类型不同时，表示"最大"颜色的值也不同。

(1) 采用 f 和 d 作后缀的函数，以 1.0 表示最大的使用。

(2) 采用 b 作后缀的函数，以 127 表示最大的使用。

(3) 采用 ub 作后缀的函数，以 255 表示最大的使用。

(4) 采用 s 作后缀的函数，以 32767 表示最大的使用。

(5) 采用 us 作后缀的函数，以 65535 表示最大的使用。

2. 索引颜色

在索引颜色模式中，OpenGL 需要一个颜色表。这个表就相当于画家的调色板：虽然可以调出很多种颜色，但同时存在于调色板上的颜色种数将不会超过调色板的格数。试将颜色表的每一项想象成调色板上的一个格子，它保存了一种颜色。

颜色表的大小是很有限的，一般在 256～4096 之间，且总是 2 的整数次幂。在使用索引颜色方式进行绘图时，总是先设置颜色表，然后选择颜色。

1) 选择颜色

使用 glIndex* 系列函数可以在颜色表中选择颜色。其中最常用的是 glIndexi，它的参数是一个整型：

```
void glIndexi(GLint c);
```

2) 设置颜色表

OpenGL 并没有直接提供设置颜色表的方法，因此设置颜色表需要使用操作系统的支持。Windows 和其他大多数图形操作系统都具有这个功能，但所使用的函数却不相同。

GLUT 工具包提供了设置颜色表的函数 glutSetColor。其次还有另一个 OpenGL 工具包：aux。这个工具包是 Visual Studio 自带的，不必另外安装。

索引颜色的主要优势是占用空间小(每个像素不必单独保存自己的颜色，只用很少的二进制位就可以代表其颜色在颜色表中的位置)，花费系统资源少，图形运算速度快，但它编程稍稍显得不是那么方便，并且画面效果也会比 RGB 颜色差一些。

目前的 PC 性能已经足够在各种场合下使用 RGB 颜色，因此 PC 程序开发中，使用索引颜色已经不是主流。当然，一些小型设备例如 GBA、手机等，索引颜色还是有它的用武

之地。

3. 指定清除屏幕用的颜色

glClear(GL_COLOR_BUFFER_BIT);意思是把屏幕上的颜色清空。

OpenGL 用下面的函数来定义清除屏幕后屏幕所拥有的颜色。

在 RGB 模式下,使用 glClearColor 来指定“空”的颜色,它需要 4 个参数,其参数的意义与 glColor4f 相似。

在索引颜色模式下,使用 glClearIndex 来指定“空”的颜色所在的索引,它需要一个参数,其意义与 glIndexi 相似。

4. 指定着色模型

OpenGL 允许为同一多边形的不同顶点指定不同的颜色。

在默认情况下,OpenGL 会计算两个顶点之间的其他点,并为它们填上“合适”的颜色,使相邻的点的颜色值都比较接近。如果使用的是 RGB 模式,看起来就具有渐变的效果。如果是使用颜色索引模式,则其相邻点的索引值是接近的。如果将颜色表中接近的项设置成接近的颜色,则看起来也是渐变的效果。但如果颜色表中接近的项颜色却差距很大,则看起来可能是很奇怪的效果。

使用 glShadeModel 函数可以关闭这种计算,如果顶点的颜色不同,则将顶点之间的其他点全部设置为与某一个点相同(直线以后指定的点的颜色为准,而多边形将以任意顶点的颜色为准,由实现决定)。为了避免这个不确定性,应尽量在多边形中使用同一种颜色。

glShadeModel 的使用方法:

```
glShadeModel(GL_SMOOTH);                /* 平滑方式,这也是默认方式 */
glShadeModel(GL_FLAT);                  /* 单色方式 */
```

8.1.5 变换

前面讲过的几何图形的绘制中,坐标只能从 −1 到 1,还只能是 X 轴向右,Y 轴向上,Z 轴垂直屏幕。这些限制给绘图带来了很多不便。为了突破绘图的狭窄范围,以下将会讲解多种变换。

世界是个三维的空间,在观察物体时,用到以下变换。

(1) 从不同的位置去观察它(视图变换)。

(2) 移动或者旋转它,当然,如果它只是计算机里面的物体,还可以放大或缩小它(模型变换)。

(3) 如果把物体画下来,可以选择:是否需要一种“近大远小”的透视效果。另外,可能只希望看到物体的一部分,而不是全部(剪裁)(投影变换)。

(4) 可能希望把整个看到的图形画下来,但它只占据纸张的一部分,而不是全部(视口变换)。

OpenGL 可以通过矩阵乘法来实现这些变换。无论是移动、旋转还是缩放大小,都是通过在当前矩阵的基础上乘以一个新的矩阵来达到目的。

1. 模型变换和视图变换

从“相对移动”的观点来看,改变观察点的位置与方向和改变物体本身的位置与方向具有等效性。在 OpenGL 中，实现这两种功能甚至使用的是同样的函数。

由于模型和视图的变换都通过矩阵运算来实现，在进行变换前，应先设置当前操作的矩阵为“模型视图矩阵”。设置的方法是以 GL_MODELVIEW 为参数调用 glMatrixMode 函数，例如：

```
glMatrixMode(GL_MODELVIEW);
```

通常，在进行变换前把当前矩阵设置为单位矩阵。这也只需要一行代码：

```
glLoadIdentity();
```

然后，就可以进行模型变换和视图变换了。进行模型和视图变换，主要涉及以下三个函数。

(1) glTranslate*，把当前矩阵和一个表示移动物体的矩阵相乘。三个参数分别表示了在三个坐标上的位移值。

(2) glRotate*，把当前矩阵和一个表示旋转物体的矩阵相乘。物体将绕着(0,0,0)到(x,y,z)的直线以逆时针旋转，参数 angle 表示旋转的角度。

(3) glScale*，把当前矩阵和一个表示缩放物体的矩阵相乘。x,y,z 分别表示在该方向上的缩放比例。

注意：*是“与××相乘”，而不是“这个函数就是旋转”或者“这个函数就是移动”。*

假设当前矩阵为单位矩阵，然后先乘以一个表示旋转的矩阵 $\boldsymbol{R}$，再乘以一个表示移动的矩阵 $\boldsymbol{T}$，最后得到的矩阵再乘上每一个顶点的坐标矩阵 $\boldsymbol{v}$。所以，经过变换得到的顶点坐标就是$((\boldsymbol{RT})\boldsymbol{v})$。由于矩阵乘法的结合率，$((\boldsymbol{RT})\boldsymbol{v})=(\boldsymbol{R}(\boldsymbol{Tv}))$，换句话说，实际上是先进行移动，然后进行旋转。即：实际变换的顺序与代码中写的顺序是相反的。不过“先移动后旋转”和“先旋转后移动”得到的结果很可能不同。

OpenGL 之所以这样设计，是为了得到更高的效率。但在绘制复杂的三维图形时，如果每次都去考虑如何把变换倒过来，也是很痛苦的事情。这里介绍另一种思路，可以让代码看起来更自然。

可以想象，坐标并不是固定不变的。旋转的时候，坐标系统随着物体旋转。移动的时候，坐标系统随着物体移动。如此一来，就不需要考虑代码的顺序反转的问题。

以上都是针对改变物体的位置和方向来介绍的。如果要改变观察点的位置，除了配合使用 glRotate* 和 glTranslate* 函数以外，还可以使用这个函数：gluLookAt。它的参数比较多，前三个参数表示了观察点的位置，中间三个参数表示了观察目标的位置，最后三个参数代表从(0,0,0)到(x,y,z)的直线，它表示了观察者认为的“上”方向。

2. 投影变换

投影变换就是定义一个可视空间，可视空间以外的物体不会被绘制到屏幕上。

OpenGL 支持两种类型的投影变换，即透视投影和正投影。投影也是使用矩阵来实现的。如果需要操作投影矩阵，需要以 GL_PROJECTION 为参数调用 glMatrixMode 函数。如下：

```
glMatrixMode(GL_PROJECTION);
```

通常，在进行变换前把当前矩阵设置为单位矩阵。如下：

```
glLoadIdentity();
```

透视投影所产生的结果类似于照片，有近大远小的效果，比如在火车头内向前照一个铁轨的照片，两条铁轨似乎在远处相交了。使用 glFrustum 函数可以将当前的可视空间设置为透视投影空间，也可以使用更加常用的 gluPerspective 函数。

正投影相当于在无限远处观察得到的结果，它只是一种理想状态。但对于计算机来说，使用正投影有可能获得更好的运行速度。使用 glOrtho 函数可以将当前的可视空间设置为正投影空间。

如果绘制的图形空间本身就是二维的，可以使用 gluOrtho2D。它的使用方法类似于 glOrgho。

3. 视口变换

当一切工作已经就绪，只需要把像素绘制到屏幕上了。这时候还剩最后一个问题：应该把像素绘制到窗口的哪个区域呢？通常情况下，默认是完整地填充整个窗口，但完全可以只填充一半(把整个图像填充到一半的窗口内)。使用 glViewport 来定义视口。其中前两个参数定义了视口的左下角(0,0 表示最左下方)，后两个参数分别是宽度和高度。

4. 操作矩阵堆栈

先简单介绍一下堆栈。可以把堆栈想象成一叠盘子。开始的时候一个盘子也没有，可以一个一个往上放，也可以一个一个取下来。每次取下的都是最后一次被放上去的盘子。通常，在计算机实现堆栈时，堆栈的容量是有限的，如果盘子过多，就会出错。当然，如果没有盘子了，再要求取一个盘子，也会出错。

在进行矩阵操作时，有可能需要先保存某个矩阵，过一段时间再恢复。保存时，调用 glPushMatrix 函数，相当于把矩阵(相当于盘子)放到堆栈上。当需要恢复最近一次的保存时，调用 glPopMatrix 函数，相当于把矩阵从堆栈上取下。OpenGL 规定堆栈的容量至少可以容纳 32 个矩阵，某些 OpenGL 实现中，堆栈的容量实际上超过了 32 个。因此不必过于担心矩阵的容量问题。

通常，用这种先保存后恢复的措施，比先变换再逆变换要更方便，更快速。

模型视图矩阵和投影矩阵都有相应的堆栈。使用 glMatrixMode 来指定当前操作的矩阵究竟是模型视图矩阵还是投影矩阵。

8.1.6　像素处理

本节结合 Windows 系统常见的 BMP 图像格式，简单介绍 OpenGL 的像素处理功能。

1. BMP 文件格式简单介绍

BMP 文件是一种像素文件，保存了一幅图像中所有的像素。这种文件格式可以保存单色位图、16 色或 256 色索引模式像素图、24 位真彩色图像，每种模式中单一像素的大小分别为 1/8 字节，1/2 字节，1 字节和 3 字节。目前最常见的是 256 色 BMP 和 24 位色 BMP。这种文件格式还定义了像素保存的几种方法，包括不压缩、RLE 压缩等。常见的 BMP 文件大多是不压缩的。

这里为了简单起见，仅讨论 24 位色、不使用压缩的 BMP。(如果使用 Windows 自带的画图程序，很容易绘制出一个符合以上要求的 BMP。)

Windows 所使用的 BMP 文件，在开始处有一个文件头，大小为 54 字节。保存了包括文件格式标识、颜色数、图像大小、压缩方式等信息，因为本书仅讨论 24 位色不压缩的 BMP，所以文件头中的信息基本不需要注意，只有"大小"这一项比较有用。图像的宽度和高度都是一个 32 位整数，在文件中的地址分别为 0x0012 和 0x0016，于是可以使用以下代码来读取图像的大小信息。

```
GLint width, height;                           /* 使用 OpenGL 的 GLint 类型,它是 32 位的。
                                               而 C 语言本身的 int 则不一定是 32 位的 */
FILE* pFile;
/* 在这里进行"打开文件"的操作 */
fseek(pFile, 0x0012, SEEK_SET);                /* 移动到 0x0012 位置 */
fread(&width, sizeof(width), 1, pFile);        /* 读取宽度 */
fseek(pFile, 0x0016, SEEK_SET);                /* 移动到 0x0016 位置 */
/* 由于上一句执行后本就应该在 0x0016 位置,所以这一句可省略 */
fread(&height, sizeof(height), 1, pFile);      /* 读取高度 */
```

54 个字节以后，如果是 16 色或 256 色 BMP，则还有一个颜色表，但 24 位色 BMP 没有这个，这里不考虑。接下来就是实际的像素数据了。24 位色的 BMP 文件中，每三个字节表示一个像素的颜色。

注意，OpenGL 通常使用 RGB 来表示颜色，但 BMP 文件则采用 BGR，就是说，顺序被反过来了。

像素的数据量并不一定完全等于图像的高度乘以宽度乘以每一像素的字节数，而是可能略大于这个值。原因是 BMP 文件采用了一种"对齐"的机制，每一行像素数据的长度若不是 4 的倍数，则填充一些数据使它是 4 的倍数。这样，一个 17×15 的 24 位 BMP 大小就应该是 834 字节(每行 17 个像素，有 51 字节，补充为 52 字节，乘以 15 得到像素数据总长度 780，再加上文件开始的 54 字节，得到 834 字节)。分配内存时，一定要小心，不能直接使用"图像的高度乘以宽度乘以每一像素的字节数"来计算分配空间的长度，否则有可能导致分配的内存空间长度不足，造成越界访问，带来各种严重后果。

一个很简单的计算数据长度的方法如下。

```
int LineLength, TotalLength;
LineLength = ImageWidth * BytesPerPixel;/* 每行数据长度大致为图像宽度乘以每像素的字节
数 */
while( LineLength % 4 != 0 )                  /* 修正 LineLength 使其为 4 的倍数 */
    ++LineLenth;
TotalLength = LineLength * ImageHeight;      /* 数据总长 = 每行长度 * 图像高度 */
```

这并不是效率最高的方法，但由于这个修正本身运算量并不大，使用频率也不高，就不需要再考虑更快的方法了。

2. 简单的 OpenGL 像素操作

OpenGL 提供了以下一些简洁的函数来操作像素。

(1) glReadPixels：读取一些像素。当前可以简单理解为"把已经绘制好的像素(它可能已经被保存到显卡的显存中)读取到内存"。

(2) glDrawPixels：绘制一些像素。当前可以简单理解为"把内存中的一些数据作为像素数据，进行绘制”。

(3) glCopyPixels：复制一些像素。当前可以简单理解为“把已经绘制好的像素从一个位置复制到另一个位置”。虽然从功能上看，好像等价于先读取像素再绘制像素，但实际上它不需要把已经绘制的像素(它可能已经被保存到显卡的显存中)转换为内存数据，然后再由内存数据进行重新的绘制，所以要比先读取后绘制快很多。

这三个函数可以完成简单的像素读取、绘制和复制任务，但实际上也可以完成更复杂的任务。本书仅讨论一些简单的应用。由于这几个函数的参数数目比较多，下面分别介绍。

3. glReadPixels 的用法和举例

(1) 函数的参数说明。

该函数总共有7个参数。前4个参数可以得到一个矩形，该矩形所包括的像素都会被读取出来(第一、二个参数表示了矩形的左下角横、纵坐标，坐标以窗口最左下角为零，最右上角为最大值；第三、四个参数表示了矩形的宽度和高度)。

第5个参数表示读取的内容，例如，GL_RGB 就会依次读取像素的红、绿、蓝三种数据，GL_RGBA 则会依次读取像素的红、绿、蓝、alpha 4种数据，GL_RED 则只读取像素的红色数据(类似的还有 GL_GREEN，GL_BLUE，以及 GL_ALPHA)。如果采用的不是 RGBA 颜色模式，而是采用颜色索引模式，则也可以使用 GL_COLOR_INDEX 来读取像素的颜色索引。目前仅需要知道这些，但实际上还可以读取其他内容，例如，深度缓冲区的深度数据等。

第6个参数表示读取的内容保存到内存时所使用的格式，例如，GL_UNSIGNED_BYTE 会把各种数据保存为 GLubyte，GL_FLOAT 会把各种数据保存为 GLfloat 等。

第7个参数表示一个指针，像素数据被读取后，将被保存到这个指针所表示的地址。需要保证该地址有足够的可以使用的空间，以容纳读取的像素数据。例如，一幅大小为256×256的图像，如果读取其 RGB 数据，且每一数据被保存为 GLubyte，总大小就是：256×256×3=196 608字节，即192千字节。如果是读取 RGBA 数据，则总大小就是256×256×4=262 144字节，即256千字节。

注意：glReadPixels 实际上是从缓冲区中读取数据，如果使用了双缓冲区，则默认是从正在显示的缓冲(即前缓冲)中读取，而绘制工作是默认绘制到后缓冲区的。因此，如果需要读取已经绘制好的像素，往往需要先交换前后缓冲。

(2) 解决 OpenGL 常用的 RGB 像素数据与 BMP 文件的 BGR 像素数据顺序不一致问题。

可以使用一些代码交换每个像素的第一字节和第三字节，使得 RGB 的数据变成 BGR 的数据。当然也可以使用另外的方式解决问题：新版本的 OpenGL 除了可以使用 GL_RGB 读取像素的红、绿、蓝数据外，也可以使用 GL_BGR 按照相反的顺序依次读取像素的蓝、绿、红数据，这样就与 BMP 文件格式相吻合了。即使你的 gl/gl.h 头文件中没有定义这个 GL_BGR，也没有关系，可以尝试使用 GL_BGR_EXT。虽然有的 OpenGL 实现(尤其是旧版本的实现)并不能使用 GL_BGR_EXT。

(3) 消除 BMP 文件中“对齐”带来的影响。

实际上，OpenGL 也支持使用了这种“对齐”方式的像素数据。通过 glPixelStore 修改“像素保存时对齐的方式”来实现。如下：

```
int alignment = 4;
glPixelStorei(GL_UNPACK_ALIGNMENT, alignment);
```

第一个参数表示“设置像素的对齐值”，第二个参数表示实际设置为多少。这里像素可以单字节对齐(实际上就是不使用对齐)、双字节对齐(如果长度为奇数，则再补一个字节)、四字节对齐(如果长度不是 4 的倍数，则补为 4 的倍数)、八字节对齐。分别对应 alignment 的值为 1，2，4，8。实际上，默认的值是 4，正好与 BMP 文件的对齐方式相吻合。

glPixelStorei 也可以用于设置其他各种参数。

现在，已经可以把屏幕上的像素读取到内存了，如果需要，还可以将内存中的数据保存到文件。正确地对照 BMP 文件格式，程序就可以把屏幕中的图像保存为 BMP 文件，达到屏幕截图的效果。

本节并没有详细介绍 BMP 文件开头的 54 个字节的所有内容，不过这无伤大雅。从一个正确的 BMP 文件中读取前 54 个字节，修改其中的宽度和高度信息，就可以得到新的文件头了。假设先建立一个 1×1 大小的 24 位色 BMP，文件名为 dummy. bmp，又假设新的 BMP 文件名称为 grab. bmp。则可以编写如下代码：

```
FILE * pOriginFile = fopen("dummy.bmp", "rb);
FILE * pGrabFile = fopen("grab.bmp", "wb");
char  BMP_Header[54];
GLint width, height;
/* 先在这里设置好图像的宽度和高度，即 width 和 height 的值，并计算像素的总长度，读取 dummy.
bmp 中的前 54 个字节到数组 */
fread(BMP_Header, sizeof(BMP_Header), 1, pOriginFile);
/* 把数组内容写入到新的 BMP 文件 */
fwrite(BMP_Header, sizeof(BMP_Header), 1, pGrabFile);
/* 修改其中的大小信息 */
fseek(pGrabFile, 0x0012, SEEK_SET);
fwrite(&width, sizeof(width), 1, pGrabFile);
fwrite(&height, sizeof(height), 1, pGrabFile);
/* 移动到文件末尾，开始写入像素数据 */
fseek(pGrabFile, 0, SEEK_END);
/* 在这里写入像素数据到文件 */
fclose(pOriginFile);
fclose(pGrabFile);
```

给出完整的代码，演示如何把整个窗口的图像抓取出来并保存为 BMP 文件。

```
#include <stdio.h>
#include <stdlib.h>
#define WindowWidth 400
#define WindowHeight 400
#define BMP_Header_Length 54
/* 函数 grab 抓取窗口中的像素
 * 假设窗口宽度为 WindowWidth，高度为 WindowHeight
 */
void grab(void)
{
    FILE * pDummyFile;
```

```
    FILE * pWritingFile;
    GLubyte * pPixelData;
    GLubyte BMP_Header[BMP_Header_Length];
    GLint i, j;
    GLint PixelDataLength;

    /* 计算像素数据的实际长度 */
    i = WindowWidth * 3;                   /* 得到每一行的像素数据长度 */
    while (i % 4 != 0)                     /* 补充数据,直到是 i 的倍数 */
        ++i;
    PixelDataLength = i * WindowHeight;
    /* 分配内存和打开文件 */
    pPixelData = (GLubyte * )malloc(PixelDataLength);
    if (pPixelData == 0)
        exit(0);
    pDummyFile = fopen("dummy.bmp", "rb");
    if (pDummyFile == 0)
        exit(0);
    pWritingFile = fopen("grab.bmp", "wb");
    if (pWritingFile == 0)
        exit(0);
    /* 读取像素 */
    glPixelStorei(GL_UNPACK_ALIGNMENT, 4);
    glReadPixels(0, 0, WindowWidth, WindowHeight,
        GL_BGR_EXT, GL_UNSIGNED_BYTE, pPixelData);
    /* 把 dummy.bmp 的文件头复制为新文件的文件头 */
    fread(BMP_Header, sizeof(BMP_Header), 1, pDummyFile);
    fwrite(BMP_Header, sizeof(BMP_Header), 1, pWritingFile);
    fseek(pWritingFile, 0x0012, SEEK_SET);
    i = WindowWidth;
    j = WindowHeight;
    fwrite(&i, sizeof(i), 1, pWritingFile);
    fwrite(&j, sizeof(j), 1, pWritingFile);
    /* 写入像素数据 */
    fseek(pWritingFile, 0, SEEK_END);
    fwrite(pPixelData, PixelDataLength, 1, pWritingFile);
    /* 释放内存和关闭文件 */
    fclose(pDummyFile);
    fclose(pWritingFile);
    free(pPixelData);
}
```

4. glDrawPixels 的用法和举例

glDrawPixels 函数与 glReadPixels 函数相比,参数内容大致相同。它的第一、二、三、四个参数分别对应于 glReadPixels 函数的第三、四、五、六个参数,依次表示图像宽度、图像高度、像素数据内容、像素数据在内存中的格式。两个函数的最后一个参数也是对应的,glReadPixels 中表示像素读取后存放在内存中的位置,glDrawPixels 则表示用于绘制的像素数据在内存中的位置。

注意到 glDrawPixels 函数比 glReadPixels 函数少了两个参数,这两个参数在

glReadPixels 中分别是表示图像的起始位置。在 glDrawPixels 中，不必显式地指定绘制的位置，这是因为绘制的位置是由另一个函数 glRasterPos * 来指定的。glRasterPos * 函数的参数与 glVertex * 类似，通过指定一个二维/三维/四维坐标，OpenGL 将自动计算出该坐标对应的屏幕位置，并把该位置作为绘制像素的起始位置。

于是可以从 BMP 文件中读取像素数据，并使用 glDrawPixels 绘制到屏幕上。选择 Windows XP 默认的桌面背景 Bliss.bmp 作为绘制的内容(如果使用的是 Windows XP 系统，很可能可以在硬盘中搜索到这个文件。也可以使用其他 BMP 文件来代替，只要它是 24 位的 BMP 文件。注意需要修改代码开始部分的 FileName 的定义)，先把该文件复制一份放到正确的位置，在程序开始时，就读取该文件，从而获得图像的大小后，根据该大小来创建合适的 OpenGL 窗口，并绘制像素。

绘制像素完整的代码如下。

```
#define FileName "Bliss.bmp"
static GLint     ImageWidth;
static GLint     ImageHeight;
static GLint     PixelLength;
static GLubyte * PixelData;
#include <stdio.h>
#include <stdlib.h>
void display(void){
/* 清除屏幕并不必要，每次绘制时，画面都覆盖整个屏幕，因此无论是否清除屏幕，结果都一样 */
      /* 绘制像素 */
      glDrawPixels(ImageWidth, ImageHeight,
          GL_BGR_EXT, GL_UNSIGNED_BYTE, PixelData);
      /* 完成绘制 */
      glutSwapBuffers();}
int main(int argc, char * argv[]){
      /* 打开文件 */
      FILE * pFile = fopen("Bliss.bmp", "rb");
      if( pFile == 0 )
          exit(0);
      /* 读取图像的大小信息 */
      fseek(pFile, 0x0012, SEEK_SET);
      fread(&ImageWidth, sizeof(ImageWidth), 1, pFile);
      fread(&ImageHeight, sizeof(ImageHeight), 1, pFile);
      /* 计算像素数据长度 */
      PixelLength = ImageWidth * 3;
      while( PixelLength % 4 != 0 )
          ++PixelLength;
    PixelLength * = ImageHeight;
      /* 读取像素数据 */
      PixelData = (GLubyte *)malloc(PixelLength);
      if( PixelData == 0 )
          exit(0);
      fseek(pFile, 54, SEEK_SET);
      fread(PixelData, PixelLength, 1, pFile);
      /* 关闭文件 */
      fclose(pFile);
```

```
    /* 初始化 GLUT 并运行 */
    glutInit(&argc, argv);
    glutInitDisplayMode(GLUT_DOUBLE | GLUT_RGBA);
    glutInitWindowPosition(100, 100);
    glutInitWindowSize(ImageWidth, ImageHeight);
    glutCreateWindow(FileName);
    glutDisplayFunc(&display);
    glutMainLoop();
    /* 释放内存。实际上,glutMainLoop 函数永远不会返回,这里也永远不会到达。不用担心内
存无法释放。在程序结束时操作系统会自动回收所有内存 */
    free(PixelData);
    return 0;}
```

这里仅仅是一个简单的显示 24 位 BMP 图像的程序，如果读者对 BMP 文件格式比较熟悉，也可以写出适用于各种 BMP 图像的显示程序，在像素处理时，它们所使用的方法是类似的。

OpenGL 在绘制像素之前，可以对像素进行若干处理。最常用的可能就是对整个像素图像进行放大/缩小。使用 glPixelZoom 来设置放大/缩小的系数，该函数有两个参数，分别是水平方向系数和垂直方向系数。例如，设置 glPixelZoom(0.5f, 0.8f)；则表示水平方向变为原来的 50%大小，而垂直方向变为原来的 80%大小。甚至可以使用负的系数，使得整个图像进行水平方向或垂直方向的翻转(默认像素从左绘制到右，但翻转后将从右绘制到左。默认像素从下绘制到上，但翻转后将从上绘制到下。因此，glRasterPos * 函数设置的"开始位置"不一定就是矩形的左下角)。

5. glCopyPixels 的用法和举例

从效果上看，glCopyPixels 进行像素复制的操作，等价于把像素读取到内存，再从内存绘制到另一个区域，因此可以通过 glReadPixels 和 glDrawPixels 组合来实现复制像素的功能。然而像素数据通常数据量很大，例如一幅 1024×768 的图像，如果使用 24 位 BGR 方式表示，则需要至少 1024×768×3 字节，即 2.25 兆字节。这么多的数据要进行一次读操作和一次写操作，并且因为在 glReadPixels 和 glDrawPixels 中设置的数据格式不同，很可能涉及数据格式的转换。这对 CPU 无疑是一个不小的负担。使用 glCopyPixels 直接从像素数据复制出新的像素数据，避免了多余的数据的格式转换，并且也可能减少一些数据复制操作(因为数据可能直接由显卡负责复制，不需要经过主内存)，因此效率比较高。

glCopyPixels 函数也通过 glRasterPos * 系列函数来设置绘制的位置，因为不需要涉及主内存，所以不需要指定数据在内存中的格式，也不需要使用任何指针。

glCopyPixels 函数有 5 个参数，第一、二个参数表示复制像素来源的矩形的左下角坐标，第三、四个参数表示复制像素来源的矩形的宽度和高度，第五个参数通常使用 GL_COLOR，表示复制像素的颜色，但也可以是 GL_DEPTH 或 GL_STENCIL，分别表示复制深度缓冲数据或模板缓冲数据。

值得一提的是，glDrawPixels 和 glReadPixels 中设置的各种操作，例如 glPixelZoom 等，在 glCopyPixels 函数中同样有效。

下面看一个简单的例子，绘制一个三角形后，复制像素，并同时进行水平和垂直方向的翻转，然后缩小为原来的一半，并绘制。绘制完毕后，调用前面的 grab 函数，将屏幕中所有

内容保存为 grab. bmp。其中,WindowWidth 和 WindowHeight 是表示窗口宽度和高度的常量。

```
void display(void){
        /* 清除屏幕 */
        glClear(GL_COLOR_BUFFER_BIT);
        /* 开始绘制 */
        glBegin(GL_TRIANGLES);
            glColor3f(1.0f, 0.0f, 0.0f);     glVertex2f(0.0f, 0.0f);
            glColor3f(0.0f, 1.0f, 0.0f);     glVertex2f(1.0f, 0.0f);
            glColor3f(0.0f, 0.0f, 1.0f);     glVertex2f(0.5f, 1.0f);
        glEnd();
        glPixelZoom(-0.5f, -0.5f);
        glRasterPos2i(1, 1);
        glCopyPixels(WindowWidth/2, WindowHeight/2,
            WindowWidth/2, WindowHeight/2, GL_COLOR);
    /* 完成绘制,并抓取图像保存为 BMP 文件 */
        glutSwapBuffers();
        grab();}
```

8.2 WinAPI 图形编程技术

8.2.1 Windows 程序入口函数

Windows 编程和 DOS 下的编程不同,Windows 应用程序也有它的入口函数,DOS 程序中的入口函数是 main 函数,Windows 程序的入口函数是 WinMain 函数。下面的代码是一个非常简单的 Windows 程序,它实现一个非常经典的功能,即输出"Hello World"。

```
#include<windows.h>
int WINAPI WinMain (HINSTANCE hInstance, HINSTANCE hPrevInstance, LPSTR lpCmdLine, int
nCmdShow)
{
    MessageBox (NULL,"Hello World","Title",0);
    return 0;
}
```

在这段代码中,主函数调用 messageBox 函数之后就返回 0 结束应用程序。那么 messageBox 函数的功能是什么呢? messageBox 函数的功能就是弹出一个确认对话框,并在这个对话框上显示"Hello World"。该段代码已经脱离了命令行的方式,开始了基于窗口的编程。

在 Visual Studio 2013 中创建 Windows 应用程序的方式是: 先新建一个空项目,然后在空项目中新建 HelloMsg. c 文件,将上面的代码输入文件中,编译运行即可。

8.2.2 Windows 的消息循环

Windows 应用程序是基于窗口的应用程序,而整个 Windows 操作系统是基于消息驱动的。这就意味着窗口乃至整个系统所发生的事件都被封装为各种各样的消息。操作系统和应用程序通过接收消息，分析消息附带的参数信息来进行相关的处理。不管用什么语言开发的程序，在 Windows 操作系统上运行都要有一个能够接受并处理消息的循环，这就是 Windows 程序的核心内容——消息循环。

Windows 系统本身定义了很多消息，我们可以直接使用，因为这是系统已经定义了的，我们甚至可以直接构造这样的消息并发给系统本身，或者调用相关的函数做同样的事情。这些函数就是所谓的 Windows API(Windows 应用程序编程接口)，也称为 Win32 API。例如，程序中可以调用 InvalidateRect 这个 API 函数通知系统将窗口重新刷新一下，之后系统会发送 WM_PAINT 消息给应用程序，应用程序再在自己的消息循环中捕捉这个信息，调用相应的处理函数把窗口重绘一次，这就是 Windows 应用程序的处理机制，与前面几部分 DOS 编程有很大的不同，需要熟悉和掌握。

Windows 操作系统中包括以下两种消息。

(1) 系统定义的消息。

(2) 应用程序定义的消息。

那么消息是如何运行的呢？这里，Windows 有个概念叫作消息队列。操作系统自己拥有一个消息队列，每个 Windows 程序也有一个自己的消息队列。系统在有事情发生时，例如，单击鼠标或者按键时，操作系统就将这个事件转换成一个消息结构，放到自己的消息队列中。根据消息中的句柄将消息分发到应用程序的消息队列中，应用程序使用 PeekMessage 函数判断是否有消息，使用 GetMessage 函数取出消息，使用 TranslateMessage 函数转换消息，最后使用 DispatchMessage 函数将消息分发出去。典型的处理示例如下。

```
for(;;)
{
    if(PeekMessage(&msg,NULL,0,0,PM_NOREMOVE))
    {
        if(GetMessage(&msg,NULL,0,0))
        {
            TranslateMessage(&msg);
            DispatchMessage(&msg);
        }
        else
        {
            break;
        }
    }
}
```

分发出去之后，操作系统会使用回调机制调用应用程序自己的消息处理函数来处理消息。所谓回调就是与应用程序调用操作系统的 API 函数相反，由操作系统来调用应用程序的函数的过程，一个回调函数的示例如下。

```
LRESULT CALLBACK WndProc(HWND hwnd,UINT message,WPARAM wPARAM,LPARAM lParam)
{
    switch(message)
    {
        case WM_PAINT:
```

```
            /* 填写相应操作 */
            return 0;
        case WM_KEYDOWN:
            /* 填写相应操作 */
            return 0;
        case WM_DESTROY:
            /* 填写相应操作 */
            return 0;
    }
    return DefWindowProc(hwnd,message,wPARAM,lParam);
}
```

在这个函数中，采用 switch-case 结构针对不同消息进行不同的处理，消息处理是 Windows 编程的核心部分。

8.2.3 GDI 绘图

不管是应用程序还是游戏，在窗口上绘图都是重要的部分，游戏格外重要。应用程序所要绘制的图形已经有很多现成的库，即所谓的控件，所以 Windows 下的应用程序看起来都差不多，因为它们使用相同的控件或库。但是，游戏则不同，每个游戏根据内容不同、玩法不同，其界面和操作也不同，需要在窗口上绘制不同的内容，所以绘图是游戏的第一任务，其次就是操作，即需要响应键盘等输入设备的消息。在 Windows 下绘图的最基本需要就是 GDI (Graphical Device Interface，图像设备接口)。在 GDI 中提供了很多的函数，用来在屏幕上绘图以及设置绘图参数等操作。组成 GDI 的几百个函数可以分为如下 4 大类。

1. 取得(或者建立)和释放(或者清除)设备内容的函数

绘图时需要设备内容(也称为设备上下文)句柄。GetDC 和 ReleaseDC 函数可以在非 WM_PAINT 的消息处理期间做到这一点，而 BeginPaint 和 EndPaint 函数在进行绘图的 WM_PAINT 消息处理期间使用。

2. 绘图函数

在建立和取得设备内容之后，这些函数是真正重要的部分。例如，使用 TextOut 函数在窗口的显示区域显示一些文字。GDI 绘图函数还可以画线和填充区域，描画位图图像等。

3. 设定和取得设备内容参数的函数

设备内容的“属性”决定有关绘图函数如何工作的细节。例如，用 SetTextColor 来指定 TestOut 所绘制的文本色彩。用 SetTextAlign 来告诉 GDI：TextOut 函数绘制文本的对齐方式(左对齐或右对齐等)。设备内容的所有属性都有默认值，取得设备内容时这些默认值就设定好了。对于所有的 Set 函数，都有相应的 Get 函数，以便取得目前设备内容的属性。

4. 使用 GDI 对象的函数

GDI 对象包括画笔、建立填入封闭区域的画刷、字体、位图等。

其中，绘图函数是我们主要关注的，其他几类函数大多都是为绘图函数服务的。我们称在屏幕上显示的图形为“基本图形”，包括以下几个方面。

(1) 直线和曲线：线条是所有向量图形绘制系统的基础。GDI 支持直线、矩形和椭圆等。

(2) 填充区域：当一系列直线或者曲线封闭了一个区域时，该区域可以使用目前的GDI画刷对象进行填图。这个画刷可以是实心色彩、图案或者是在区域内垂直或者水平重复的位图图像。

(3) 位图：位图是位的矩形数组，这些位对应于显示设备上的像素，它们是位映射图形的基础工具。

(4) 文字：用于定义GDI字体对象和获得字体信息的数据结构，是Windows中最庞大的部分之一。

1. 设备内容的句柄

在绘图之前，首先必须获得一个设备内容的句柄。绘图完成后，最常用的取得并释放设备内容句柄的方法是，在处理WM_PAINT消息时，使用BeginPaint和EndPaint：

```
hdc = BeginPaint(hwnd, &ps);
EndPaint(hwnd,&ps);
```

ps是类型为PAINTSTRUCT的结构体变量，该结构的hdc字段是BeginPaint传回的设备内容句柄。PAINTSTRUCT结构又包含一个名为rcPaint的RECT(矩形)结构，rePaint定义一个包围窗口显示区域无效范围的矩形。使用从BeginPaint获得的设备内容句柄，只能在这个区域内绘图。BeginPaint调用使该区域有效。

GetDC和ReleaseDC也可取得和释放设备内容句柄BeginPaint和EndPaint的组合之间的基本区别是：利用从GetDC传回的句柄可以在整个显示区域上绘图。当然，GetDC和ReleaseDC不使显示区域中任何可能的无效区域变成有效。

使用GetWindowsDC函数还可以取得适用于整个窗口(而不是仅限于窗口的显示区域)的设备内容句柄：

```
Hdc = GetWindowsDC(hwnd);
ReleaseDC(hwnd,hdc);
```

这个设备内容除了显示区域之外，还包括窗口的标题列、菜单、滚动条和框架。GetWindowsDC函数很少使用，如果想尝试使用它，则必须拦截处理WM_NCPAINT消息，Windows使用该消息在窗口的非显示区域上绘图。

BeginPaint、GetDC和GetWindowsDC获得的设备内容都与显示器上的某个特定窗口相关。取得设备内容句柄的另一个更通用的函数是CreateDC：

```
hdc = CreateDC(pszDriver,pszDevice,pszOutput,pData);
DeleteDC(hdc);
```

也可通过在调用GetDC时使用一个NULL参数，从而取得整个屏幕的设备内容句柄。使用位图时，取得一个“内存设备内容”有时是有用的，调用形式如下：

```
hdcMem = CreateCompatibleDC(hdc);
```

可以将位图选进内存设备内容，然后使用GDI函数在位图上绘画。

2. 画线

Windows可以画直线、椭圆线(矩形换轴上的曲线)和贝塞尔曲线。Windows支持的画线函数如下。

LineTo：画直线。

Polyline 和 PolylineTo：画一系列相连的直线。

PolyPolyline：画多组相连的线。

Arc、ArcTo 和 AngleArc：画椭圆线。

PolyDraw：画一些列相连的线以及贝塞尔曲线。

既可以画线也能填入所画图形的封闭区域的函数如下。

Rectangle：画矩形。

Ellipse：画椭圆。

RoundRect：画带圆角的矩形。

Pie：画椭圆的一部分，使其看起来像一个扇形。

Chord：画椭圆的一部分，已呈弓形。

设备内容的 5 个属性影响着用这些函数所画线的外观：当前画笔的位置（仅用于 LineTo、PolylineTo、PolyBezierTo 和 ArcTo）、画笔、背景方式、背景色和绘图模式。

画一条直线，必须调用两个函数。第一个函数指定了线的开始点，第二个函数指定了线的终点：

```
MoveToEx(hdc,xBeg,yBeg,NULL);
LineTo(hdc,xEnd,yEnd);
```

MoveToEx 设定设备内容的"目前位置"属性。在默认的设备内容中，目前位置最初设定在点(0,0)。如果在调用 LineTo 之前没有设定目前位置，那么它将从显示区域的左上角开始画线。

3. 画边界框函数

画矩形函数：Rectangle(hdc,xLeft,yTop,xRight,yBottom)；

点(xLeft,yTop)是矩形的左上角，(xRight,yBottom)是矩形的右下角。

画椭圆函数：Ellipse(hdc,xLeft,yTop,xRight,yBottom)；

4. 使用现有画笔

画笔决定线的色彩、宽度和画笔样式，可以是实线、点画线或者虚线，默认设备内容中画笔为 BLACK_PEN，是 Windows 提供的三种现有的画笔之一，其他两种是 WHITE_PEN 和 NULL_PEN，NULL_PEN 什么都不画。也可以自己自定义画笔。

Windows 程序以句柄来使用画笔。Windows 表头文件 WINDEF. H 中包含一个叫作 HPEN 的形态定义，即画笔的句柄。可以定义这个形态的变量：

```
HPEN hPen;
```

调用 GetStockObject，可以获得现有画笔的句柄。例如，假设想使用名为 WHITE_PEN 的现有画笔，可以通过如下语句获得画笔的句柄：

```
hPen = GetStockObject(WHITE_PEN);
```

现将画笔选进设备内容：

```
SelectObject(hdc,GetStockObject(WHITE_PEN));
```

如果想恢复到使用 BLACK_PEN 的状态，可以取得这种画笔的句柄，并将其选进设备内容：

```
SelectObject(hdc,GetStockObject(BLACK_PEN));
```

SelectObject 的返回值是此调用前设备内容中的画笔句柄。如果启动一个新的设备内容并调用

```
hPen = GetStockObject(WHITE_PEN);
```

则设备内容中的目前画笔将为 WHITE_PEN，变量 hPen 将是 WHITE_PEN 的句柄。以后通过调用函数 SelectObject(hdc，hPen)就能够将 WHITE_PEN 选进设备内容。

5. 创建自定义画笔

尽管使用现有画笔非常方便，但受限于实心的黑画笔、实心的白画笔或者没有画笔这三种情况。如果想得到更丰富多彩的效果，就必须建立自己的画笔。

首先使用函数 CreatePen 或 CteatePenIndirect 建立一个"逻辑画笔"，这些函数传回逻辑画笔的句柄，然后调用 SelectObject 将画笔选进设备内容。之后就可以使用新的画笔来画线了。在任何时候都只能有一种画笔选进设备内容。在释放设备内容(或者在选择了另一种画笔到设备内容中)之后，可以调用 DeleteObject 来删除所建立的逻辑画笔。删除后，该画笔的句柄就不再有效了。

逻辑画笔是一种"GDI 对象"，它是可以建立的 6 种 GDI 对象之一，其他 5 种是画刷、位图、区域、字体和调色盘。除了调色盘之外，这些对象都是通过 SelectObject 选进设备内容的。

在使用画笔等 GDI 对象时，应该遵守以下三条规则。

(1) 要删除自己建立的所有 GDI 对象。

(2) 当 GDI 对象正在一个有效的设备内容中使用时，不要删除它。

(3) 不要删除现有对象。

CreatePen 函数的语法形式为：

```
hPen = CreatePen(iPenStyle,iWidth,crColor);
```

其中，iPenStyle 参数确定画笔是实线、点线还是虚线，该参数可以是 WINGDI. H 表头文件中定义的以下标识符：PS_SOLID、PS_NULL 和 PS_INSIDEFRAME 画笔样式，iWidth 参数是画笔的宽度。iWidth 值为 0 则意味着画笔宽度为一个像素。现有画笔是一个像素宽。如果指定的是点画线或者虚线式画笔样式，同时又指定一个大于 1 的实际宽度，那么 Windows 将使用实线画笔来代替。

CreatePen 的 crColor 参数是一个 COLORREF 值，它指定画笔的颜色。对于除了 PS_INSIDEFRAME 之外的画笔样式，如果将画笔选入设备内容中，Windows 会将颜色转换为设备所能表示的最相近的纯色。PS_INSIDEFRAME 是唯一一种可以使用混色的画笔样式，并且只有在宽度大于 1 的情况下才如此。

在与定义一个填入区域的函数一起使用时，PS_INSIDEFRAME 画笔样式还有另外一

个奇特之处，对于除了 PS_INSIDEFRAME 以外的所有画笔样式来说，如果用来画边界框的画笔宽度大于 1 个像素，那么画笔将居中对齐在边界框线，因此，边界框线的一部分将位于边界框以外；而对于 PS_INSIDEFRAME 画笔样式来说，整条边界框线都画在边界框之内。

也可以通过建立一个形态为 LOGPEN（逻辑画笔）的结构，并调用 CreatePenIndirect 来建立画笔。如果程序使用许多能在原始码中初始化的画笔，那么使用这种方法将有效得多。

要使用 CreatePenIndirect，首先定义一个 LOGPEN 形态的结构：

```
LOGPEN logpen;
```

此结构有三个成员：lopnStyle（无正负号整数或 UINT）是画笔样式，lopnWidth（POINT 结构）是按逻辑单位度量的画笔宽度，lopnColor（COLORREF）是画笔颜色。Windows 只使用 lognWidth 结构的 x 值作为画笔宽度，而忽略 y 值。

将结构的地址传递给 CreatePenIndirect 结构来建立画笔。

```
hPen = CreatePenIndirect(&logpen);
```

CreatePen 和 CreatePenIndirect 函数不需要设备内容句柄作为参数。这些函数建立与设备内容没有联系的逻辑画笔。直到调用 SelectObject 之后，画笔才与设备内容发生联系。因此，可以对不同的设备（如屏幕和打印机）使用相同的逻辑画笔。

下面的方法是：在将建立的画笔选进设备内容时，保存 SelectObject 传回的画笔句柄。

```
hPen = SelectObject(hdc,CreatePen(PS_DASH,0,RGB(255,0,0)));
```

如果这是在取得设备内容之后第一次调用 SelectObject，则 hPen 是 BLACK_PEN 对象的句柄。现在，可以将 hPen 选进设备内容，并删除所建立的画笔（第二次 SelectObject 调用传回的句柄），即

```
DeleteObject(SelectObject(hdc,hPen));
```

6. 绘制填充区域

Windows 中 7 个用来画带边缘的填入图形的函数分别是 Rectangle、Ellipse、RoundRect、Chord、Pie、Polygon、PolyPolygon。

Windows 用设备内容中选择的目前画笔来画图形的边界框，边界框还使用目前背景方式、背景色彩和绘图方式，这与 Windows 中画线时一样。关于直线的相关操作也适用于这些图形的边界框。

图形以目前设备内容中选择的画刷来填入。默认情况下，使用现有对象，这意味着图形内部将画为白色。Windows 定义 6 种现有画刷：WHITE_BRUSH、LTGRAY_BRUSH、GRAY_BRUSH、DKFRAY_BRUSH、BLACK_BRUSH 和 NULL_BRUSH。可以将一种现有画刷选入自己的设备内容中，就和选择一种画笔一样。Windows 将 HBRUSH 定义为画刷的句柄，所以可以先定义一个句柄变量：

```
HBRUSH hBrush;
```

可以通过调用 GetStockObject 来取得 GRAY_BRUSH 的句柄：

```
hBrush = GetStrockObject(GRAY_BRUSH);
```

可以调用 SelectObject 将它选进设备内容：

```
SelectObject(hdc,GetStockObject(NULL_PEN));
```

现在，如果要画前面提到的填入图形函数，则其内部将为灰色。

如果想画一个没有边界框的图形，可以将 NULL_PEN 选进设备内容：

```
SelectObject(hdc,GetStockObject(NULL_PEN));
```

如果想画出图形的边界框，但不填入内部，则将 NULL_BRUSH 选进设备内容：

```
SelectObject(hdc,GetStockObject(NULL_BRUSH));
```

也可以自定义画刷，就如同自定义画笔一样。

7. 矩形

Windows 包含几种使用 RECT(矩形)结构和“区域”的绘图函数。区域就是屏幕上的一块地方，它是矩形、多边形和椭圆的结合。

下面三个绘图函数需要一个指向矩形结构的指针：

```
FillRect(hdc,&rect,hBruch);
FrameRect(hdc,&rect,hBruch);
InvertRect(hdc,&rect);
```

在这些函数中，rect 参数是一个 RECT 形态的结构，它包括 4 个字段：left、top、right 和 bottom。这个结构中的坐标被当作逻辑坐标。

FillRect 用指定画刷来填入矩形(直到但不包含 right 和 bottom 坐标)，该函数不需要先将画刷选进设备内容。

FrameRect 使用画刷画矩形框，但不填入矩形。使用画刷画矩形看起来有点儿奇怪，因为对于前面介绍的函数，其边线都是用目前画笔绘制的。FrameRect 允许使用者画一个不一定为纯色的矩形框。该矩形框为一个逻辑单元宽。如果逻辑单位大于设备单位，则边界框将为两个像素宽或者更宽。

InvertRect 将矩形中所有像素翻转，1 转换成 0，0 转换为 1，该函数将白色区域转变成黑色，黑色区域转变成白色，绿色区域转变成红色。

要将 RECT 结构的 4 个字段设定为特定值，通常使用如下的程序段。

```
rect.left = xLeft;
rect.top = xTop;
rect.right = xRight;
rect.bottom = xBottom;
```

但是，通过调用 SetRect 函数，只需要一条语句就可以得到同样的效果：

```
SetRect(&rect, xLeft, yTop, xRight, yBottom);
```

8. GDI 位图对象

GDI 位图对象有时也称为设备相关位图(DDB)。DDB 是 Windows 图形设备接口的图形对象之一(其中还包括绘图笔、画刷、字体、Metafile 和调色盘)。这些图形对象存储在GDI 模块内部,由应用程序软件以句柄的方式引用。可以将 DDB 句柄存储在一个 HBITMAP(位图句柄)类型的变量中:

```
HBITMAP hBItmap;
```

然后,通过调用 DDB 建立的一个函数来获得句柄,如 CreateBitmap。

CreateBitmap 函数用法如下:

```
hBitmap = CreateBitmap(cx, cy, cPlanes, cBitsPixel, bits);
```

CreateBitmap 函数配置并初始化 GDI 内存中的一些内存来存储关于位图的信息以及实际位图位信息。前两个参数是位图的宽度和高度(以像素为单位),第三个参数是颜色面的数目,第四个参数是每个像素的位数,第五个参数是指向一个以特定颜色格式存放的位数组的指针,数组内存放有用来初始化该 DDB 的图像。如果不想用一张现有的图像来初始化DDB,可以将最后一个参数设为 NULL。

当程序使用完位图以后,就要清除这段内存:

```
DeleteObject  (hBitmap);
```

可以用 CreateCompatibleBitmap 来简化问题:

```
hBitmap = CreateCompatibleBitmap (hdc, cx, cy);
```

此函数建立了一个与设备兼容的位图,此设备的设备内容句柄由第一个参数给出。我们必须解决的一个概念是内存设备内容,需要用内存设备内容来处理 GDI 位图对象。

通常,设备内容指的是特殊的图形输出设备(例如显示器或者打印机)及其设备驱动程序。内存设备内容只位于内存中,它不是真正的图形输出设备,但可以说与指定的真正设备兼容。

要建立一个内存设备内容,必须首先有实际设备的设备内容句柄。如果是 hdc,可以用下面的方法建立内存设备内容:

```
hdcMem = CreateCompatibleDC (hdc);
```

如果将参数设为 NULL,那么 Windows 将建立一个与显示器相兼容的内存设备内容。应用程序建立的任何内存设备内容最终都通过调用 DeleteDC 来清除。由于游戏画面的绘图十分频繁,所以通常的做法是在初始化时,在内存中建立位图资源和显示器兼容设备,绘图操作在这个内存位图上进行。而在窗口绘图的时候,一次性把内存中建立的位图输出到显示器上。

P A R T 3

第三篇 课程设计项目开发

第一类 信息管理系统

第 9 章 商品库存管理系统

第 10 章 图书馆管理系统

第 11 章 学生成绩管理系统

第 12 章 飞机订票系统

第二类 经典游戏

第 13 章 推箱子

第 14 章 贪吃蛇

第 15 章 俄罗斯方块

第 16 章 五子棋

第三类 应用工具

第 17 章 万年历

第 18 章 画图板

第一类　信息管理系统

CHAPTER 9

第9章 商品库存管理系统

9.1 设计目的

本章运用现代信息化和智能化的管理方式，解决商品库存信息在日常生活中易于丢失、遗忘，不易保存和管理的问题，从而使商家能够方便地对商品信息进行增加、删除、修改等日常维护，并且能进行商品信息的查询，从而更全面直观地了解到商品库存信息。

通过本章项目的学习，读者能够掌握：

(1) 如何实现菜单的显示、选择和响应等功能；

(2) 如何将信息保存到指定的磁盘文件中，并通过操作文件指针和调用文件相关函数来实现对文件的读写操作；

(3) 如何使用结构体封装商品属性信息；

(4) 如何利用结构体数组记录多个商品信息；

(5) 如何通过C语言实现基本的增、删、改、查等信息管理功能。

9.2 需求分析

本项目的具体任务是制作一个商品库存管理系统，能够实现对商品进行入库、出库、删除、修改、查询等功能，具体功能需求描述如下。

(1) 商品入库：能够录入商品编号、名称、数量、价格、生产日期、供货商等信息，并支持连续输入多个商品信息。

(2) 商品出库：根据用户输入要进行出库操作的商品编号，如果存在该商品，则可以输入要出库的商品数量，实现出库操作。

(3) 删除商品信息：根据用户输入要进行删除的商品编号，如果找到该商品，则将该编号所对应的商品名称等各项信息均删除。

(4) 修改商品信息：根据用户输入的商品编号找到该商品，若该商品存在，则可以修改商品的各项信息。

(5) 查询商品信息：可以显示所有商品的信息，也可以输入商品编号查询某一个商品的信息。

9.3 总体设计

商品库存管理系统的功能结构图如图9.1所示，主要包括6个功能模块，分别介绍如下。

(1) 商品入库模块：首先自动显示系统中已有的商品信息，如果还没有商品，显示没有记录。提示用户是否需要入库，用户输入需要入库的商品编号，系统自动判断该商品是否已经存在，若存在则无法入库；若不存在，则提示用户输入商品的相关信息，一条商品的所有信息均输入完成之后，系统还会询问是否继续进行其他商品的入库操作。

(2) 商品出库模块：首先自动显示系统中已有的商品信息，并提示用户输入需要出库的商品编号，系统自动判断该商品是否已经存在，若存在则提示用户输入出库的数量；若不存在，则提示用户找不到该商品，无法进行出库操作。

(3) 删除商品模块：首先自动显示系统中已有的商品信息，并提示用户输入需要删除的商品编号，系统自动判断该商品是否已经存在，若存在则提示用户是否删除该商品；若不存在则提示无法找到该商品。

(4) 修改商品模块：首先自动显示系统中已有的商品信息，并提示用户输入需要修改的商品编号，系统自动判断该商品是否已经存在，若存在则提示用户输入新的商品信息；若不存在则提示无法找到该商品。

(5) 查询商品模块：该模块通过用户输入的商品编号来查找商品，若存在则提示用户是否显示商品所有信息，若不存在则提示无法找到该商品。

(6) 显示商品模块：该模块负责将所有商品的信息列表显示出来。

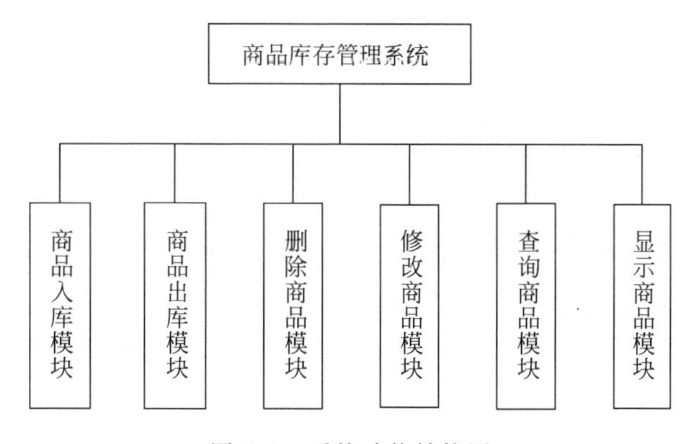

图9.1 系统功能结构图

9.4 详细设计与实现

9.4.1 预处理及数据结构

1. 头文件

本系统包含三个头文件，其中，stdlib.h是标准库头文件，项目中用到的system(cls)函数需要包含此头文件。conio.h并不是C标准库中的文件,conio是Console Input/Output(控制台输入输出)的简写,其中定义了通过控制台进行数据输入和数据输出的函数,主要是一些用户通过按键产生的对应操作,比如getch函数等。

```
#include<stdio.h>                /*标准输入输出库头文件*/
#include<stdlib.h>               /*标准库头文件*/
#include<conio.h>                /*控制台输入输出库头文件*/
```

2. 宏定义

三个宏定义使得程序更加简洁。其中,FORMAT和DATA是为了对输出格式进行控制,格式说明由“%”和格式字符组成,如%d、%lf等,它的作用是将输出的数据转换为指定的格式输出。

```
#define PRODUCT_LEN sizeof(struct Product)
#define FORMAT "%-8d%-15s%-15s%-15s%-12.1lf%-8d\n"
#define DATA astPro[i].iId,astPro[i].acName,astPro[i].acProducer,astPro[i].acDate,
astPro[i].dPrice,astPro[i].iAmount
```

3. 结构体

本系统中定义了一个结构体Product,用来封装商品的属性信息,包括商品编号、商品名称、商品生产商、商品生产日期、商品价格以及商品数量。

```
struct Product                   /*定义商品结构体*/
{
    int  iId;                    /*商品代码*/
    char acName[15];             /*商品名称*/
    char acProducer[15];         /*商品生产商*/
    char acDate[15];             /*商品生产日期*/
    double dPrice;               /*商品价格*/
    int  iAmount;                /*商品数量*/
};
```

4. 全局变量

本系统定义了一个结构体数组的全局变量,用于存放多个商品的信息。

```
struct Product astPro[100];      /*定义结构体数组*/
```

9.4.2 主函数

1. 功能设计

主函数用于实现主菜单的显示,并响应用户对菜单项的选择。其中,主菜单为用户提供了7种不同的操作选项,当用户在界面上输入需要的操作选项时,系统会自动执行该选项对应的功能。某个功能执行完之后,还能自动回到主菜单,便于用户进行其他操作。

2. 实现代码

1) 函数声明部分

```
void ShowMenu();                 /*显示主菜单*/
```

2）函数实现部分

（1）main 函数

主函数运行后，首先调用菜单响应函数 ShowMenu 实现菜单的显示，选项 1～6 分别表示商品入库、商品出库、删除商品、修改商品、商品查询和商品显示。选择不同的菜单项则调用不同的功能函数，输入 0 则退出系统。

主函数主要使用了 switch 多分支选择结构，通过接受用户输入的选项值，与不同的 case 语句进行判断，并跳转到相匹配的 case 语句。如果输入的数字不在 0～6 之间，则没有相匹配的 case 语句，于是执行 default 语句，提示用户输入的数字不正确，用户可以按任意键回到主菜单中重新进行选择。程序流程图如图 9.2 所示。

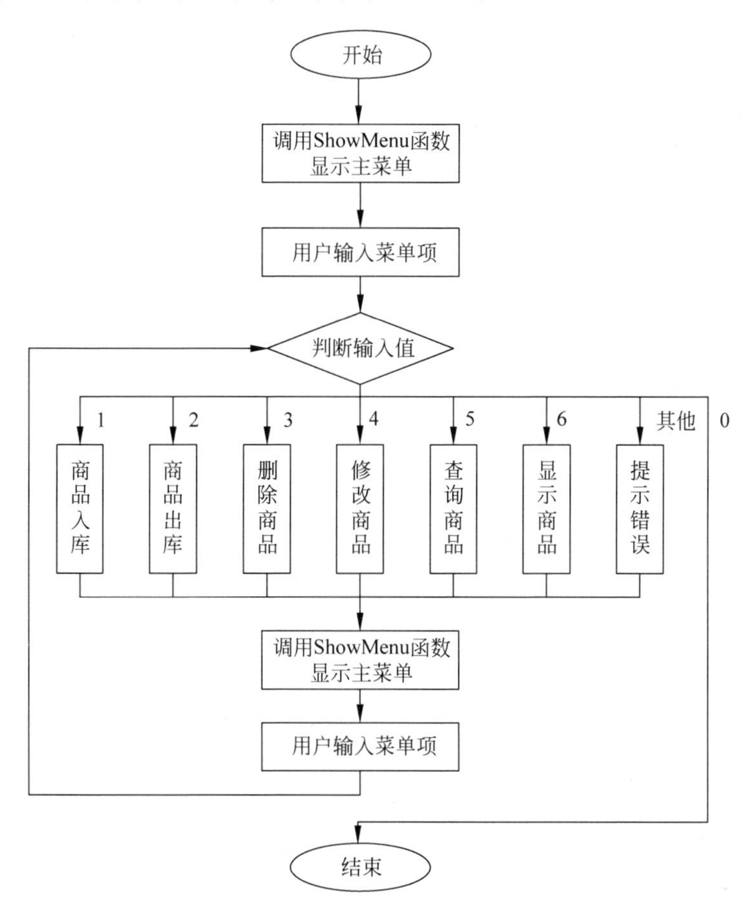

图 9.2　main 函数程序流程图

```
void main()                                     /* 主函数 */
{
    int iItem;
    ShowMenu();
    scanf("%d", &iItem);                        /* 输入菜单项 */
    while (iItem)
    {
        switch (iItem)
```

```
        {
        case 1:InputProduct(); break;              /*商品入库*/
        case 2:OutputProduct(); break;             /*商品出库*/
        case 3:DeleteProduct(); break;             /*删除商品*/
        case 4:ModifyProduct(); break;             /*修改商品*/
        case 5:SearchProduct(); break;             /*搜索商品*/
        case 6:ShowProduct(); break;               /*显示商品*/
        default:printf("input wrong number");      /*错误输入*/
        }
        getch();                                   /*读取键盘输入的任意字符*/
        ShowMenu();                                /*执行完功能再次显示菜单功能*/
        scanf("%d", &iItem);                       /*输入菜单项*/
    }
}
```

(2) ShowMenu 函数

该函数用于显示系统主菜单的各个功能选项,并提示用户输入0～6之间的数字。其中,system("cls")用于清屏。

```
void ShowMenu()                                    /*自定义函数实现菜单功能*/
{
    system("cls");
    printf("\n\n\n\n\n");
    printf("\t\t|---------------------PRODUCT--------------------|\n");
    printf("\t\t|\t 1. input record                              |\n");
    printf("\t\t|\t 2. output record                             |\n");
    printf("\t\t|\t 3. delete record                             |\n");
    printf("\t\t|\t 4. modify record                             |\n");
    printf("\t\t|\t 5. search record                             |\n");
    printf("\t\t|\t 6. show record                               |\n");
    printf("\t\t|\t 0. exit                       |\n");
    printf("\t\t|------------------------------------------------|\n\n");
    printf("\t\t\tchoose(0-6):");
}
```

3. 核心界面

菜单选择界面如图9.3所示。输入的值不在0～6之间,提示用户输入错误,如图9.4所示。

9.4.3 商品入库模块

1. 功能设计

在主菜单的界面中输入"1",即可进入商品入库模块。首先展示系统中的商品信息,并提示用户是否录入,用户输入字符y或者Y,则可以进行数据录入。首先录入商品编号,如果输入的商品编号已经存在,系统会提示用户该商品已经存在;若商品是第一次入库,用户则需陆续输入商品的名称、生产商、生产日期、价格和数量信息。

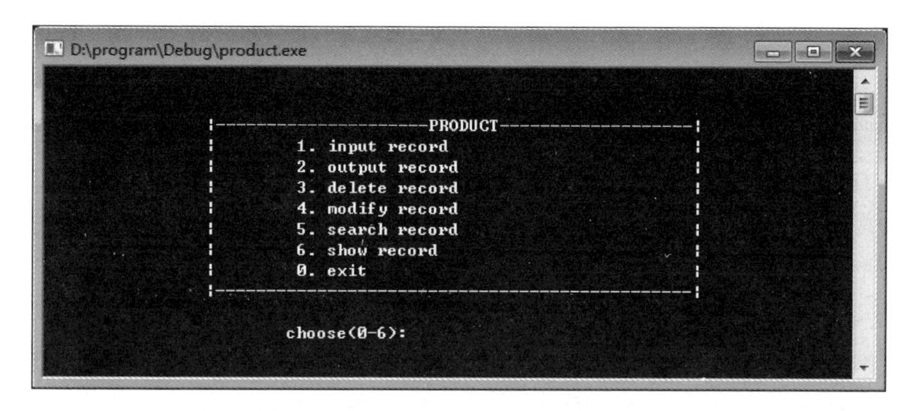

图 9.3　菜单选择界面

```
D:\program\Debug\product.exe

|---------------------PRODUCT---------------------|
|             1. input record                     |
|             2. output record                    |
|             3. delete record                    |
|             4. modify record                    |
|             5. search record                    |
|             6. show record                      |
|             0. exit                             |
|-------------------------------------------------|

            choose(0-6):7
input wrong number
```

图 9.4　输入错误数字提醒界面

2. 实现代码

1）函数声明部分

```
void InputProduct();                              /*商品入库函数*/
```

2）函数实现部分

InputProduct 函数首先调用 ShowProduct 函数从文件中读取所有商品信息到结构体数组 astPro 中，并列表显示所有商品信息（该函数具体实现在 9.4.8 节中介绍），该函数返回文件中记录的商品的个数。之后通过 fopen 以追加方式打开二进制文件，便于对新录入的数据以追加方式存入文件的尾部，不会破坏原有数据。进行文件操作时，一定要记得在结束文件操作后通过 fclose 关闭文件。

通过循环遍历整个结构体数组判断新输入的商品编号是否与文件中已有商品编号重复，如果重复则不再输入，如果不重复，则录入各项数据后，通过 fwrite 将一个结构体记录一次性存入文件中。

借助循环可以连续录入商品信息。在使用 getchar 函数时，注意不要让之前输入时残留在内存缓冲区中的回车符干扰有效输入字符，所以可以额外加一个 getchar 将无效回车符取走。

```
void InputProduct()                                    /* 商品入库函数 */
{
    int i, iMax = 0;                                   /* iMax 记录文件中的商品记录条数 */
    char cDecide;                                      /* 存储用户输入的是否入库的判断字符 */
    FILE * fp;                                         /* 定义文件指针 */
    iMax = ShowProduct();
    if ((fp = fopen("product.txt", "ab")) == NULL)     /* 以追加方式打开二进制文件 */
    {
        printf("can not open file\n");                 /* 提示无法打开文件 */
        return;
    }
    printf("press y/Y to input:");
    getchar();                                         /* 把选择 1 之后输入的回车符取走 */
    cDecide = getchar();                               /* 读一个字符 */
    while (cDecide == 'y' || cDecide == 'Y')           /* 判断是否要录入新信息 */
    {
        printf("Id:");                                 /* 输入商品编号 */
        scanf("%d", &astPro[iMax].iId);
        for (i = 0; i<iMax; i++)
            if (astPro[i].iId == astPro[iMax].iId)     /* 若该商品已存在 */
            {
                printf("the id is existing,press any key to continue!");
                getch();
                fclose(fp);                            /* 关闭文件,结束 input 操作 */
                return;
            }
        printf("Name:");                               /* 输入商品名称 */
        scanf("%s", &astPro[iMax].acName);
        printf("Producer:");                           /* 输入商品生产商 */
        scanf("%s", &astPro[iMax].acProducer);
        printf("Date(Example 15-5-1):");               /* 输入商品生产日期 */
        scanf("%s", &astPro[iMax].acDate);
        printf("Price:");                              /* 输入商品价格 */
        scanf("%lf", &astPro[iMax].dPrice);
        printf("Amount:");                             /* 输入商品数量 */
        scanf("%d", &astPro[iMax].iAmount);
        /* 在文件末尾添加该商品记录 */
        if (fwrite(&astPro[iMax], PRODUCT_LEN, 1, fp) != 1)
        {
            printf("can not save!\n");
            getch();                                   /* 等待按键,为了显示上一句话 */
        }
        else
        {
            printf("product Id %d is saved!\n", astPro[iMax].iId);   /* 成功入库提示 */
            iMax++;
        }
        printf("press y/Y to continue input:");        /* 询问是否继续 */
        getchar();                                     /* 把输入商品数量之后的回车符取走 */
        cDecide = getchar();                           /* 判断是否为 y/Y,继续循环 */
    }
```

```
    fclose(fp);                                    /* 不再继续录入,关闭文件 */
    printf("Input is over!\n");
}
```

3. **核心界面**

连续录入商品各项信息的界面如图 9.5 所示,重复入库的提醒界面如图 9.6 所示。

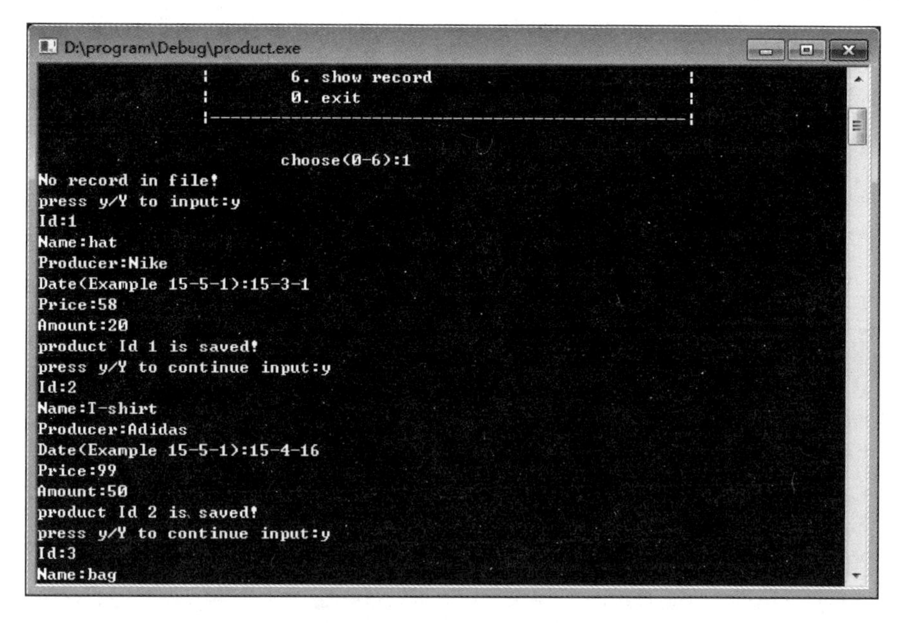

图 9.5　商品连续入库界面

```
D:\program\Debug\product.exe
                 |        0. exit                              |
                 |---------------------------------------------|

                       choose(0-6):1
id      name           producer      date          price       amount
1       hat            Nike          15-3-1        58.0        20
2       T-shirt        Adidas        15-4-16       99.0        50
3       bag            Puma          15-5-2        198.0       10
press y/Y to input:y
Id:1
the id is existing,press any key to continue!_
```

图 9.6　商品重复入库提醒界面

9.4.4　商品出库模块

1. **功能设计**

在主菜单的界面中输入“2”,即可进入商品出库模块。首先也展示系统中所有商品信息,并提示用户输入要出库的商品编号。一旦商品编号确实是系统中已有的商品编号,则可以对该商品的数量进行修改。用户可以输入要出库的商品数量,如果用户输入的数量比商品的实际库存还要大,则自动将商品库存变成 0。最后显示出库操作后所有商品的信息列表。

2. 实现代码

1）函数声明部分

```
void OutputProduct();                          /* 商品出库函数 */
```

2）函数实现部分

OutputProduct 函数中首先调用 ShowProduct 函数，如果函数返回值为－1 表示文件没有正常打开，如果函数返回值为 0，表示文件中没有记录任何商品信息，这两种情况都不能实现对商品进行出库操作，因此需要提醒用户。

该函数还用到了 fseek 函数，可以将文件指针精确定位到文件的某个位置，便于对修改了数量信息的商品条目进行单条存入文件，不影响文件中该记录前后的数据信息。

```
void OutputProduct()                           /* 商品出库函数 */
{
    FILE * fp;
    /* iId 表示商品编号,iOut 表示要出库的商品数量 */
    int iId, i, iMax = 0, iOut = 0;
    char cDecide;                              /* 存储用户输入的是否出库的判断字符 */
    iMax = ShowProduct();
    if (iMax <=-1)                   /* 若文件不存在,或者没有记录,不能进行出库操作 */
    {
        printf("please input first!");
        return;
    }
    printf("please input the id:");
    scanf("%d", &iId);                         /* 输入要出库的商品编号 */
    for (i = 0; i < iMax; i++)
    {
        if (iId == astPro[i].iId)              /* 如果找到该商品 */
        {
            printf("find the product,press y/Y to output:");
            getchar();
            cDecide = getchar();
            if (cDecide == 'y' || cDecide == 'Y') /* 判断是否要进行出库 */
            {
                printf("input the amount to output:");
                scanf("%d", &iOut);
                astPro[i].iAmount = astPro[i].iAmount - iOut;
                if (astPro[i].iAmount < 0)     /* 要出库的数量比实际库存量还小 */
                {
                    printf("the amount is less than your input and the amount is 0 now!\n");
                    astPro[i].iAmount = 0;     /* 出库后的库存量置为 0 */
                }
                /* 以读写方式打开一个二进制文件,文件必须存在 */
                if ((fp = fopen("product.txt", "rb+")) == NULL)     {
                    printf("can not open file\n");/* 提示无法打开文件 */
                    return;
                }
              /* 文件指针移动到要出库的商品记录位置 */
                fseek(fp, i * PRODUCT_LEN, 0);
              /* 写入该商品出库后的信息 */
                if (fwrite(&astPro[i], PRODUCT_LEN, 1, fp) != 1)
```

```
                {
                    printf("can not save file!\n");
                    getch();
                }
                fclose(fp);
                printf("output successfully!\n");
                ShowProduct();                      /* 显示出库后的所有商品信息 */
            }
            return;
        }
    }
    printf("can not find the product!\n");          /* 如果没有找到该商品,提示用户 */
}
```

3. 核心界面

编号为 2 的商品一开始数量为 50,输入出库 20 件该商品之后,显示出库后编号为 2 的商品数量为 30,如图 9.7 所示。编号为 3 的商品开始库存量为 10,输入的出库数量为 15,大于库存量,则最终库存量变为 0,如图 9.8 所示。

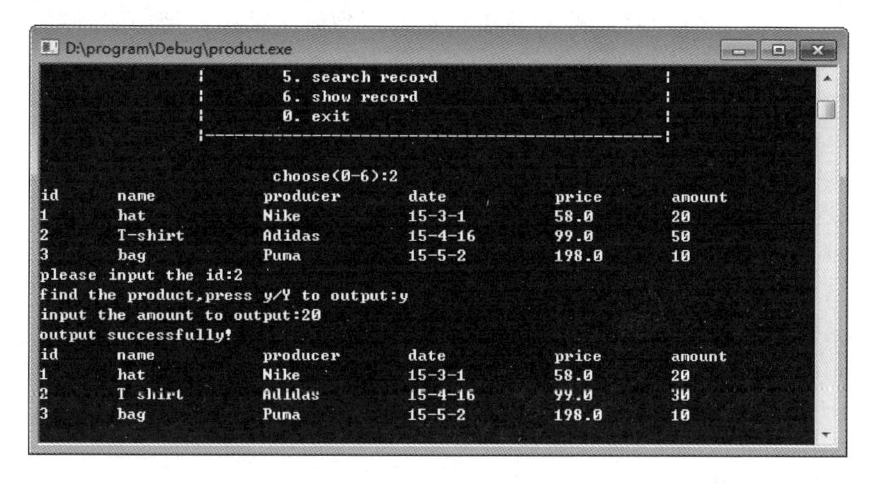

图 9.7　商品出库界面

```
D:\program\Debug\product.exe
                    |        6. show record                          |
                    |        0. exit                                 |
                    |------------------------------------------------|

                    choose(0-6):2
id      name        producer    date        price       amount
1       hat         Nike        15-3-1      58.0        20
2       T-shirt     Adidas      15-4-16     99.0        30
3       bag         Puma        15-5-2      198.0       10
please input the id:3
find the product,press y/Y to output:y
input the amount to output:15
the amount is less than your input and the amount is 0 now!
output successfully!
id      name        producer    date        price       amount
1       hat         Nike        15-3-1      58.0        20
2       T-shirt     Adidas      15-4-16     99.0        30
3       bag         Puma        15-5-2      198.0       0
```

图 9.8　商品出库量大于库存量界面

9.4.5 删除商品模块

1. 功能设计

在主菜单的界面中输入“3”,即可进入删除商品模块。同样先显示所有商品信息,若文件不存在或者没有记录,则不能进行删除操作。程序提示用户输入要删除的商品编号,系统会自动将该编号对应的商品条目彻底从文件中删除,最后会显示删除后的商品信息列表。

2. 实现代码

1) 函数声明部分

```
void DeleteProduct();                                   /* 删除商品函数 */
```

2) 函数实现部分

DeleteProduct()函数中的关键技术在于一旦在结构体数组中找到要删除的商品编号,则对数组中该编号后续的商品逐条存到前一个位置中,并记录商品条目数 iMax 减 1。

之后,通过只写方式打开二进制文件,该方式可以对已经存在的文件进行先删除,后建立新文件的方式,从而将删除后的商品条目重新写到新文件中。借助循环操作,可以将 iMax 个商品条目逐条写入文件。

```
void DeleteProduct()                    /* 删除商品函数 */
{
    FILE *fp;
    int i, j, iMax = 0, iId;
    iMax = ShowProduct();
    if (iMax <= -1)                     /* 若文件不存在,或者没有记录,不能进行删除操作 */
    {
        printf("please input first!");
        return;
    }
    printf("please input the id to delete: ");
    scanf("%d", &iId);
    for (i = 0; i < iMax; i++)
    {
        if (iId == astPro[i].iId)      /* 检索是否存在要删除的商品 */
        {
            for (j = i; j < iMax; j++)
                astPro[j] = astPro[j + 1];
            iMax--;
            /* 以只写方式打开文件,文件存在则先删除并创建一个新文件 */
            if ((fp = fopen("product.txt", "wb")) == NULL)
            {
                printf("can not open file\n");
                return;
            }
            for (j = 0; j < iMax; j++) /* 将新修改的信息写入指定的磁盘文件中 */
                if (fwrite(&astPro[j], PRODUCT_LEN, 1, fp) != 1)
                {
                    printf("can not save!");
```

```
                getch();
            }
        fclose(fp);
        printf("delete successfully!\n");
        ShowProduct();              /* 显示删除后的所有商品信息 */
        return;
    }
  }
  printf("can not find the product!\n");
}                                                           }
```

3. **核心界面**

系统中原有三种商品，选择编号为 3 的商品删除，最后显示剩余两种商品，如图 9.9 所示。若文件不存在，则提示需要先输入数据，如图 9.10 所示。

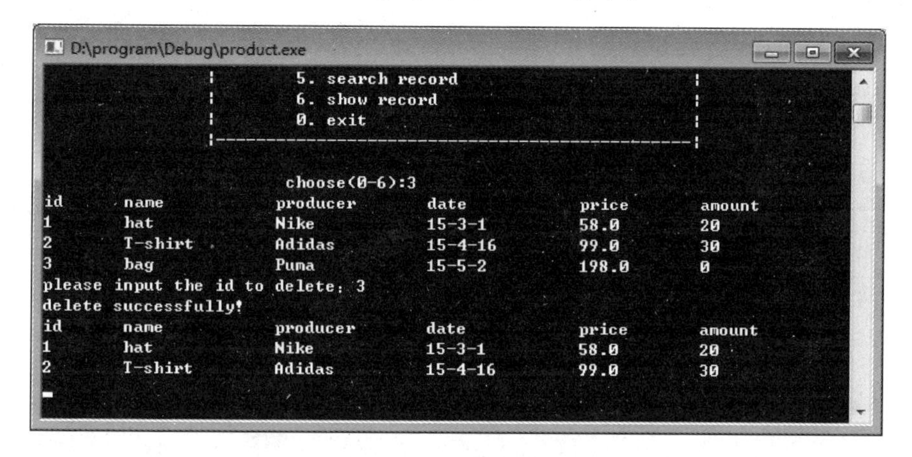

图 9.9　删除商品界面

```
D:\program\Debug\product.exe
        |--------------------PRODUCT--------------------|
        |         1. input record                       |
        |         2. output record                      |
        |         3. delete record                      |
        |         4. modify record                      |
        |         5. search record                      |
        |         6. show record                        |
        |         0. exit                               |
        |-----------------------------------------------|

                  choose(0-6):3
can not open file
please input first!
```

图 9.10　文件不存在提示输入界面

9.4.6　修改商品模块

1. **功能设计**

在主菜单的界面中输入“4”，即可进入修改商品模块。和商品出库模块的不同之处在于,商品出库仅修改商品库存量,而修改商品模块可以修改商品信息的各个字段的数据。因此,程序提示用户输入要修改的商品编号,如果此编号的商品存在,系统会自动提示用户输入要修改的各项商品信息。最后显示修改后的所有商品信息。

2. 实现代码

1）函数声明部分

```
void ModifyProduct();                    /* 修改商品函数 */
```

2）函数实现部分

ModifyProduct()函数的实现过程与商品出库模块类似,逐条输入商品的新属性信息之后,用 fseek 定位和 fwrite 写入被修改的商品条目,不影响文件中该条目前后的其他数据。

```
void ModifyProduct()                     /* 修改商品函数 */
{
    FILE *fp;
    int i, iMax = 0, iId;

    iMax = ShowProduct();
    if (iMax <= -1)                      /* 若文件不存在,或者没有记录,不能进行修改操作 */
    {
        printf("please input first!");
        return;
    }

    printf("please input the id to modify:");
    scanf("%d", &iId);
    for (i = 0; i < iMax; i++)
    {
        if (iId == astPro[i].iId)        /* 检索记录中是否有要修改的商品 */
        {
            printf("find the product, you can modify!\n");
            printf("id:");
            scanf("%d", &astPro[i].iId);
            printf("Name:");
            scanf("%s", &astPro[i].acName);
            printf("Producer:");
            scanf("%s", &astPro[i].acProducer);
            printf("Date:");
            scanf("%s", &astPro[i].acDate);
            printf("Price:");
            scanf("%lf", &astPro[i].dPrice);
            printf("Amount:");
            scanf("%d", &astPro[i].iAmount);
            if ((fp = fopen("product.txt", "rb+")) == NULL)
            {
                printf("can not open\n");
                return;
            }
```

```
            /* 将文件指针移动到要修改的记录位置 */
              fseek(fp,i * PRODUCT_LEN,0);
            /* 将新修改的信息写入指定的磁盘文件中 */
              if (fwrite(&astPro[i], PRODUCT_LEN, 1, fp) != 1)
              {
                  printf("can not save!");
                  getch();
              }
              fclose(fp);
              printf("modify successful!\n");
              ShowProduct();             /* 显示修改后的所有商品信息 */
              return;
          }
      }
      printf("can not find information!\n");
}
```

3. 核心界面

修改商品信息的界面如图 9.11 所示，修改了编号为 2 的商品的日期和价格信息。

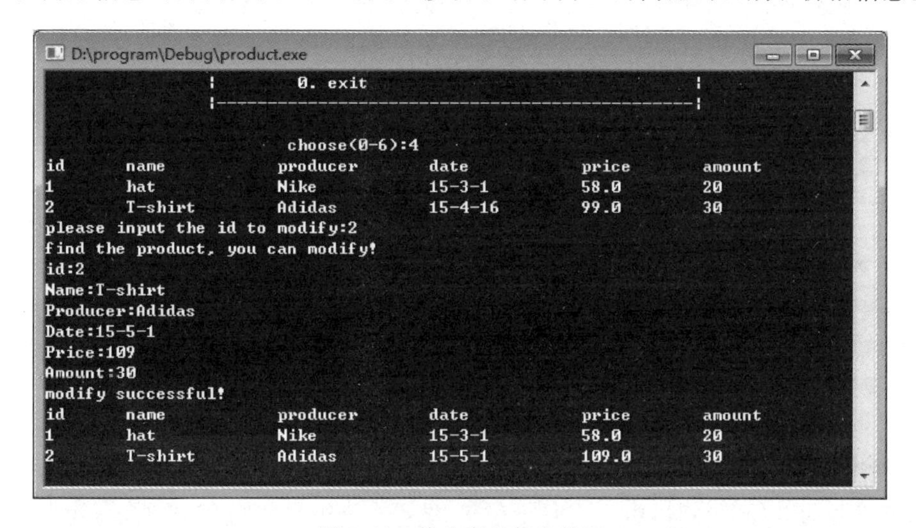

图 9.11　修改商品信息界面

9.4.7　查询商品模块

1. 功能设计

在主菜单的界面中输入“5”，即可进入查询商品模块。查询时根据用户输入的商品编号进行查询，若查询的商品存在，则会提示用户找到该商品，是否查看详细信息显示。用户选择是，则显示商品的各种信息。如果查不到该商品，则提示用户找不到商品信息。

2. 实现代码

1）函数声明部分

```
void SearchProduct();                /* 查找商品函数 */
```

2）函数实现部分

SearchProduct()函数借助循环判断用户输入的商品编号是否存在于结构体数组中，如果能找到，则显示该条商品信息。其中，printf 函数中的 FORMAT 和 DATA 均为定义的符号常量。

```
void SearchProduct()                          /*查找商品函数*/
{
    //FILE *fp;
    int iId, i, iMax = 0;
    char cDecide;
    iMax = ShowProduct();
    if (iMax <=-1)                            /*若文件不存在，或者没有记录，不能进行查询操作*/
    {
        printf("please input first!");
        return;
    }
    printf("please input the id:");
    scanf("%d", &iId);
    for (i = 0; i<iMax; i++)
        if (iId == astPro[i].iId)             /*查找输入的编号是否在记录中*/
        {
            printf("find the product,press y/Y to show:");
            getchar();
            cDecide = getchar();
            if (cDecide == 'y' || cDecide == 'Y')
            {
                printf("id    name    producer    date    price    amount\n");
                printf(FORMAT, DATA); /*将查找出的结果按指定格式输出*/
                return;
            }
        }
    printf("can not find the product"); /*未找到要查找的信息*/
}
```

3. 核心界面

查询编号为 3 的商品时，由于该商品存在，显示查询结果如图 9.12 所示，如果输入要查询的商品编号不存在，则提示用户找不到该商品，如图 9.13 所示。

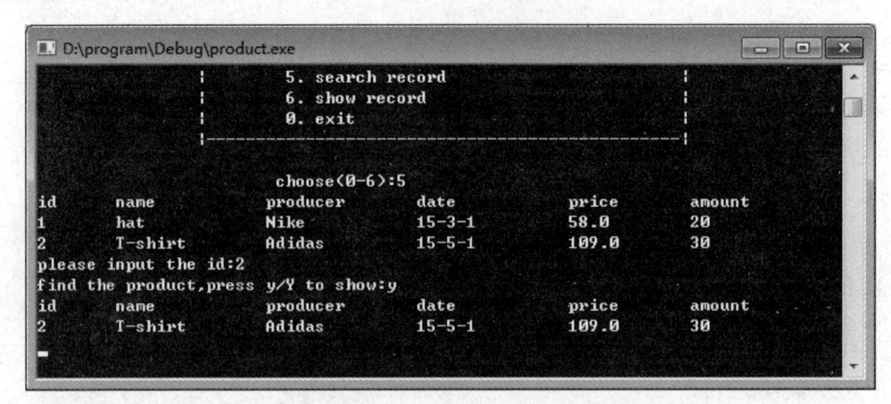

图 9.12　查询到商品界面

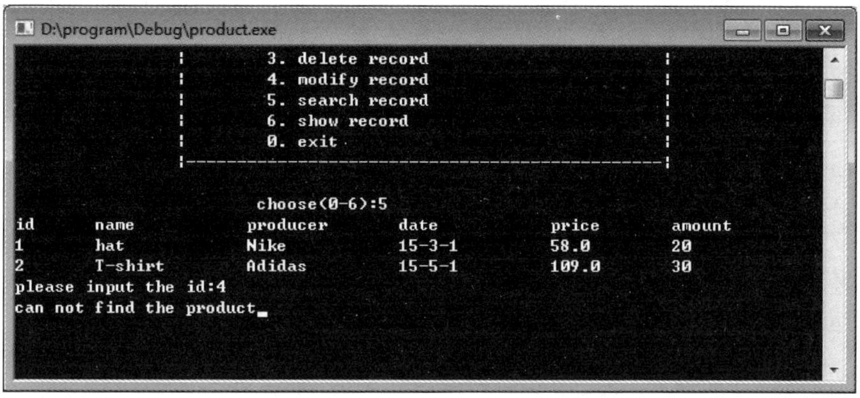

```
D:\program\Debug\product.exe
                 |        3. delete record                   |
                 |        4. modify record                   |
                 |        5. search record                   |
                 |        6. show record                     |
                 |        0. exit                            |
                 |-------------------------------------------|

                         choose(0-6):5
id      name        producer      date          price       amount
1       hat         Nike          15-3-1        58.0        20
2       T-shirt     Adidas        15-5-1        109.0       30
please input the id:4
can not find the product_
```

图 9.13　未查询到商品界面

9.4.8　显示商品模块

1. 功能设计

在主菜单的界面中输入“6”，即可显示所有商品信息。通过列表的方式，显示商品的各个属性，以及每一条商品记录。

2. 实现代码

1）函数声明部分

```
int ShowProduct();                    /* 显示所有商品信息 */
```

2）函数实现部分

ShowProduct 函数从文件中读取数据，首先通过只读方式打开二进制文件，如果文件不存在，则打开失败，不会自动生成文件。借助循环逐条从文件中读取数据到结构体数组 stPro 中，并记录 iMax 的值。读取操作结束后，及时用 fclose 关闭文件。如果 iMax 值为 0，表示文件中没有记录，需要提示用户，否则借助循环逐条将 astPro 中的数据显示在屏幕上。

```
int ShowProduct()                                   /* 显示所有商品信息 */
{
    int i, iMax = 0;
    FILE * fp;
    if ((fp = fopen("product.txt", "rb")) == NULL)  /* 只读方式打开二进制文件 */
    {
        printf("can not open file\n");              /* 提示无法打开文件 */
        return -1;
    }
    while (!feof(fp))                               /* 判断文件是否结束 */
    if (fread(&astPro[iMax], PRODUCT_LEN, 1, fp) == 1)
        iMax++;                                     /* 统计文件中记录条数 */
    fclose(fp);                                     /* 读完后及时关闭文件 */

    if (iMax == 0)                                  /* 文件中没有记录时提示用户 */
        printf("No record in file!\n");
    else                                            /* 文件中有记录时显示所有商品信息 */
```

```
    {
        printf("id        name            producer        date            price        amount\n");
        for (i = 0; i < iMax; i++)
        {
            printf(FORMAT, DATA);                    /* 将信息按指定格式打印 */
        }
    }
    return iMax;
}
```

3. 核心界面

显示所有商品信息的界面如图 9.14 所示，如果文件中没有记录，则提示用户，界面如图 9.15 所示。

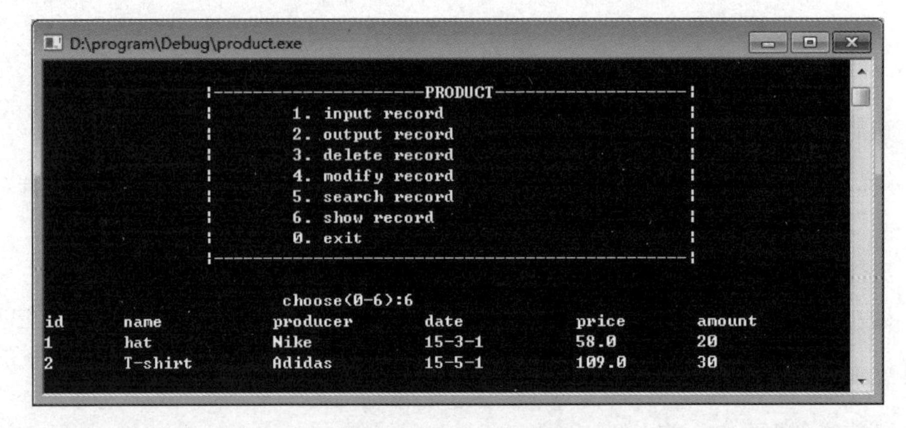

图 9.14　显示商品界面

```
D:\program\Debug\product.exe
                    |----------------------PRODUCT-------------------|
                    |          1. input record                       |
                    |          2. output record                      |
                    |          3. delete record                      |
                    |          4. modify record                      |
                    |          5. search record                      |
                    |          6. show record                        |
                    |          0. exit                               |
                    |------------------------------------------------|

                             choose(0-6):6
No record in file!
```

图 9.15　没有商品界面

9.5　系统测试

对各个主要功能模块均进行了详细的功能测试，测试不仅要关注正确的输入值，是否可以产生预期的结果，更应该关注错误的输入值是否可以获得有效的提示信息，从而保证程序的健壮性。其中部分测试用例如表 9.1 所示，主要关注错误输入值的测试情况。

表 9.1 商品库存管理系统测试用例表

序号	测试项	前提条件	操作步骤	预期结果	测试结果
1	主菜单	进入主界面	输入选项 7	提示"input wrong number"	通过
2		进入主界面	输入选项 0	提示"请按任意键继续"，再按键便可退出程序	通过
3	商品入库模块	1. 主菜单选择 1 2. 首次进入系统	无	提示"No record in file! "以及 "press y/Y to input："	通过
4		1. 主菜单选择 1 2. 文件中有 id 为 1 的记录	1. 输入字符 y 2. 输入 id 为 1	提示"the id is existing，press any key to continue!"，再按键可退出主菜单	通过
5	商品出库模块	1. 主菜单选择 2 2. 首次进入系统	无	提示"please input first!"	通过
6		1. 主菜单选择 2 2. 文件中 id 为 1 的商品库存为 20	1. 输入 id 为 1 2. 输入出库量为 30	提示" the amount is less than your input and the amount is 0 now!"	通过
7	查询商品模块	1. 主菜单选择 5 2. 文件中没有 id 为 6 的商品	输入 id 为 6	"can not find the product"	通过
8		1. 主菜单选择 5 2. 文件中 id 为 3 的商品	输入 id 为 3	提示" find the product，press y/Y to show："	通过

9.6 设计总结

本章开发的商品库存管理系统能够实现常规信息管理系统中必要的增、删、改、查等操作。通过对商品库存管理系统的开发，介绍了开发一个 C 语言信息管理系统的流程和技术，比如如何显示主功能菜单和响应用户输入、如何保存商品信息到文件、如何将文件中的数据读取到内存中、如何使用结构体数组保存不同的商品信息等。

该系统的设计与开发对读者开发其他信息管理系统具有很好的借鉴价值。读者还可以在本系统的基础上实现更多的功能，如对商品库存信息的排序以及统计等。关于排序和统计等功能的实现也可参考第 11 章学生成绩管理系统的相关内容。

CHAPTER 10

第10章 图书馆管理系统

10.1 设计目的

第9章开发了一个简单的商品库存管理系统，可以实现商品信息的增、删、改、查等基本操作。本章将学习如何实现一个更加复杂的信息管理系统——图书馆管理系统，能够实现图书馆的常规业务，包括读者信息维护、图书信息维护和借书还书信息维护。

通过本章项目的学习，读者能够掌握：

(1) 如何设计主菜单和子菜单，以及各级菜单的响应与返回操作；

(2) 如何合理设计不同的结构体对系统中多个实体进行封装；

(3) 如何合理设计多个结构体数组管理不同实体对应的数据；

(4) 如何对复杂的函数过程进行拆分，用多个子函数进行封装；

(5) 进一步熟悉文件读取的相关操作。

10.2 需求分析

本章的图书馆管理系统的主要功能面向图书馆管理员，一方面方便图书馆管理员对所有图书和读者信息进行增加、删除、修改、查询等日常维护，另一方面能够实现对读者借书、还书的登记和管理。

图书方面的功能需求如下。

(1) 新增图书信息，包括编号、书名、作者、出版社、库存量等基本信息。

(2) 删除图书信息，即输入要删除的图书编号，实现图书信息删除。

(3) 修改图书信息，可以选择对某本图书的某个属性值进行修改。

(4) 查找图书信息，即输入要查找的图书编号，实现图书信息查询。

(5) 显示所有图书信息，并以列表形式清晰呈现。

读者方面的功能需求如下。

(1) 新增读者信息，包括编号、姓名、性别、当前可借书数量、最大可借书数量等基本信息。

(2) 删除读者信息，即输入要删除的读者编号，实现读者信息删除。

(3) 修改读者信息，可以选择对某个读者的某个属性值进行修改。

(4) 查找读者信息，即输入要查找的读者编号，实现读者信息查询。

(5) 显示所有的读者信息，并以列表形式清晰呈现。

(6) 借书登记，记录读者借阅某本图书的信息，并同步减少对应图书的库存量和读者的可借书数量。

(7) 还书登记，记录读者归还某本图书的信息，并同步增加对应图书的库存量和读者的可借书数量。

10.3　总体设计

系统功能结构图如图 10.1 所示，它分为以下三个主要的功能模块。

(1) 图书管理模块：包括 5 个子模块，分别是新增图书信息模块、删除图书信息模块、修改图书信息模块、查找图书信息模块和显示图书信息模块。

(2) 读者管理模块：包括 5 个子模块，分别是新增读者信息模块、删除读者信息模块、修改读者信息模块、查找读者信息模块和显示读者信息模块。

(3) 借书还书登记模块：包括两个子模块，分别是借书登记模块和还书登记模块。

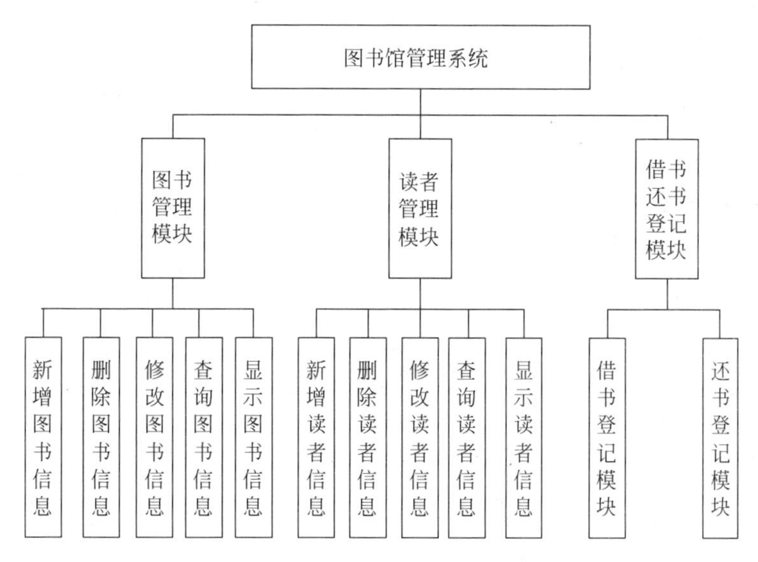

图 10.1　系统功能结构图

10.4　详细设计与实现

10.4.1　预处理及数据结构

1. 头文件

本项目涉及 4 个头文件，其中，windows.h 头文件中包含 Sleep 等函数，可以对程序进行休眠操作，用于实现本项目中等待3s自动退回菜单页面的功能。第9章中system(cls)函数使用的头文件是stdlib.h，而windows.h中也有此函数，因此，本项目未包含stdlib.h。

```
#include <stdio.h>
#include <conio.h>              /*getch函数使用的头文件*/
#include <windows.h>            /*Sleep函数使用的头文件*/
#include <string.h>             /*strcmp函数使用的头文件*/
```

2. 宏定义

LEN_BOOK和LEN_READER分别表示Book和Reader结构体的长度，BOOK_NUM和READER_NUM分别表示图书和读者数组的大小，即能够保存的图书或读者的最大信息条数，可以根据需要指定。BOOK_DATA和READER_DATA是按格式输出结构体的各项数据，能够方便输出操作，减少代码量。

```
#define LEN_BOOK sizeof(struct Book)
#define LEN_READER sizeof(struct Reader)
#define BOOK_DATA astBook[i].iNum,astBook[i].acName,astBook[i].acAuthor,
astBook[i].acPress,astBook[i].iAmount
#define READER_DATA astReader[i].iNum,astReader[i].acName,
astReader[i].acSex,astReader[i].iAmount,astReader[i].iMax,astReader[i].aiBookId
#define BOOK_NUM 200
#define READER_NUM 100
```

3. 结构体

利用两个结构体Book和Reader分别封装图书和读者的基本信息。Book中包含图书编号、名称、作者、出版社和库存量，Reader中包含读者编号、姓名、性别、最大可借阅数量、当前可借阅数量，以及已借图书列表。

```
struct Book
{
    int iNum;                   /*图书编号*/
    char acName[15];            /*图书名称*/
    char acAuthor[15];          /*图书作者*/
    char acPress[15];           /*图书出版社*/
    int iAmount;                /*图书库存量*/
};
struct Reader
{
    int iNum;                   /*读者编号*/
    char acName[15];            /*读者姓名*/
    char acSex[4];              /*读者性别*/
    int iMax;                   /*读者最大可借阅数量*/
    int iAmount;                /*读者当前可借阅数量*/
    int BookId[10];             /*读者已借图书列表*/
};
```

4. 全局变量

分别利用全局变量结构体数组astStuBook[BOOK_NUM]和astStuReader[READER_

NUM]来记录所有图书信息和所有读者信息，避免程序运行过程中多次初始化，方便各个子函数调用。

```
struct Book astBook[BOOK_NUM];
struct Reader astReader[READER_NUM];
```

10.4.2 主函数

1. 功能设计

主函数显示系统主界面，提供三个选项供用户选择，分别可以进入图书管理、读者管理、借还书登记三个子系统。子系统功能执行完毕还可以回到主界面，供用户执行其他操作。用户若输入0可以直接退出系统，输入不在0～3之间的数字，则提示用户并停顿3s后，自动刷新主界面，等待用户重新输入正确的数字。

2. 实现代码

1）函数声明部分

```
ShowMainMenu();                    /* 显示主菜单 */
```

2）函数实现部分

（1）main函数

主函数首先调用ShowMainMenu函数绘制主界面，在主界面中会提示用户输入数字，然后利用switch语句根据用户的输入，执行相应的操作，比如用户输入1，系统会进入“图书管理系统”界面。switch语句被嵌在一个while循环中，用于执行完某个子系统的功能后，自动回到主界面，请等待输入新的操作选项，周而复始，直到用户输入0退出系统结束程序。

```
int main()
{
    int iItem;
    ShowMainMenu();                /* 调用 ShowMainMenu 函数绘制界面 */
    scanf("%d", &iItem);           /* 提示用户输入数字 */
    getchar();
    while (iItem)                  /* iItem 为 0 时直接退出程序 */
    {
        switch (iItem)
        {
        case 1:
            ManageBook();
            break;
        case 2:
            ManageReader();
            break;
        case 3:
            BorrowReturnManage();
            break;
        default:
            printf("\t\t 请输入正确的数字!\n\t\t 程序将于 3 秒后跳转到主菜单");
            Sleep(3000);           /* 单位是毫秒,3000 代表 3 秒 */
```

```
        }
        ShowMainMenu();
        scanf("%d", &iItem);
        getchar();
    }
    return 0;
}
```

(2) ShowMainMenu 函数

该函数绘制系统主界面的菜单选项。其中,system("cls")函数实现了清屏功能,执行完子系统功能后再次回到系统主界面时,需要先清屏后绘制。

```
void ShowMainMenu()
{
    system("cls");                /*清屏函数*/
    printf("\n\n\n\n\n");
    printf("\t|----------------------欢迎进入------------------------|\n");
    printf("\t|          图书馆管理系统                              |\n");
    printf("\t|              主菜单                                  |\n");
    printf("\t|        1.图书管理系统                                |\n");
    printf("\t|        2.读者管理系统                                |\n");
    printf("\t|        3.借/还书登记                                 |\n");
    printf("\t|        0.退出系统                                    |\n");
    printf("\t|------------------------------------------------------|\n");
    printf("\n");
    printf("\t\t请选择(0-3): ");
}
```

3. 核心界面

系统主界面如图 10.2 所示,提供三个选项,分别可以进入三个子系统,输入 0 直接退出系统。输入数字不在 0～3 之间,提示出错信息,如图 10.3 所示,并停留 3s 后自动退回主菜单。

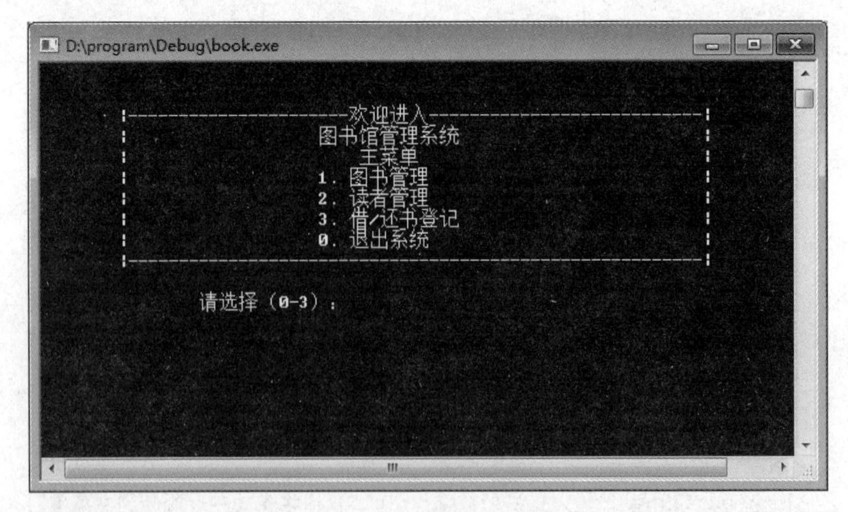

图 10.2　系统主界面

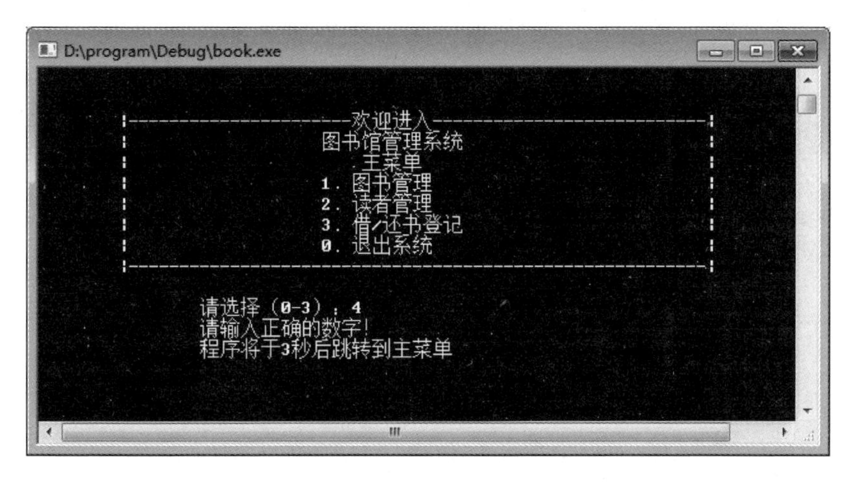

图 10.3　输入错误选项界面

10.4.3　图书管理模块

1. 功能设计

图书管理子系统实现图书管理功能，输入选项 1～5 分别对应显示图书信息、增加图书信息、查找图书信息、删除图书信息和修改图书信息 5 大功能。输入 0 可以返回主菜单。

2. 实现代码

1）函数声明部分

(1) void ManageBook ();　　　　/* 图书管理子系统菜单响应函数 */

(2) void ShowBookMenu();　　　　/* 显示图书管理子系统菜单 */

(3) void ShowBook();　　　　/* 显示图书信息 */

(4) void AddBook();　　　　/* 增加图书信息 */

(5) int SearchBook();　　　　/* 查找图书信息 */

(6) void DeleteBook();　　　　/* 删除图书信息 */

(7) void ModifyBook ();　　　　/* 修改图书信息 */

(8) ShowModifyBookMenu();　　　　/* 显示修改图书可修改的选项 */

(9) int ReadBookFile(char * pcMode)　　　　/* 从图书文件中读取图书记录 */

(10) void SaveBookFile(int iBookId)　　　　/* 将记录号为 iBookId 的图书存入文件 */

2）函数实现部分

(1) ManageBook 函数

该函数是图书管理子系统的子菜单响应函数，首先调用 ShowBookMenu 绘制图书管理子系统界面，显示图书管理子菜单，然后根据用户的输入，执行不同的功能，函数的整体框架和主函数类似。其中，getch 等待用户输入任意一个字符后返回图书管理子菜单，起到停留在当前界面，便于用户观察 ShowBook 和 SearchBook 的结果。

```
void ManageBook()
{
    int iItem;
```

```
    ShowBookMenu();                             /* 显示子菜单 */
    scanf("%d", &iItem);
    getchar();
    /* 用 while 循环和 switch 语句进行选择 */
    while (iItem)                               /* iItem 为 0 时函数直接结束 */
    {
        switch (iItem)
        {
        case 1:
            ShowBook();                         /* 显示图书信息 */
            break;
        case 2:
            AddBook();                          /* 新增图书信息 */
            break;
        case 3:
            SearchBook();                       /* 查找图书 */
            break;
        case 4:
            DeleteBook();                       /* 删除图书 */
            break;
        case 5:
            ModifyBook();                       /* 修改图书信息 */
            break;
        default:
            printf("\t\t请输入正确的数字!\n\t\t");
        }
        printf("| 按任意键返回子菜单 |");
        getch();                                /* 接收用户输入任意字符 */

        ShowBookMenu();
        scanf("%d", &iItem);
        getchar();
    }
}
```

(2) ShowBookMenu 函数

该函数实现了显示图书管理子系统界面的功能，主要是清屏后打印图书管理相关子菜单。

```
void ShowBookMenu()
{
    system("cls");
    printf("\n\n\n\n\n");
    printf("\t|-----------------------欢迎进入-------------------------|\n");
    printf("\t|                  图书管理系统                          |\n");
    printf("\t|                    子菜单                              |\n");
    printf("\t|                1.显示图书信息                          |\n");
    printf("\t|                2.新增图书信息                          |\n");
    printf("\t|                3.图书信息查询                          |\n");
    printf("\t|                4.图书信息删除                          |\n");
    printf("\t|                5.图书信息修改                          |\n");
```

```
        printf("\t|            0.返回主菜单                                    |\n");
        printf("\t|------------------------------------------------------------|\n");
        printf("\n");
        printf("\t\t请选择(0-5): ");
    }
```

(3) ShowBook 函数

该函数实现了显示所有图书信息的功能。所有的图书信息存储在文件中，函数首先调用 ReadBookFile 函数从 book.txt 文件中读取图书信息，并针对文件打开失败，文件中没有记录，以及文件中有记录三种情况，分别执行相应的处理，包括给用户提示信息，以及逐条显示从文件中读出来的信息。

```
void ShowBook()
{
    int i, iBookRecord;
    system("cls");
    iBookRecord = ReadBookFile("rb");
    if (iBookRecord == -1)
        printf("文件打开失败!请先新增加图书信息!\n");
    else if (iBookRecord == 0)
        printf("文件中没有图书信息!\n");
    else
    {
        printf("\t|--------------------------------------------------|\n");
        printf("\t  %-6s%-16s%-10s%-20s%-4s\n","编号","书名","作者","出版
社","库存");
        for (i = 0; i < iBookRecord; i++)/*显示图书信息*/
            printf("\t    %-6d%-16s%-10s%-20s%-4d\n", BOOK_DATA);
        printf("\t|--------------------------------------------------|\n");
    }
}
```

(4) AddBook 函数

该函数实现了向系统中添加图书的功能。和 ShowBook 函数一样，该函数首先调用 ReadBookFile 函数从文件中读取图书信息到 astStuBook 数组中，如果文件中没有图书记录，则输出"没有图书记录!"的提示信息，否则调用 ShowBook 函数显示所有图书信息。

然后，提示用户是否输入图书信息，若用户输入"n"，则不进行新增操作，直接返回；否则，以"ab+"方式打开文件，即以追加方式打开文件，如果文件不存在，则自动新建一个文件，便于在文件尾部连续新增多条图书记录。

若用户输入"y"，则表示即将新增图书信息，程序首先判断文件中的图书记录条数 iBookRecord 是否已经达到 BOOK_NUM 这个预定义的上限值，如果已经达到上限，则提示用户不允许新增图书，自动关闭文件并退出；否则，则可以进行新增图书操作。

之后，系统提示用户输入要添加的图书的相关信息，首先是图书编号，这里程序通过设置一个标志 iFlagExit，来判断用户输入的编号是否与系统中已有的图书编号重复，如果重复 iFlagExit 置为 1，外层的 do-while 循环继续执行，直到输入一个不重复的编号为止。

最后，将新增加的图书记录利用 fwrite 函数存入文件中，并提示用户是否继续输入，直

到用户输入“n”退出循环为止。最后关闭文件，提示用户“添加图书执行完毕！”。

```
void AddBook()
{
    FILE * pfBook;                          /* 文件指针 */
    int iBookRecord, iFlagExist, i;
    char cFlag;

    system("cls");
    iBookRecord = ReadBookFile("ab + "); /* ab + 追加方式打开或新建二进制文件 */
    if (iBookRecord ==- 1)
    {
        printf("文件打开失败!\n");
        return;
    }
    else if (iBookRecord == 0)
        printf("没有图书记录!\n");
    else
        ShowBook();                     /* 如果图书记录不为零则调用 showBook 显示所有图书 */

    /* 以下代码为循环录入图书信息 */
    printf("请选择是否输入信息(y/n): ");
    cFlag = getchar();
    getchar();
    if (cFlag == 'n')
        return;
    pfBook = fopen("book.txt", "ab + ");
    if (pfBook == NULL)
    {
        printf("文件打开失败!\n");
        return;
    }

    while (cFlag == 'y')
    {
        if (iBookRecord >= BOOK_NUM)     /* 若超过容量范围则不能继续写入 */
        {
            printf("记录已满!");
            fclose(pfBook);
            return;
        }

        printf("请输入图书编号: ");
        do{
            iFlagExist = 0;
            scanf(" %d", &astBook[iBookRecord].iNum);
            getchar();
            for (i = 0; i < iBookRecord; i++)
            {
                if (astBook[i].iNum == astBook[iBookRecord].iNum)
                {
```

```
                iFlagExist = 1;
                printf("该图书编号已存在,请重新输入: ");
                break;
            }
        }
    } while (iFlagExist == 1);

    /* 新增图书的基本信息 */
    printf("请输入图书名称: ");
    gets(astBook[iBookRecord].acName);
    printf("请输入图书作者: ");
    gets(astBook[iBookRecord].acAuthor);
    printf("请输入图书出版社: ");
    gets(astBook[iBookRecord].acPress);
    printf("请输入图书库存量: ");
    scanf("%d", &astBook[iBookRecord].iAmount);
    getchar();
    /* 将新增的图书信息写入文件中 */
    if (fwrite(&astBook[iBookRecord], LEN_BOOK, 1, pfBook) != 1)
    {
        printf("无法保存该信息!\n");
        return;
    }
    else
    {
        printf("%d号图书信息已保存!\n", astBook[iBookRecord].iNum);
        iBookRecord++;
    }
    printf("继续输入信息吗(y/n)");
    cFlag = getchar();
    getchar();
}
fclose(pfBook);
printf("添加图书执行完毕!\n");
}
```

(5) SearchBook 函数

该函数实现查找图书的功能,该函数将作为删除图书、修改图书的基础,首先需要查询到该图书,然后才能进行删除和修改的操作。因此,该函数的返回值类型设置为整型。返回值的含义分别如下。

① 返回−1:没有找到该图书。

② 返回−2:打开文件失败。

③ 返回−3:可以打开文件,但文件中没有任何图书记录。

④ 返回大于等于0的整数:找到该图书,返回图书的记录序号(不是图书编号),可以便于删除图书、修改图书对该序号对应图书信息的操作。

该函数的前半部分是通过 ReadBookFile 函数读取文件数据存储到数组 astStuBook 中,并返回文件中的记录总数 iBookRecord。之后用户输入要查找的图书编号,利用 for 循环进行查找,一旦发现数组中的某个图书编号吻合,则显示该图书信息,并用 break 退出循环。如果循环变量 i 的值与 iBookRecord 的值相同,则表示循环没有中途 break,即没有找到该图书信息,iBookId 置为－1.最后将 iBookId 的值返回。

```
int SearchBook()
{
    int iBookNum, iBookRecord, iBookId, i;
    system("cls");

    iBookRecord = ReadBookFile("rb");    /* 以"rb"形式打开文件,如果失败则返回 */
    if (iBookRecord == -1)
    {
        printf("文件打开失败!\n");
        printf("| 按任意键返回子菜单 |");
        getch();
        return -2;                        /* 文件打开失败,返回-2 */
    }
    else if (iBookRecord == 0)
    {
        printf("没有图书记录!\n");
        printf("| 按任意键返回子菜单 |");
        getch();
        return -3;                        /* 没有记录,返回-3 */
    }

    /* 以下进入查找程序 */
    printf("请输入图书编号:");
    scanf("%d", &iBookNum);
    getchar();
    for (i = 0; i < iBookRecord; i++)
    {
        if (iBookNum == astBook[i].iNum)
        {
            iBookId = i;                  /* 找到记录,返回记录号 */
            printf("%d 号图书信息如下:\n", iBookNum);
            printf("\t|---------------------------------------------------|\n");
            printf("\t  %-6s%-16s%-10s%-20s%-4s\n", "编号", "书名", "作者",
"出版社", "库存");
            printf("\t    %-6d%-16s%-10s%-20s%-4d\n", BOOK_DATA);
            printf("\t|---------------------------------------------------|\n");
            break;
        }
    }
    if (i == iBookRecord)                 /* 遍历循环,没有找到记录,提示用户 */
    {
        printf("找不到%d号图书信息!\n", iBookNum);
        iBookId =-1;                      /* 找不到记录,返回-1 */
    }
    return iBookId;
}
```

(6) DeleteBook 函数

该函数实现删除图书信息的功能。首先调用 SearchBook 函数获得图书记录号 iBookId,如果 iBookId 为-1,表示没有图书信息,无法执行删除操作,直接返回。之后,调用 ReadBookFile 函数获得文件中的记录总数 iBookRecord。

接下来询问用户是否需要删除图书信息。如果用户输入“n”,则直接返回;若用户输入“y”,则借助循环将 iBookId 之后的元素逐个前移一个位置,并将 iBookRecord 的值减 1,从而实现删除操作。

最后,将删除后的数组信息通过循环逐条记录到文件上。首先通过 wb 方式打开文件,该方式将确保删掉之前的文件,并重新建立一个文件。循环结束后关闭文件,并提示用户已经删除的图书编号。

```
void DeleteBook()
{
    FILE *pfBook;                          /* 文件指针 */
    int iBookId, iBookRecord, i;
    char cFlag;                            /* 字符型变量,用于选择 */

    system("cls");
    iBookId = SearchBook();
    if (iBookId == -1)
        return;

    iBookRecord = ReadBookFile("rb");
    printf("已找到该图书,是否删除?(y/n)");
    cFlag = getchar();
    getchar();
    if (cFlag == 'n')
        return;
    else if (cFlag == 'y')
    {
        for (i = iBookId; i < iBookRecord - 1; i++)
            astBook[i] = astBook[i + 1];   /* 数组依次前移 */
        iBookRecord--;
    }

    pfBook = fopen("book.txt", "wb");
    if (pfBook != NULL)
    {
        for (i = 0; i < iBookRecord; i++)  /* 将修改过的图书信息写入文件 */
        {
            if (fwrite(&astBook[i], LEN_BOOK, 1, pfBook) != 1)
            {
                printf("无法保存该信息!\n");
                return;
            }
        }
```

```
        fclose(pfBook);
        printf("%d号图书信息已删除!\n", astBook[iBookId].iNum);
    }
}
```

(7) ModifyBook 函数

该函数实现修改图书信息的功能。函数的前半部分与 DeleteBook 函数类似,也是分别获得要修改图书对应的 iBookId 和图书文件总的 iBookRecord,此处不再赘述。

之后调用 ShowModifyBookMenu 函数显示要修改的选项子菜单,1～5 分别对应图书编号、书名、出版社、作者以及库存量。其中,对修改图书编号做了特别判断,要求新输入的图书编号不能与文件中其他已有的图书编号重复(允许和该图书修改前的图书编号重复)。一旦发现新输入的图书编号不合格,则将 iFlagExist 设置为 1,通过 do-while 循环直到输入符合要求的图书编号为止。

最后,调用 SaveBookFile 函数将修改后的该条图书记录存入文件。并提示用户"图书信息修改成功!",结束函数。

```
void ModifyBook()
{
    int iBookId, iBookRecord, iFlagExist, iItem, iNum, i;

    system("cls");
    iBookId = SearchBook();                     /*调用查找图书函数获得图书记录号*/
    if (iBookId ==-1)                           /*未找到该序号的图书,直接返回*/
        return;
    /*找到该序号的图书,可以进行修改操作*/
    iBookRecord = ReadBookFile("rb");
    ShowModifyBookMenu();                       /*显示修改选项的菜单*/
    scanf("%d", &iItem);
    getchar();
    switch (iItem)
    {
    case 1:
        printf("请输入图书编号: ");
        do{
            iFlagExist = 0;
            scanf("%d", &iNum);
            getchar();
            for (i = 0; i < iBookRecord; i++)
            {
                if (iNum == astBook[i].iNum && i != iBookId)
                {
                    iFlagExist = 1;
                    printf("错误,该图书编号已存在,请重新输入: ");
                    break;
                }
            }
        } while (iFlagExist == 1);
        astBook[iBookId].iNum = iNum;
```

```
            break;
        case 2:
            printf("请输入图书名称: ");
            gets(astBook[iBookId].acName);
            break;
        case 3:
            printf("请输入图书作者: ");
            gets(astBook[iBookId].acAuthor);
            break;
        case 4:
            printf("请输入图书出版社: ");
            gets(astBook[iBookId].acPress);
            break;
        case 5:
            printf("请输入图书库存量: ");
            scanf("%d", &astBook[iBookId].iAmount);
            getchar();
            break;
    }
    /* 调用 SaveBookFile 函数将修改记录存入文件 */
    SaveBookFile(iBookId);
    printf("图书信息修改成功!\n");
}
```

(8) ShowModifyBookMenu 函数

该函数是为 ModifyBook 函数中显示修改选项设计的子菜单显示函数。

```
void ShowModifyBookMenu()
{
    printf("\n");
    printf("\t|                    1.编号                    |\n");
    printf("\t|                    2.书名                    |\n");
    printf("\t|                    3.作者                    |\n");
    printf("\t|                    4.出版社                  |\n");
    printf("\t|                    5.库存                    |\n");
    printf("\n");
    printf("请输入所要修改的信息(输入相应的数字:1-5):");
}
```

(9) ReadBookFile 函数

该函数专门负责从 book.txt 文件中读取所有图书信息,并记录 iBookRecord 的值,如果文件打开失败,返回-1,否则返回 iBookRecord。为了适应打开文件 fopen 函数中不同打开方式的需求,将一个 char * 类型的 pcMode 作为函数的形式参数,其他函数调用该函数时,只需要传递不同的打开方式字符串,如"rb",作为实际参数即可。

```
int ReadBookFile(char * pcMode)
{
    int iBookRecord = 0;
    FILE * pfBook;                          /* 文件指针 */
```

```
    pfBook = fopen("book.txt", pcMode);
    if (pfBook == NULL)
        return -1;
    while (!feof(pfBook))
    {
        if (fread(&astBook[iBookRecord], LEN_BOOK, 1, pfBook))
            iBookRecord++;
    }
    fclose(pfBook);
    return iBookRecord;
}
```

(10) SaveBookFile 函数

该函数专门负责将图书记录号为 iBookId 的图书信息写入到 book.txt 文件中。由于是单条记录的写入，不能清空原有文件，因此不能用"wb"方式打开；同时，因为该函数是为了修改图书或者删除图书之后进行的保存操作，要求文件必须已经存在，因此，采用"rb+"的方式打开文件，若文件不存在，则打开失败，且文件指针指向文件首部，而若用"ab"方式打开，则文件不存在时不会打开失败，会自动新建一个文件，且文件指针直接指向文件尾部。

在写入之前，需要用 fseek 函数进行定位，该函数的三个参数表示从 pfBook 中的 SEEK_SET 文件首部向后移动 LEN_BOOK * iBookId 个字节，即可以定位到图书记录号为 iBookId 的图书在文件中的位置。之后进行 fwrite，将结构体数组中的一个元素 astBook[iBookId]整体写入文件。

```
void SaveBookFile(int iBookId)
{
    FILE *pfBook;

    pfBook = fopen("book.txt", "rb+");
    if (pfBook != NULL)
    {
        fseek(pfBook, LEN_BOOK * iBookId, SEEK_SET);
        if (fwrite(&astBook[iBookId], LEN_BOOK, 1, pfBook) != 1)
            printf("无法保存该信息!\n");
    }
    fclose(pfBook);
}
```

3. 核心界面

1) 图书管理主界面

图书管理主界面如图 10.4 所示。

2) 显示图书信息相关界面

输入选项 1，显示所有图书信息，如图 10.5 所示。如果 book.txt 文件不存在，则提示用户，如图 10.6 所示。

3) 增加图书信息相关界面

输入选项 2，进入新增图书信息功能，可以连续录入图书信息，如图 10.7 所示。如果输

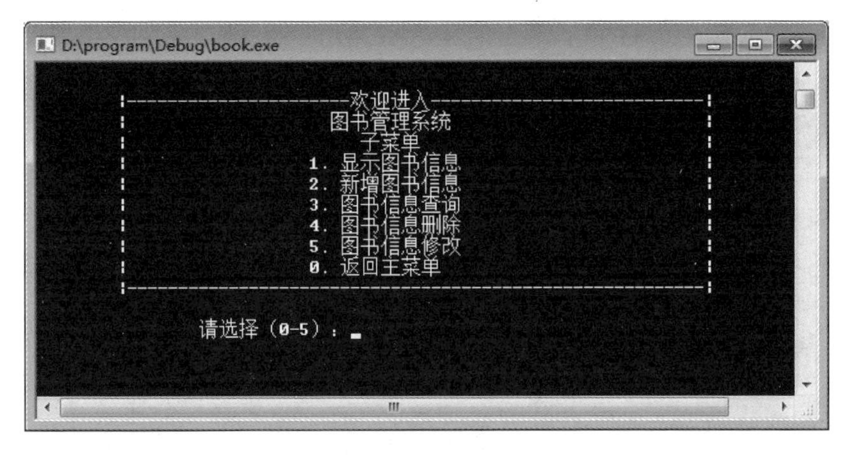

图 10.4　图书管理主界面

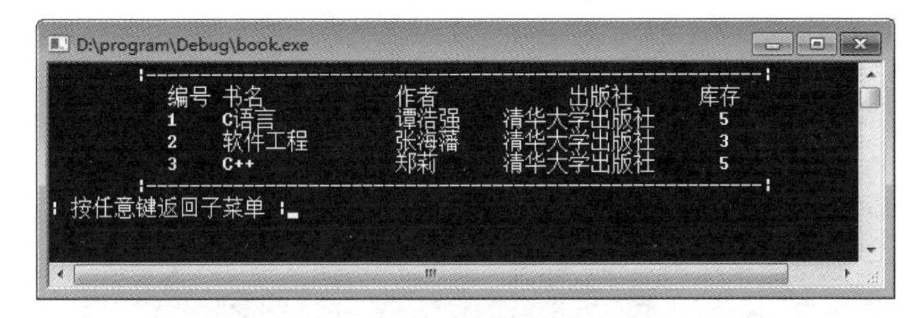

图 10.5　显示图书信息界面

图 10.6　文件不存在提示界面

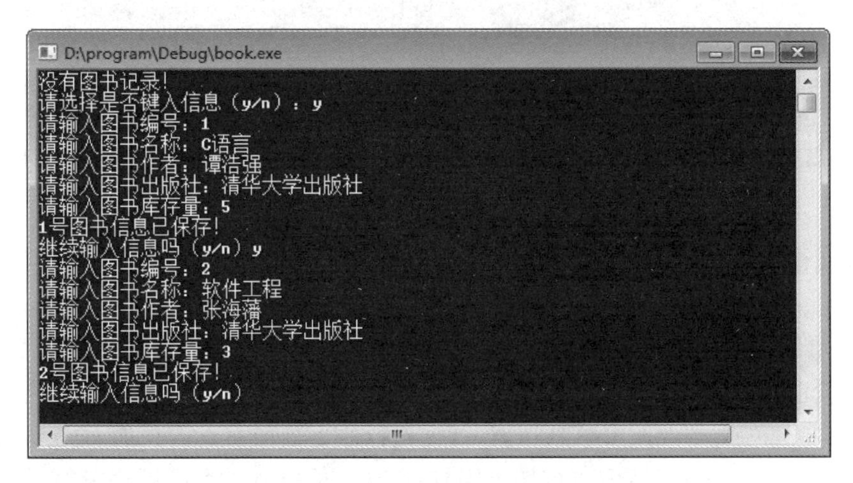

图 10.7　连续新增图书界面

入的图书编号为系统中已经存在的图书编号，则提示用户重新输入，界面如图 10.8 所示。

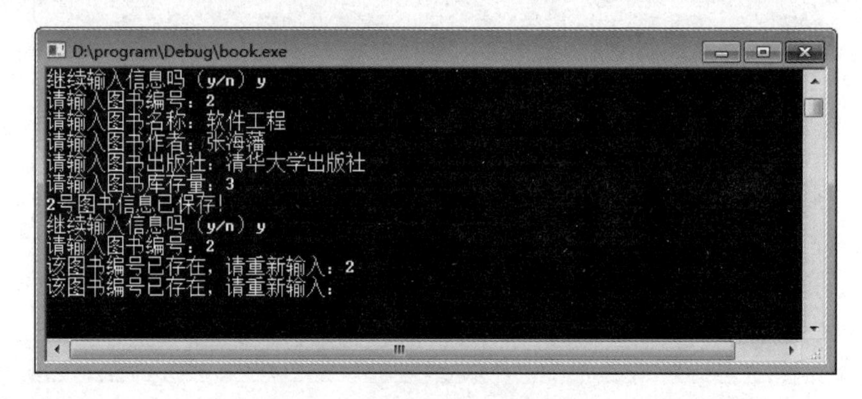

图 10.8　图书编号重复提示界面

4）图书查询信息相关界面

输入选项 3，进入查询图书信息功能，输入图书编号，显示查询结果，如图 10.9 所示。如果查询不到该图书，则给出提示信息，如图 10.10 所示。

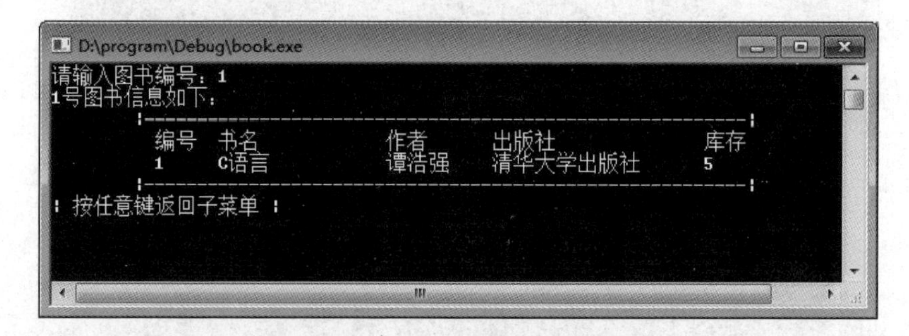

图 10.9　图书查询成功界面

图 10.10　查询不到图书提示界面

5）删除图书信息相关界面

输入选项 4，进入删除图书信息功能，首先执行的是图书查询功能，然后用户输入 y，实现删除，如图 10.11 所示。

6）修改图书信息相关界面

输入选项 5，进入修改图书信息功能，首先执行的也是图书查询功能，之后显示图书修改选项，如图 10.12 所示。如果修改图书编号，且输入的编号为系统已存在的图书编号，则提示用户重新输入，直到输入有效数值为止，修改图书编号界面如图 10.13 所示。

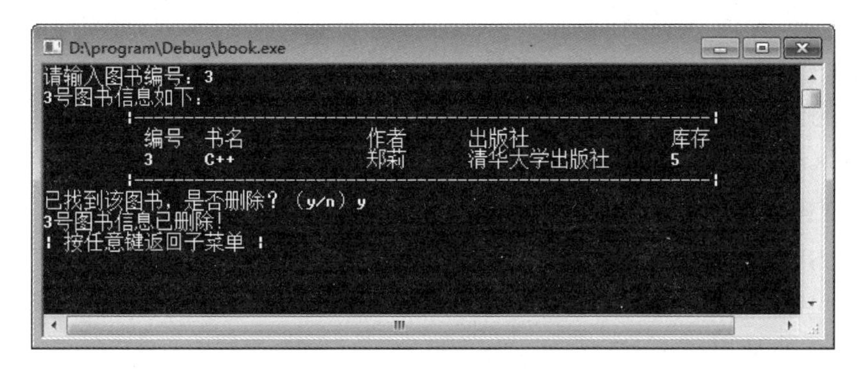

图 10.11　图书删除成功界面

D:\program\Debug\book.exe
请输入图书编号：2
2号图书信息如下：
编号　书名　作者　出版社　库存
2　软件工程　张海藩　清华大学出版社　3
1. 编号
2. 书名
3. 作者
4. 出版社
5. 库存
请输入所要修改的信息<键入相应的数字:1-5 >

图 10.12　修改图书选项界面

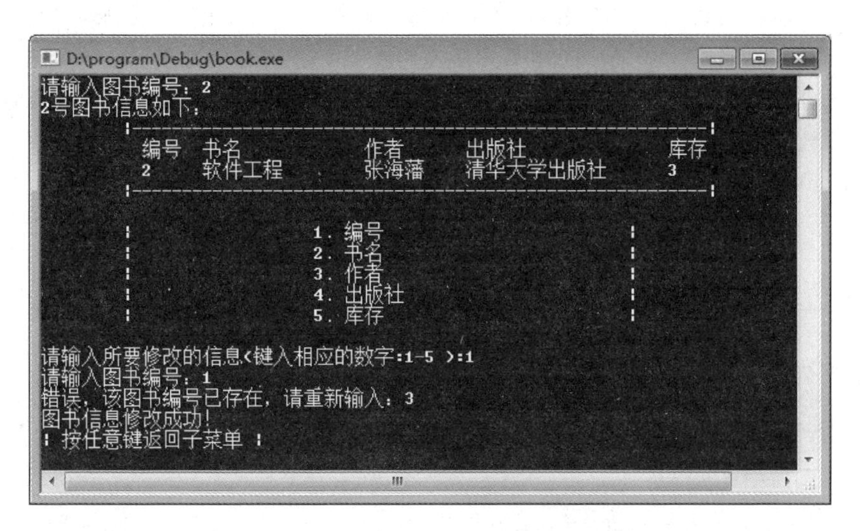

图 10.13　图书编号重复提示界面

10.4.4 读者管理模块

1. 功能设计

读者管理子系统实现读者管理功能，输入选项1～5分别对应显示读者信息、增加读者信息、查找读者信息、删除读者信息和修改读者信息5大功能。输入0可以返回主菜单。

2. 实现代码

1）函数声明部分

(1) void ManageReader ();　　　　/* 读者管理子系统菜单响应函数 */
(2) void ShowReaderMenu();　　　　/* 显示读者管理子系统菜单 */
(3) void ShowReader ();　　　　/* 显示读者信息 */
(4) void AddReader ();　　　　/* 增加读者信息 */
(5) int SearchReader ();　　　　/* 查找读者信息 */
(6) void DeleteReader ();　　　　/* 删除读者信息 */
(7) void ModifyReader ();　　　　/* 修改读者信息 */
(8) ShowModifyReaderMenu();　　　　/* 显示修改读者可修改的选项 */

2）函数实现部分

该模块的很多函数实现方式与图书管理模块中对应函数类似，但由于读者信息中有最大可借阅数量iMax，当前可借阅数量iAmount，以及已经借阅的图书编号数组aiBookId[]需要维护，因此，本节仅以函数ModifyReader为例，着重讲解读者管理中需要注意的地方，其他函数的具体实现，请读者参考光盘中的源程序。

ModifyReader函数实现读者信息修改的功能。其中，对新输入的读者性别信息，通过strcmp函数与“F”和“M”进行比较，如果不相同，需要用户重新输入，直至输入满足要求的内容为止。对新输入的最大借阅数，必须满足大于5小于10的约束条件，否则提示用户重新输入，直至输入满足要求的数为止。

如果用户输入的数在5～10之间，还需要进一步判定，如果用户已借书数量比新输入的iMax值还要大，则需要提示用户先还书才能进行更改；否则需要更新iAmount和aiBookId[]数组的值，用新输入的iMax值减去用户已借图书数量iBorrow的值，即可得到用户新的当前可借阅数iAmount的值。aiBookId[0]～aiBookId[iBorrow－1]中已经有值了，因此只需要将aiBookId[iBorrow]～aiBookId[iMax－1]置为0即可。具体代码如下。

```
void ModifyReader()
{
    int iReaderId, iReaderRecord, iBorrow, iItem, iNum, iMax, iFlagExist, i;

    system("cls");
    iReaderId = SearchReader();
    if (iReaderId ==-1)
        return;

    /* 能查询到该读者,则可以进行修改操作 */
    iReaderRecord = ReadReaderFile("rb");
    ShowModifyReaderMenu();
```

```
    scanf("%d", &iItem);
    getchar();
    switch (iItem)
    {
    case 1:
        printf("请输入读者编号: ");
        do{
            iFlagExist = 0;
            scanf("%d", &iNum);
            getchar();
            for (i = 0; i < iReaderRecord; i++)
            if (iNum == astReader[i].iNum && i != iReaderId)
                {
                    iFlagExist = 1;
                    printf("错误,该读者编号已存在,请重新输入: \n");
                    break;
                }
        } while (iFlagExist == 1);
        astReader[iReaderId].iNum = iNum;
        break;
    case 2:
        printf("请输入读者名字: ");
        gets(astReader[iReaderId].acName);
        break;
    case 3:
        printf("请输入读者性别: F/M:");
        while (gets(astReader[iReaderId].acSex) != NULL)
        {
            if (strcmp(astReader[iReaderId].acSex, "F") == 0 || strcmp(astReader[iReaderId].
acSex, "M") == 0)
                break;
            printf("错误,只能输入'F'或者'M',请重新输入\n");
        }
        break;
    case 4:
        iBorrow = astReader[iReaderId].iMax - astReader[iReaderId].iAmount;
        printf("请输入读者最大可借书数: (范围为 5-10):");
        while (scanf("%d", &iMax) == 1)
        {
            getchar();
            if (iMax >= 5 && iMax <= 10)
            {
                if (iBorrow > iMax)
                {
                    printf("该读者目前借阅图书数量大于该数目,需要先还书后修改!\n");
                    return;
                }
                else
                {
                    astReader[iReaderId].iMax = iMax;
                    astReader[iReaderId].iAmount = iMax - iBorrow;
                    for (i = iBorrow; i < iMax; i++)
```

```
                        astReader[iReaderId].aiBookId[i] = 0;
                    break;
                }
            }
            printf("错误,读者最大借阅数范围为 5 - 10,请重新输入\n");
        }
        break;
    }/* switch 结束 */

    SaveReaderFile(iReaderId);
    printf("读者信息修改成功!\n");
}
```

3. 核心界面

本节给出读者修改功能相关的界面，输入读者编号后，显示该读者相关信息，并显示读者修改选项，如图 10.14 所示。如果新输入的最大可借书数小于用户已借书数，则提示用户，如图 10.15 所示。

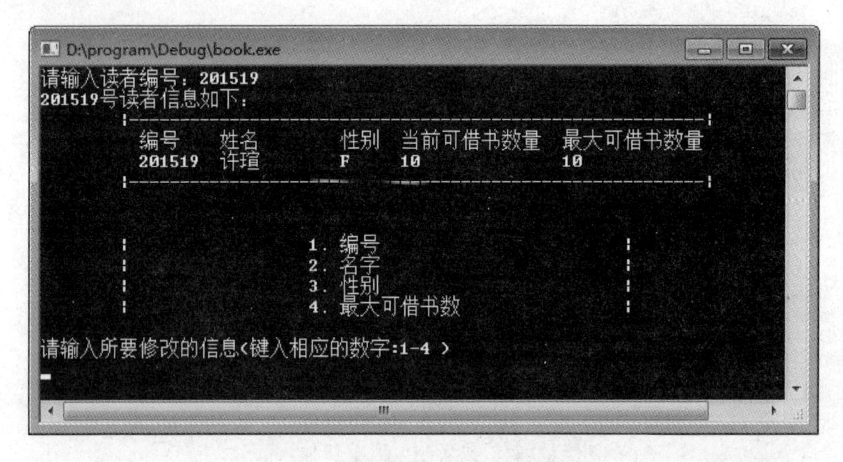

图 10.14　修改读者信息选项界面

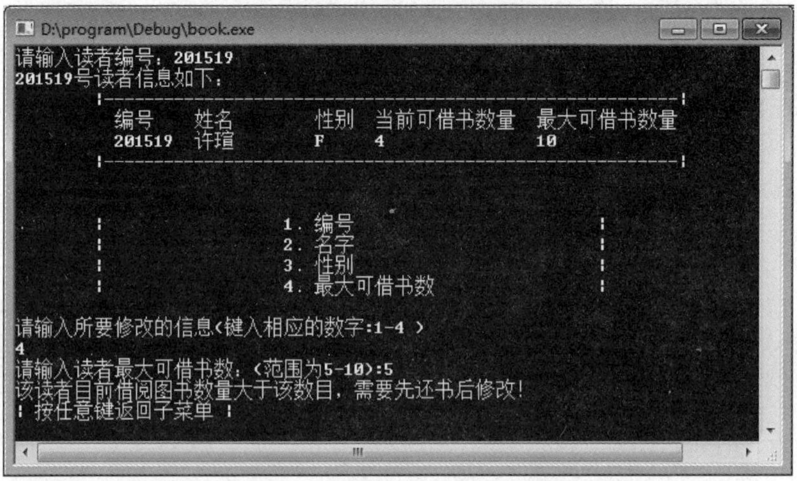

图 10.15　最大可借书数小于已借书数提示界面

10.4.5 借还书登记模块

1. 功能设计

该模块用于实现对读者借书以及还书的信息进行登记的功能，其中，借书登记的功能包括：输入读者编号，可以看到该读者的信息，包括最大可借书数、当前可借书数，以及所借图书的编号列表，之后输入要借的图书编号，如果该图书存在，且库存大于0，同时读者当前可借书数也大于0，则可以实现借书操作。还书登记的功能包括：输入读者编号，也可以看到该读者的各项信息，之后输入图书编号，如果该图书存在，且确实是该读者所借的图书，则可以实现归还操作。

2. 实现代码

1）函数声明部分

(1) void BorrowReturnManage();　　/* 借还书登记菜单响应函数 */

(2) void ShowBorrowReturnMenu();　　/* 绘制借还书登记子菜单 */

(3) void BorrowBook();　　/* 借书登记函数 */

(4) void ReturnBook();　　/* 还书登记函数 */

2）函数实现部分

该函数用于实现借还书登记子系统的主界面，函数首先调用ShowBorrowReturnMenu函数绘制借还书登记的子菜单，然后根据用户的输入，执行借书或者还书操作，函数的整体框架和主函数类似。

(1) BorrowReturnManage()函数

```
void BorrowReturnManage()
{
    int iItem = 0;
    ShowBorrowReturnMenu();

    scanf("%d", &iItem);
    getchar();

    while (iItem)
    {
        switch (iItem)
        {
        case 1:
            BorrowBook();
            break;
        case 2:
            ReturnBook();
            break;
        default:
            printf("\t\t 请输入正确的数字!\n\t\t");
        }
        printf("| 按任意键返回子菜单 |");
        getch();
        ShowBorrowReturnMenu();
```

```
            scanf("%d", &iItem);
            getchar();
        }
    }
```

(2) ShowBorrowReturnMenu 函数

该函数实现了显示借还书登记子菜单的功能,包括借书登记、还书登记和返回主菜单。

```
void ShowBorrowReturnMenu()
{
    system("cls");
    printf("\n\n\n\n\n");
    printf("\t|----------------------欢迎进入------------------------|\n");
    printf("\t|                      借/还书登记                     |\n");
    printf("\t|                        子菜单                        |\n");
    printf("\t|                      1.借书登记                      |\n");
    printf("\t|                      2.还书登记                      |\n");
    printf("\t|                      0.返回主菜单                    |\n");
    printf("\t|------------------------------------------------------|\n");
    printf("\n");
    printf("\t\t请选择(0-2): ");
}
```

(3) BorrowBook 函数

该函数实现了读者借书登记的功能。首先调用 SearchReader 函数对输入的读者编号进行搜索,如果找不到该读者信息,则直接返回,否则,计算该读者所借图书数 iBorrow,如果 iBorrow 为 0,提示没有借书,否则列出所借的图书列表,即 aiBookId[]数组中的值。接下来考察一下该读者的当前可借书数 iAmount 是否为 0,如果为 0,则提示用户"该读者可借书量为零,不能继续借书!"。

如果该读者可借书数大于 0,则可以输入图书编号进行借书操作。同样是调用 SearchBook 函数判断输入的图书编号是否存在,不存在直接返回,如果存在,则需要进一步判断该书的库存量是否为 0,如果为 0,则提示用户"该图书库存量为零! 图书不可借",否则,可以进行借书登记,将该读者的 aiBookId[iBorrow]数组元素赋值为 astBook[iBookId].iNum,即通过 SearchBook 返回的 iBookId 图书记录号获得对应的图书编号。

此外,还要将该图书的库存量和该读者的当前可借书数均减 1。最后将修改后的图书信息和读者信息分别调用 SaveBookFile 函数和 SaveReaderFile 函数存入对应的文件中,并提示用户"借书成功!"。

```
void BorrowBook()
{
    system("cls");
    int iBookId, iReaderId, iBorrow, i;

    /* 输入要借书的读者编号,判断编号是否存在,显示读者已借图书的信息 */
    iReaderId = SearchReader();
    if (iReaderId == -1)
        return;
```

```
    iBorrow = astReader[iReaderId].iMax - astReader[iReaderId].iAmount;
    if (iBorrow == 0)
        printf("该读者目前没有借任何书\n");
    else
    {
        printf("\t该读者当前所借图书为:");
        for (i = 0; i < iBorrow; i++)
            printf(" %d ", astReader[iReaderId].aiBookId[i]);
        printf("\n\n");
    }

    /* 若读者可借书数量为0,不允许再借书,退出 */
    if (astReader[iReaderId].iAmount == 0)
    {
        printf("该读者可借书量为零,不能继续借书!\n");
        return;
    }

    /* 输入要借的书号,查找书号是否存在,判断该书库存是否为0 */
    printf("\n按任意键输入要借阅的图书信息\n");
    getch();

    iBookId = SearchBook();
    if (iBookId ==-1)
        return;
    if (astBook[iBookId].iAmount == 0)
    {
        printf("该图书库存量为零!图书不可借\n");
        return;
    }
    /* 图书库存不为0时,允许借书 */
    astReader[iReaderId].aiBookId[iBorrow] = astBook[iBookId].iNum;
    astBook[iBookId].iAmount--;                  /* 该图书的库存量减1 */
    astReader[iReaderId].iAmount--;              /* 该读者的可借书的数量减1 */

    SaveBookFile(iBookId);                       /* 保存该条图书信息到文件 */
    SaveReaderFile(iReaderId);                   /* 保存该条读者信息到文件 */

    printf("借书成功!\n");
}
```

(4) ReturnBook 函数

该函数实现了读者还书的功能。和 BorrowBook 函数一样,该函数也是通过调用 SearchReader 函数和 SearchBook 函数获得 iReaderId 和 iBookId,并计算 iBorrow。如果 iBorrow 为0,则提示用户“该读者没有借任何书,无须归还”,直接返回,否则显示借书编号列表。

利用一个 for 循环来判断输入的图书编号是否为 aiBookId[]数组中存在的编号,即是否确实为该读者所借的图书,由于是在 SearchBook 函数中输入的图书编号,因此 ReturnBook 函数只能靠 SearchBook 函数的返回值 iBookId 来间接获得图书编号,即

astBook[iBookId].iNum。一旦确认该图书编号确实是该读者所借的图书，则通过循环在aiBookId[]数组中删掉该编号的方式，实现还书登记。aiBookId[]数组中没有记录图书编号的元素均置为0。最后将新的图书记录和读者记录存入文件中，并提示“还书成功!”。

```
void ReturnBook()
{
    int iBookId, iReaderId, iBorrow, i, j;

    system("cls");
    iReaderId = SearchReader();
    if (iReaderId ==- 1)
        return;
    iBorrow = astReader[iReaderId].iMax - astReader[iReaderId].iAmount;

    if (iBorrow == 0)
    {
        printf("\t 该读者没有借任何书,无须归还\n");
        return;
    }
    else
    {
        printf("\t 该读者当前所借图书为:");
        for (i = 0; i < iBorrow; i++)
            printf(" %d ", astReader[iReaderId].aiBookId[i]);
        printf("\n\n");
    }

    printf("按任意键输入要归还的图书信息\n");
    getch();

    iBookId = SearchBook();
    if (iBookId ==- 1)
        return;
    for (i = 0; i < iBorrow; i++)
        if (astReader[iReaderId].aiBookId[i] == astBook[iBookId].iNum)
        {
            for (j = i; j < iBorrow - 1; j++)
                astReader[iReaderId].aiBookId[j] = astReader[iReaderId].aiBookId[j + 1];
            astReader[iReaderId].aiBookId[iBorrow] = 0;

            astBook[iBookId].iAmount++;              /* 该书的库存数加 1 */
            astReader[iReaderId].iAmount++;          /* 该读者的最大可借阅数加 1 */
            break;
        }

    if (i == iBorrow)                                /* 遍历循环,未找到该书 */
    {
        printf("该读者没有借这本书,无须归还\n");
        return;
    }

    SaveBookFile(iBookId);                           /* 保存该条图书信息到文件 */
    SaveReaderFile(iReaderId);                       /* 保存该条读者信息到文件 */
```

```
    printf("还书成功!\n");
}
```

3. 核心界面

1) 借还书登记主界面

借还书登记主界面如图 10.16 所示。

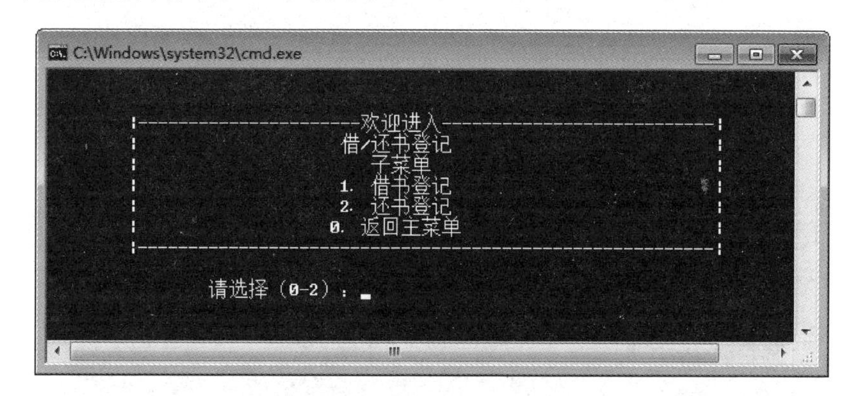

图 10.16　借还书登记主界面

2) 借书登记相关界面

首先输入读者编号，显示读者相关信息，包括已借阅图书的编号列表，如图 10.17 所示。若未到达最大借阅数，则可以继续输入要借阅的图书编号，如果该图书库存量为 0，则提示用户不能借阅，如图 10.18 所示。若库存不为 0，则借书登记成功，如图 10.19 所示。如果读者已借书数目达到最大借阅数，则提示用户，如图 10.20 所示。

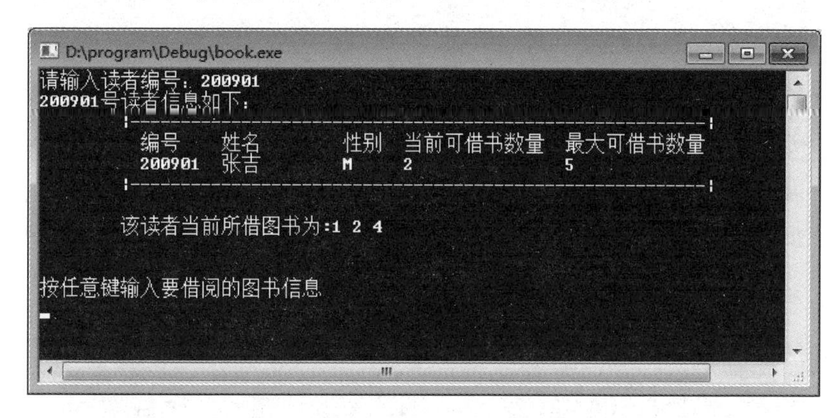

图 10.17　显示读者信息界面

3) 还书登记相关界面

首先输入读者编号，如果读者没有借任何书，则提示用户，如图 10.21 所示。否则显示读者所有信息，并进一步输入要归还图书的编号，如果该读者没有借阅此书，则提示用户，例如，编号为 201519 的读者借阅了两本图书，编号为 1 和 4，输入要还书的编号为 5，则需要提示用户，如图 10.22 所示，否则可以实现还书登记，例如，输入要还书的编号为 1，则成功还书，如图 10.23 所示。

D:\program\Debug\book.exe
请输入图书编号：4
4号图书信息如下：
编号 书名 作者 出版社 库存
4 Java 郭克华 清华大学出版社 0
该图书库存量为零！图书不可借
| 按任意键返回子菜单 |

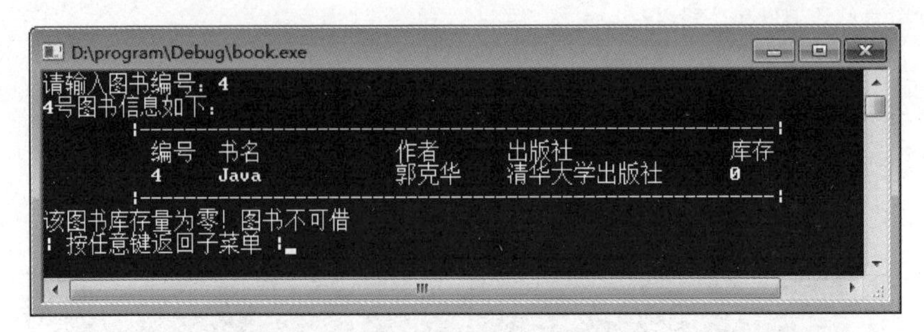

图 10.18 预借阅图书库存量为 0 提示界面

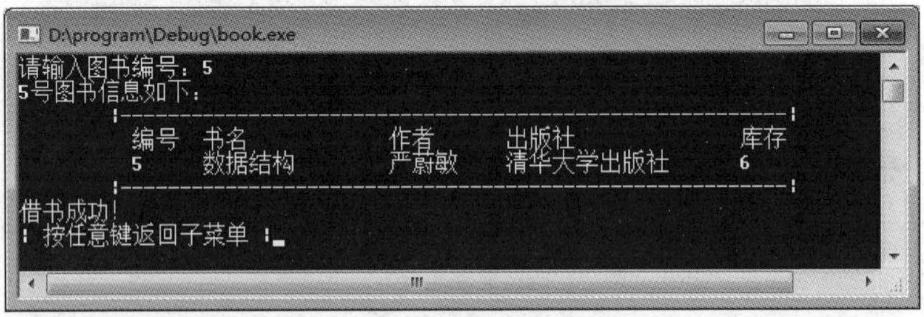

D:\program\Debug\book.exe
请输入图书编号：5
5号图书信息如下：
编号 书名 作者 出版社 库存
5 数据结构 严蔚敏 清华大学出版社 6
借书成功！
| 按任意键返回子菜单 |

图 10.19 借书登记成功界面

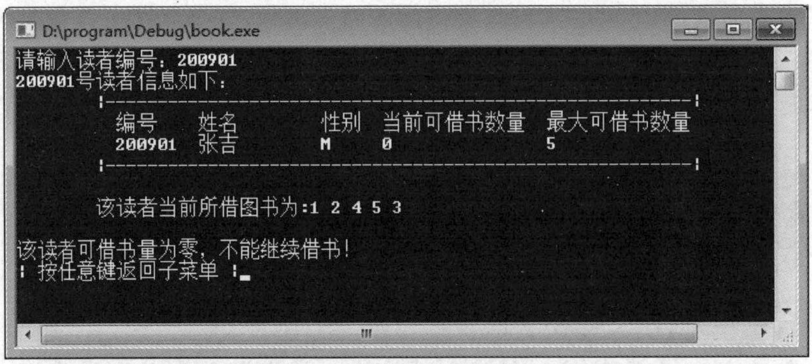

D:\program\Debug\book.exe
请输入读者编号：200901
200901号读者信息如下：
编号 姓名 性别 当前可借书数量 最大可借书数量
200901 张吉 M 0 5
该读者当前所借图书为:1 2 4 5 3
该读者可借书量为零，不能继续借书！
| 按任意键返回子菜单 |

图 10.20 已借阅数达到最大借阅数提示界面

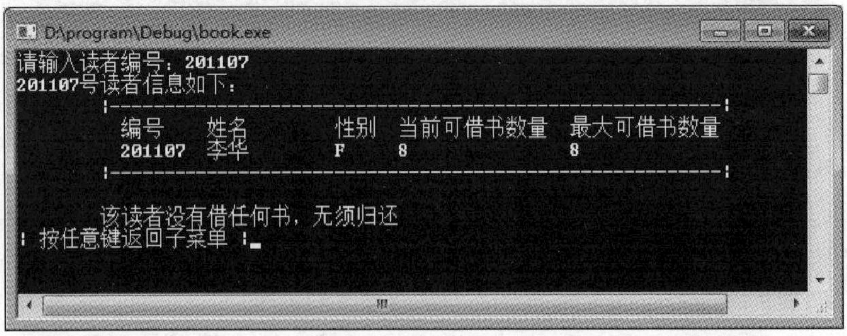

D:\program\Debug\book.exe
请输入读者编号：201107
201107号读者信息如下：
编号 姓名 性别 当前可借书数量 最大可借书数量
201107 李华 F 8 8
该读者没有借任何书，无须归还
| 按任意键返回子菜单 |

图 10.21 读者没有借任何书提示界面

图 10.22　要归还的书不在读者借阅列表中提示界面

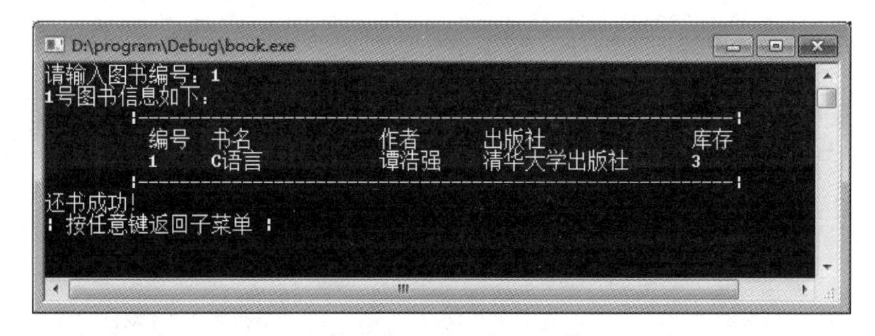

图 10.23　还书登记成功界面

10.5　系统测试

对各个主要功能模块均进行了详细的功能测试，测试不仅要关注正确的输入值，是否可以产生预期的结果，更应该关注错误的输入值是否可以获得有效的提示信息，从而保证程序的健壮性。部分测试用例如表 10.1 所示，主要关注错误值和边界值的测试。

表 10.1　图书馆管理系统测试用例表

序号	测试项	前提条件	操作步骤	预期结果	测试结果
1	主界面	进入主界面	输入选项 4	提示“请输入正确的数字”	通过
2	图书管理模块	进入图书管理子菜单	输入选项 6	提示“请输入正确的数字”	通过
3		进入显示图书界面	首次进入系统，尚未建立文件	提示“文件打开失败！请先新增图书信息!”	通过
4		进入新增图书界面	1. 录入图书编号 2 2. 再次输入编号 2	提示“该图书编号已存在，请重新输入”	通过
5		1. 进入查询图书界面 2. 编号为 7 的图书不存在于系统中	输入图书编号 7	错误提示“找不到 7 号图书信息!”	通过
6		1. 进入修改图书界面 2. 系统中已有编号为 1 和 2 的图书	1. 输入图书编号 2 2. 输入修改选项 1 3. 输入新编号 1	错误提示“错误，该图书编号已存在，请重新输入”	通过

续表

序号	测试项	前提条件	操作步骤	预期结果	测试结果
7	读者管理模块	1. 进入修改读者信息界面 2. 编号为 201519 的读者已经借阅了 6 本图书	1. 输入读者编号 201519 2. 输入选项 4 3. 输入新的最大借阅数为 5	错误提示"该读者目前借阅图书数量大于该数目，需要先还书后修改!"	通过
8	借/还书登记	1. 进入借书登记界面 2. 编号为 4 的图书库存为 0	1. 输入读者编号 200901 2. 输入图书编号 4	提示"该图书库存量为零! 图书不可借"	通过
9		1. 进入借书登记界面 2. 编号为 200901 的读者最大可借阅数为 5 3. 编号为 200901 的读者当前已借书数为 5	输入读者编号 200901	提示"该读者可借书量为零,不能继续借书!"	通过
10		1. 进入还书登记界面 2. 编号为 201107 的读者没有借阅任何书	输入读者编号 201107	提示"该读者没有借任何书,无须归还"	通过
11		1. 进入还书登记界面 2. 编号为 201107 的读者借阅书中没有 5 号图书	1. 输入读者编号 201107 2. 输入要还的图书编号 5	错误提示"该读者没有借这本书,无须归还"	通过

10.6 设计总结

本章开发的图书馆管理系统实现了对图书信息和读者信息的增、删、改、查管理功能，并且能实现借书登记和还书登记功能。图书信息和读者信息分别保存到磁盘文件 reader. txt 和 book. txt 中，图书信息管理、读者信息管理、借还书登记操作均需要关联文件的读写操作。

该项目和第 9 章商品库存管理系统均为利用结构体数组来管理数据，但本章项目的复杂度更高，不但有主菜单，还有各个子系统的子菜单，希望读者通过本章的学习，可以更好地将循环、结构体数组、文件操作、函数封装的知识融会贯通，灵活运用。

图书馆管理系统的开发，一般而言可以选择两种数据结构，即数组或链表。本章采用的是结构体数组实现，读者可以尝试采用链表的方式改写本项目。在第 11 章学生成绩管理系统和第 12 章飞机订票系统中，将学习如何通过链表来实现信息管理系统的开发。

CHAPTER 11

第11章 学生成绩管理系统

11.1 设计目的

第9章和第10章介绍了商品库存管理系统和图书馆管理系统两个典型的信息管理系统的开发过程,并且这两章均采用结构体数组的方式来管理数据,本章将学习学生成绩管理系统的开发,并详细讲解如何用链表结构来管理数据。

随着信息技术的发展,过去很多由人工处理的复杂事务开始由计算机来完成,学生成绩管理系统利用计算机对学生成绩进行统一的管理,实现完善的学生成绩录入、维护、统计、排序、保存到文件、打开成绩文件等管理工作,从而节约时间,提高教务人员的工作效率。

通过本章项目的学习,读者能够掌握:

(1) 如何使用链表结构管理数据;

(2) 如何实现链表的创建,以及节点的添加、删除、修改、查找功能;

(3) 如何实现学生成绩记录的统计和排序功能;

(4) 如何利用动态内存分配技术按需开辟堆区空间;

(5) 如何实现按需分配数组长度的动态数组。

11.2 需求分析

本学生成绩管理系统可以实现对众多学生信息的统一管理,其中记录的学生信息包括学生的学号、姓名、语文成绩、数学成绩、英语成绩、三门课程的平均成绩和平均成绩排名。具体功能需求描述如下。

(1) 录入学生成绩信息:能够录入学生学号、姓名、语文成绩、数学成绩、英语成绩,并支持一次性录入多条学生成绩记录。

(2) 将成绩信息保存到文件:能够将录入的学生成绩信息,以及计算得出的平均成绩、排名等信息永久记录到硬盘文件中。

（3）从文件中读取成绩信息：可以输入文件名，读取文件中的学生成绩信息并显示到界面，并可以进一步对读出的信息进行操作。

（4）添加学生记录：可以连续添加多个学生记录，如果之前一条记录也没有，则提示用户先创建学生记录。

（5）删除学生记录：可以根据学生学号或者姓名查找要删除的学生记录，如果找到该记录，则将该学生记录删除。

（6）修改学生记录：可以根据学生学号或者姓名查找要修改的学生记录，如果找到该记录，则可以对该记录的各个字段进行修改。

（7）查找学生记录：可以按学号查找或者按姓名查找学生记录。

（8）学生成绩统计：可以对每门课程的通过人数、不及格人数、最低分、最高分、平均分，以及所有课程的最低分、最高分、平均分进行详细统计。

（9）学生记录排序：可以分别按照学号、姓名、语文成绩、数学成绩、英语成绩或者平均成绩进行排序。

（10）显示所有学生记录：显示所有学生记录的各项信息。

11.3　总体设计

学生成绩管理系统的功能结构图如图 11.1 所示，主要包括 5 个功能模块，分别介绍如下。

（1）学生成绩录入模块：成绩录入包括没有记录时的新建操作，以及已有记录时的添加操作。对录入的学生学号进行判断，学号必须为大于等于 0 的数字，如果不满足要求，则提示用户重新输入；如果录入学号 0，表示成绩录入结束。系统自动判断录入的学号是否与已有记录中的学生学号冲突，若冲突，则提示用户重新录入。一条学生记录的所有信息均录入完成之后，系统还会询问是否继续录入其他学生记录，支持学生信息的连续录入。

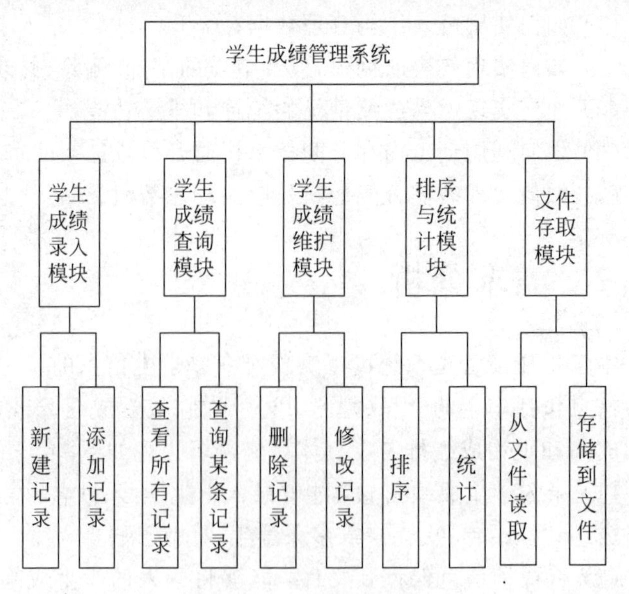

图 11.1　系统功能结构图

(2) 学生成绩查询模块：学生成绩查询包括查看所有学生记录和查看某一个学生的记录。查看所有学生记录能以列表方式将系统中所有学生记录均显示出来；查看某一个学生的记录，则可以通过输入学号或者姓名信息进行查找，一旦找到对应记录，则显示该记录的所有信息，如果找不到，则提示用户。

(3) 学生成绩维护模块：学生成绩维护包括常规的删除记录和修改记录。这两项功能要基于学生信息查询模块中的记录查找功能，一旦查找到要删除或者修改的记录，则可以执行相应的操作。

(4) 排序与统计模块：能够对系统中的学生记录进行排序和统计。可以分别按照学号、姓名、语文成绩、数学成绩、英语成绩或者平均成绩进行排序；可以对每门课程的通过人数、不及格人数、最低分、最高分、平均分，以及所有课程的最低分、最高分、平均分进行详细的统计分析。

(5) 文件存取模块：可以将系统中的学生成绩信息一次性存入磁盘文件中，文件名允许自定义。并且可以输入一个文件名，将该文件中的学生记录读出并显示在屏幕上。

11.4 详细设计与实现

11.4.1 预处理及数据结构

1. 头文件

本系统包含4个常规的头文件，如下所示。

```
#include <stdio.h>                /* 标准输入输出库头文件 */
#include <stdlib.h>               /* 标准库头文件 */
#include <string.h>               /* 字符串处理函数库头文件 */
#include <conio.h>                /* 控制台输入输出函数库 */
```

2. 结构体

本系统中定义了一个结构体Student，用来封装学生的属性信息，该结构体除了包括学生学号、姓名、语文成绩、数学成绩、英语成绩、平均成绩和排名之外，还包含一个指向Student结构体类型的指针。该结构体是实现链表结构的基础，链表中的每一个节点均为该结构体类型。

```
struct Student
{
    int iNumber;                  /* 学号 */
    char acName[20];              /* 姓名 */
    float fChinese;               /* 语文成绩 */
    float fMath;                  /* 数学成绩 */
    float fEnglish;               /* 英语成绩 */
    float fAverage;               /* 平均成绩 */
    int  iRank;                   /* 排名 */
    struct Student *pNext;
};
```

11.4.2 主函数

1. 功能设计

主函数用于实现主菜单的显示，并响应用户对菜单项的选择。其中主菜单为用户提供了0～10共11种不同的操作选项，当用户在界面上输入需要的操作选项时，系统会自动执行该选项对应的功能。某个功能执行完之后，还能按任意键自动回到主菜单，便于用户进行其他操作。

2. 实现代码

1）函数声明部分

```
ShowMainMenu();                               /* 显示主菜单 */
```

2）函数实现部分

(1) main 函数

main 函数的总体结构是利用了一个 while(1)死循环实现对多个菜单项的操作，直到输入 0 选项调用 exit(0)函数退出程序。在 while 循环内部首先调用 ShowMainMenu 函数显示主菜单，一共有 10 个选项，定义了一个整型变量 iItem，用于接收用户的输入，switch 语句中判断 iItem 的值，找到对应的 case 语句，执行不同的函数调用。在 main 函数中还定义了一个 Student 结构体类型的指针 pHead，该指针在程序运行结束前一直存在，用于指向链表的首节点，并可以作为参数传递给不同的函数，从而实现对同一链表的不同操作。

```
void main()                                   /* main 函数(调用函数实现各种功能) */
{
    struct Student * pHead = NULL;
    int iItem;
    while (1)
    {
        ShowMainMenu();
        printf("\nPlease input choice(0 - 10):");
        scanf("%d", &iItem);                  /* 输入选择的操作 */
        getchar();                            /* 提取回车符 */
        while (iItem > 10 || iItem < 0)       /* 当输入的选项不在 0 到 10 时,重新选择 */
        {
            printf("Input wrong number, please input again!\n");
            scanf("%d", &iItem);
            getchar();
        }
        switch (iItem)
        {
        case 1:pHead = Create(); break;       /* 创建链表,输入数据 */
        case 2:Add(pHead);  break;            /* 追加数据 */
        case 3:Show(pHead);  break;           /* 显示数据 */
        case 4:Search(pHead);break;           /* 查找数据 */
        case 5:Modify(pHead); break;          /* 更改数据 */
        case 6:Delete(pHead); break;          /* 删除数据 */
        case 7:Sort(pHead);  break;           /* 数据排序 */
        case 8:Statistics(pHead); break;      /* 统计数据 */
        case 9:pHead = Read();break;          /* 从文件中读入数据 */
```

```
            case 10:Save(pHead); break;          /* 保存数据 */
            case 0:exit(0);                      /* 退出程序 */
            }
            printf("Press any key to main menu\n");
            getch();
        }
}
```

(2) ShowMainMenu 函数

该函数用于显示系统主菜单的各个功能选项，一共有 10 个功能选项，0 表示退出。由于 80 个 * 号可以占满一整行，所以无须打印\n，也可以实现换行。

```
void ShowMainMenu()                              /* 主菜单界面 */
{
    int iItem = 0, i = 0;                        /* iItem 记录输入的选项 */
    system("cls");
    printf("\n\t\t\tStudent Score Management System\n\n");
    for (i = 0; i < 80; i++)
    {
        printf("*");
    }
    printf("1.Create record\t\t5.Modify record\t\t9.Read from file\n");
    printf("2.Add record \t\t6.Delete record\t\t10.Save to file\n");
    printf("--------------\t\t---------------\t\t---------------\n");
    printf("3.Show record\t\t7.Sort record\t\t0.Exit\n");
    printf("4.Search record\t\t8.Statistic analysis\n");

    for (i = 0; i < 80; i++)
    {
        printf("*");
    }
}
```

3. 核心界面

菜单选择界面如图 11.2 所示。输入的值不在 0～10 之间，提示用户错误输入，如图 11.3 所示。

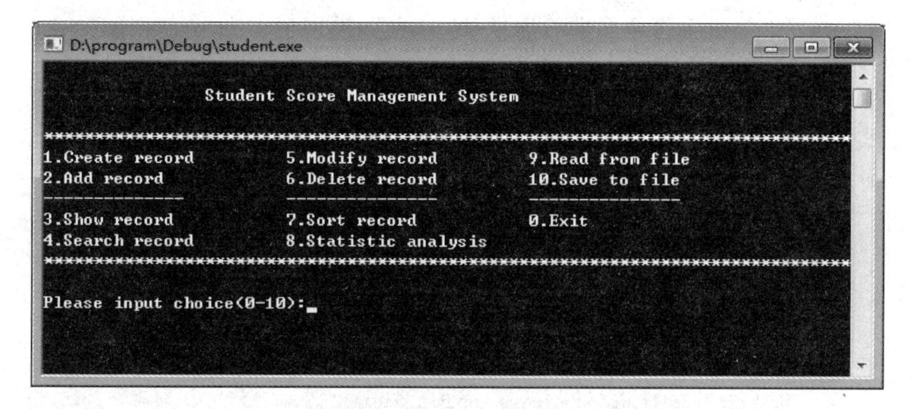

图 11.2　菜单选择界面

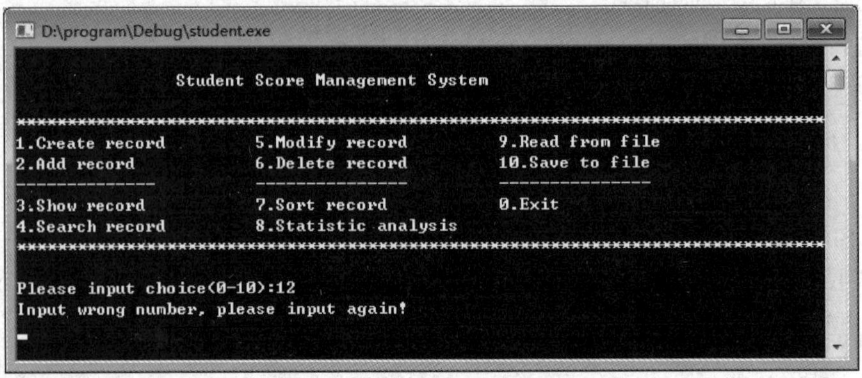

```
D:\program\Debug\student.exe

                    Student Score Management System

*************************************************************************
1.Create record        5.Modify record         9.Read from file
2.Add record           6.Delete record         10.Save to file
--------------         ---------------         ---------------
3.Show record          7.Sort record           0.Exit
4.Search record        8.Statistic analysis
*************************************************************************

Please input choice(0-10):12
Input wrong number, please input again!
```

图 11.3　输入错误数字提醒界面

11.4.3　学生成绩录入模块

1. 功能设计

在主菜单的界面中输入"1",即可进入新建学生记录模块,输入"2",即可进入添加学生记录模块。添加学生记录和新建学生记录的主要功能区别是,如果系统中没有学生记录,则只能执行新建操作。在进行学生成绩信息录入的过程中,需要对录入的学号和成绩信息进行有效性校验,要求学号是大于等于 0 的数字,要求成绩介于 0 和 100 之间。此外,还要对录入的学号进行冲突校验,如果与系统中已有的学生学号冲突,则提示用户重新输入。

2. 实现代码

1) 函数声明部分

(1) int CheckNum(char * pcNotice);　　　/* 学号正确性检查 */

(2) float CheckScore(char * pcNotice);　　/* 成绩正确性检查 */

(3) struct Student * Create();　　　　　　/* 新建学生记录 */

(4) void Add(struct Student * pHead);　　/* 添加学生记录 */

2) 函数实现部分

(1) CheckNum 函数

该函数用于进行学号有效性验证,通过传入 pcNotice 字符串内容,显示对输入学号相关要求的提示信息,最后将符合要求的学号 iNum 作为返回值。

```
int CheckNum(char * pcNotice)
{
    int iNum;
    do
    {
        printf(pcNotice);
        scanf("%d", &iNum);
        getchar();                          /* 提取输入数字后的回车符 */
        if (iNum < 0)
        {
            printf("num is wrong,please input again!\n");
        }
```

```
    } while (iNum < 0);                    /* 当输入的学号小于 0,重新输入 */
    return iNum;
}
```

(2) CheckScore 函数

该函数用于对输入成绩的有效性验证，通过传入不同的 pcNotice 字符串内容，显示输入不同课程成绩的提示信息，最后将符合要求的成绩 iScore 作为返回值。

```
float CheckScore(char * pcNotice)
{
    float iScore;
    do
    {
        printf(pcNotice);
        scanf("%f", &iScore);
        if (iScore > 100 || iScore < 0)
        {
            printf("score is wrong,please input again!\n");
        }
    } while (iScore > 100 || iScore < 0);   /* 当输入的成绩不在 0 到 100 之间时,重新输入 */
    return iScore;
}
```

(3) Create 函数

该函数用于系统中没有学生记录时，新建学生记录。外层循环用于连续输入学生记录，直到输入学号为 0 的时候，返回 pHead；内层循环用于对学号的有效性进行验证，并对学号是否与系统中已有学生记录的学号冲突进行校验。前者通过 CheckNum 函数实现，后者通过 iFlag 标志位实现，一旦发现学号重复，iFlag 标志位置为 1，break 跳出 while 循环，提示用户学号冲突之后，continue 进入内层 while(1)循环的下一轮，继续输入学号，直到输入符合要求的学号，break 跳出内层 while(1)循环。

只有确实输入了有效的学号，才需要创建节点，创建节点采用 malloc 函数在堆区分配一个 Student 结构体大小的空间，将空间地址赋值给 pTemp，向 pTemp 指向的空间中存入姓名、语文、数学、英语成绩，并计算平均成绩，将排名初始化为 0，pTemp－>pNext 赋值为 NULL。输入成绩调用前面介绍的 CheckScore 函数进行有效性验证。

最后将新建立的节点接入链表，如果 pHead 为空，说明链表中没有记录，pTemp 将作为第一个节点，因此 pHead 和 pTail 都赋值为 pTemp；否则，将 pTemp 接在 pTail 指向的节点后面，即 pTail－>pNext ＝ pTemp，再将 pTemp 赋值给 pTail。

```
struct Student * Create()
{
    struct Student * pHead = NULL, * pTail = NULL, * pTemp, * pCur;
    int iNum, iFlag;
    while (1)                              /* 用于连续输入学生记录 */
    {
        while (1)    /* 学号有效性验证,直到输入大于 0 并且无重复的学号,或者输入 0 结束 */
        {
            iNum = CheckNum("input student number(input 0 to quit):");
```

```
        if (iNum == 0)                    /* 输入0,退出增加记录功能 */
        {
            printf("Add is over! The new list is:\n");
            Show(pHead);
            return pHead;
        }
        iFlag = 0;                        /* 判断是否重复的标志位 */
        pCur = pHead;
        while (pCur != NULL)
        {
            if (pCur->iNumber == iNum)
            {
                iFlag = 1;                /* 发现有重复学号,标志位置1 */
                break;
            }
            pCur = pCur->pNext;
        }
        if (iFlag == 1)   /* 有重复学号,需要直接进入下一轮内层循环,重新输入学号 */
        {
            printf("number repeat,please input again:\n");
            continue;
        }
        else                              /* 没有重复学号,直接退出内层循环 */
            break;
    }

    /* 只有确实输入了有效的学号,才需要创建节点 */
    pTemp = (struct Student *)malloc(sizeof(struct Student));
    if (pTemp == NULL)
    {
        printf("\nAllocate memory failure\n");
        return NULL;
    }
    /* 给节点的属性赋值 */
    pTemp->iNumber = iNum;
    printf("input student name:");       /* 输入学生姓名 */
    gets(pTemp->acName);
    pTemp->fChinese = CheckScore("input chinese score(0-100):");
    pTemp->fMath = CheckScore("input math score(0-100):");
    pTemp->fEnglish = CheckScore("input english score(0-100):");
    pTemp->fAverage = (pTemp->fChinese + pTemp->fMath + pTemp->fEnglish) / (float)3.0;
    pTemp->iRank = 0;
    pTemp->pNext = NULL;

    if (!pHead)                           /* 接入第一个节点,头指针、尾指针均指向该节点 */
    {
        pHead = pTail = pTemp;
    }
    else                                  /* 接入非第一个节点 */
    {
        pTail->pNext = pTemp;             /* 接在尾指针所指节点之后 */
```

```
            pTail = pTemp;                  /* 尾指针指向新加入节点 */
        }
    }
}
```

(4) Add 函数

该函数和 Create 函数的总体结构类似，也是采用了双层 while(1)死循环，不同之处在于，如果 pHead 为 NULL，则提示用户先新建学生记录，并直接返回，否则才需要执行添加操作，先通过 pHead 遍历链表，找到 pTail，一旦生成了一个有效的新节点指针 pTemp，直接让 pTail－＞pNext 指向新节点并更新 pTail 为 pTemp 就行了，具体添加记录的过程不再赘述。

```
void Add(struct Student * pHead)
{
    struct Student * pCur, * pTail,  * pTemp;
    int iNum, iFlag;

    if (pHead == NULL)
    {
        printf("\nNo student record! Please create first!\n");
        return;
    }
    /* 获得链表尾指针 */
    pCur = pHead;
    while (pCur -> pNext != NULL)
        pCur = pCur -> pNext;                /* 移动到下一个节点 */
    pTail = pCur;

    while (1)          /* 可以连续录入多条学生记录，直到输入学号为 0 的记录，返回主调函数 */
    {
        while (1)      /* 学号有效性验证，直到输入大于 0 并且无重复的学号，或者输入 0 返回 */
        {
            iNum = CheckNum("input student number(input 0 to quit):");
            if (iNum == 0)                   /* 输入 0，退出增加记录功能 */
            {
                printf("Add is over! The new list is:\n");
                Show(pHead);
                return;
            }
            iFlag = 0;                       /* 判断是否重复的标志位 */
            pCur = pHead;
            while (pCur != NULL)
            {
                if (pCur -> iNumber == iNum)
                {
                    iFlag = 1;               /* 发现有重复学号，标志位置 1 */
                    break;
                }
                pCur = pCur -> pNext;
            }
            if (iFlag == 1)
                      /* 有重复学号，需要直接进入下一轮内层 while(1)循环，重新输入学号 */
```

```
            {
                printf("number repeat,please input again:\n");
                continue;
            }
            else    /*没有重复学号,直接退出内层 while(1)循环,继续录入该学生其他信息*/
                break;
        }
        /*只有确实输入了有效的学号,才需要创建节点*/
        pTemp = (struct Student *)malloc(sizeof(struct Student));
        if (pTemp == NULL)
        {
            printf("\nallocate memory failure\n");
            return;
        }
        /*给节点的属性赋值*/
        pTemp->iNumber = iNum;              /*输入学生学号*/
        printf("input student name:");      /*输入学生姓名*/
        gets(pTemp->acName);
        pTemp->fChinese = CheckScore("input chinese score(0-100):");
        pTemp->fMath = CheckScore("input math score(0-100):");
        pTemp->fEnglish = CheckScore("input english score(0-100):");
        pTemp->fAverage = (pTemp->fChinese + pTemp->fMath + pTemp->fEnglish) / (float)3.0;
        pTemp->iRank = 0;
        pTemp->pNext = NULL;

        pTail->pNext = pTemp;               /*将新创建的学生节点链接到尾节点的后面*/
        pTail = pTemp;
    }
}
```

3. 核心界面

新建记录时,连续录入多条学生成绩记录的界面如图 11.4 所示,添加记录时,录入学号重复以及录入成绩不合要求的提醒界面如图 11.5 所示。其中,系统中已经有学号为 2014002 的学生,因此不能重复录入,当把语文成绩 70 分误输入为 700 分时,则提示出错。

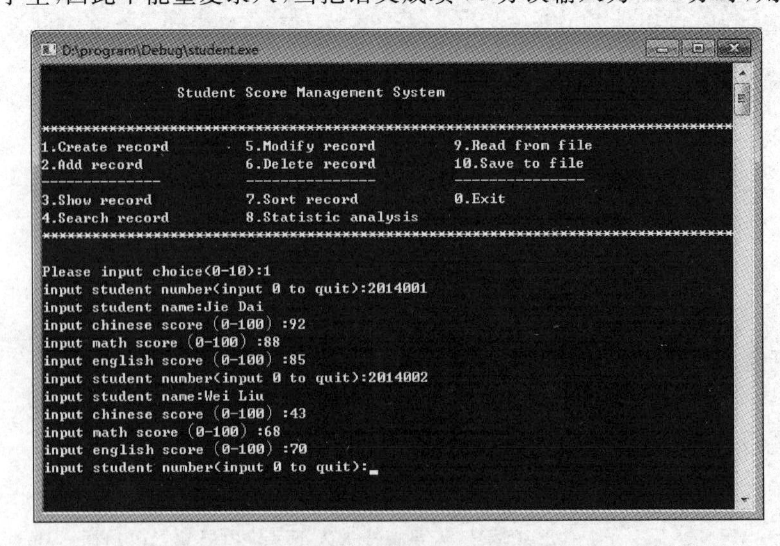

图 11.4 学生成绩信息连续录入界面

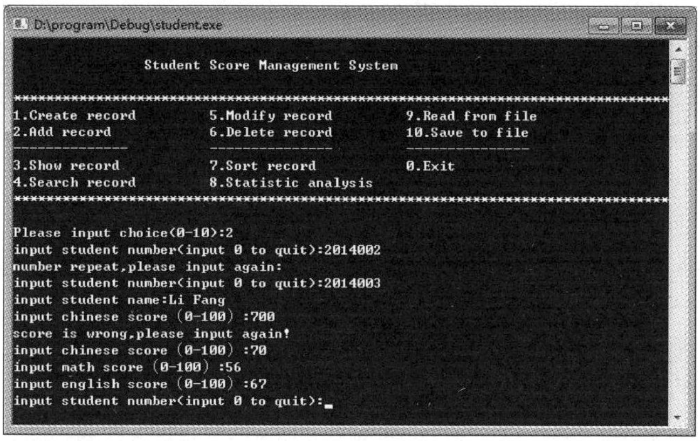

```
D:\program\Debug\student.exe

                    Student Score Management System

********************************************************************************
1.Create record         5.Modify record         9.Read from file
2.Add record            6.Delete record         10.Save to file
---------------         ---------------         ---------------
3.Show record           7.Sort record           0.Exit
4.Search record         8.Statistic analysis
********************************************************************************

Please input choice(0-10):2
input student number(input 0 to quit):2014002
number repeat,please input again:
input student number(input 0 to quit):2014003
input student name:Li Fang
input chinese score (0-100) :700
score is wrong,please input again!
input chinese score (0-100) :70
input math score (0-100) :56
input english score (0-100) :67
input student number(input 0 to quit):_
```

图 11.5　录入学号及成绩不合格提醒界面

11.4.4　学生成绩查询模块

1. 功能设计

在主菜单的界面中输入"3",即可进入查看所有记录模块,通过列表方式详细列出系统中每条记录的所有信息;输入"4"则可以查询某一个学生的成绩信息,用户可以选择通过学号查询或是通过姓名查询,如果查询不到该学生记录,则提示用户,如果能查询到,则显示该学生记录的所有信息。

2. 实现代码

1) 函数声明部分

(1) void ShowHead(int iType);　　　/* 打印排版用表头 */

(2) void ShowLine();　　　/* 打印排版用分割线 */

(3) void Show(struct Student * pHead);　　　/* 显示所有学生记录 */

(4) struct Student * Search(struct Student * pHead);　　　/* 查找学生记录 */

2) 函数实现部分

(1) ShowHead 函数

该函数根据输入的 iType 决定显示带排名还是不带排名的表头。

```
void ShowHead(int iType)
{
    printf("\t\tStudent Score Management System\n");        /* 打印表头 */
    ShowLine();
    if (iType == 1)
    {
        printf("\t|  number  |   name   |Chinese| Math  |English|average|\n");
    }
    else if (iType == 2)
    {
        printf("\t|  number  |   name   |Chinese| Math  |English|average| rank |\n");
    }
    ShowLine();
}
```

(2) ShowLine 函数

由于多个函数中涉及打印分割线，因此将这段代码单独封装出来，供其他函数调用。

```
void ShowLine()
{
    int i;
    for (i = 0; i < 80; i++)
    {
        printf("-");
    }
    printf("\n");
}
```

(3) Show 函数

该函数实现查看所有学生记录的功能。将参数传递进来的 pHead 赋值给 pCur，通过 pCur = pCur->pNext 来遍历整个链表，并显示每一个节点的信息。直到 pCur 为 NULL 退出循环。如果 pHead 为 NULL，则提示用户没有学生记录。

```
void Show(struct Student * pHead)
{
    struct Student * pCur = pHead;
    int i = 0;
    if (pHead == NULL)                    /* 当链表为空时，提示没有学生记录 */
    {
        printf("\n====== No student record!====== \n");
    }
    else
    {
        ShowHead(1);
        do{
            printf("\t|    %-6d|    %-7s|%6.1f |%6.1f |%6.1f |%6.1f |\n", pCur->
iNumber, pCur->acName, pCur->fChinese,
                pCur->fMath, pCur->fEnglish, pCur->fAverage);   /* 将学生数据输入表格 */
            ShowLine();
            pCur = pCur->pNext;           /* 输出下一个节点中的学生数据 */
        } while (pCur != NULL);           /* 指针向后移动直到最后一个节点，用 do-while 结
                                             构将链表中的数据全部输出 */
    }
}
```

(4) Search 函数

该函数实现学生记录的查找功能，如果 pHead 为 NULL，则链表中没有任何记录，无须查找，直接返回。提示用户输入 1 按照学号查找，输入 2 按照姓名查找，查找过程中仍然是借助 pCur 指针遍历整个链表，逐个与输入的学号或者姓名进行比对，一旦相同，则打印当前记录，并返回 pCur。如果遍历一遍之后没有找到相应记录，则 pCur 的值为 NULL，最后返回 pCur 即返回 NULL。姓名的比对，利用 strcmp 函数实现。

```
struct Student * Search(struct Student * pHead)     /* 查找数据 */
{
```

```
    struct Student * pCur = pHead;
    int iNum = 0, iItem = 0, i = 0;
    char acName[10];
    if (pHead == NULL)                            /* 头指针为空,则链表中没有学生数据 */
    {
        printf("\n===== No student record!====== \n");
        return NULL;
    }

    printf("\t1: input the number of student\n\t2: input the name of student\n");
                                                  /* 选择按学号或姓名查找学生数据 */
    printf("Please input your choice:");
    scanf("%d", &iItem);                          /* 输入查找方式 */
    getchar();  /* 接收输入数字后的回车符 */

    switch (iItem)
    {
    case 1:                                       /* 按学号查找学生数据 */
        printf("Please input the number of student:");
        scanf("%d", &iNum);                       /* 输入要查找的学生的学号 */
        while (pCur != NULL)                      /* 当指针指向为空时跳出循环 */
        {
            if (iNum == pCur->iNumber) /* 在链表中查找到相应学生数据时,打印学生数据 */
            {
                ShowHead(1);
                printf("\t|     %-6d|   %-7s|%6.1f |%6.1f |%6.1f |%6.1f |\n", pCur->
iNumber, pCur->acName, pCur->fChinese,
                       pCur->fMath, pCur->fEnglish, (pCur->fChinese + pCur->fMath +
pCur->fEnglish) / 3.0);
                ShowLine();
                return pCur;
            }
            pCur = pCur->pNext;                   /* pCur 指向下一个节点 */
        }
        if (pCur == NULL)                 /* 没有找到相应学生数据时,打印没有此学生数据 */
        {
            printf("The student record is not found!\n");    /* 没有找到相应学生数据时,打
                                                                 印没有此学生数据 */
        }
        break;
    case 2:                                       /* 按姓名查找学生数据 */
        printf("Please input the name of student:");
        gets(acName);                             /* 输入要查找的学生姓名 */
        while (pCur != NULL)                      /* 当指针指向为空时跳出循环 */
        {
            if (strcmp(acName, pCur->acName) == 0)     /* 在链表中查找到相应学生数据时,
                                                          打印学生数据 */
            {
                ShowHead(1);
                printf("\t|     %-6d|   %-7s|%6.1f |%6.1f |%6.1f |%6.1f |\n", pCur->
iNumber, pCur->acName, pCur->fChinese,
```

```
                pCur->fMath, pCur->fEnglish, (pCur->fChinese + pCur->fMath +
pCur->fEnglish) / 3.0);
                ShowLine();
                return pCur;
            }
            pCur = pCur->pNext;                /* pCur 指向下一个节点 */
        }
        if (pCur == NULL)               /* 没有找到相应学生数据时,打印没有此学生数据 */
        {
            printf("The student record is not found!\n");
                                        /* 没有找到相应学生数据时,打印没有此学生数据 */
        }
        break;
    default:
        printf("input wrong number\n");
    }
    return pCur;
}
```

3. 核心界面

查看所有学生记录时,如果没有记录,则显示提示信息,如图 11.6 所示。否则列表展示所有记录信息,如图 11.7 所示。查找某个学生记录时,如果按照学号查找,如图 11.8 所示,按照姓名查找,如图 11.9 所示。如果找不到学生记录,给出提示信息,如图 11.10 所示。

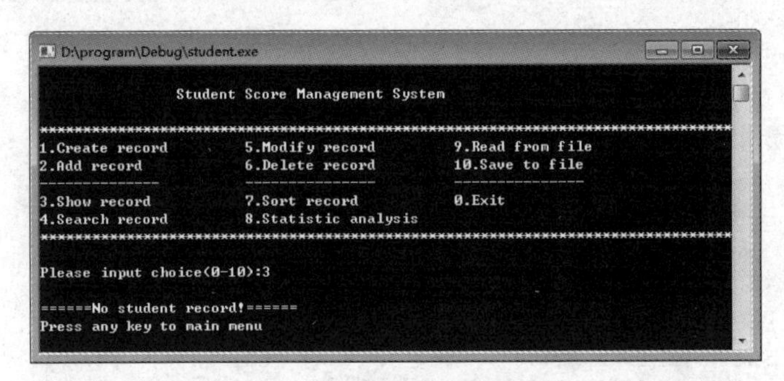

图 11.6　没有记录提醒界面

图 11.7　查看所有记录界面

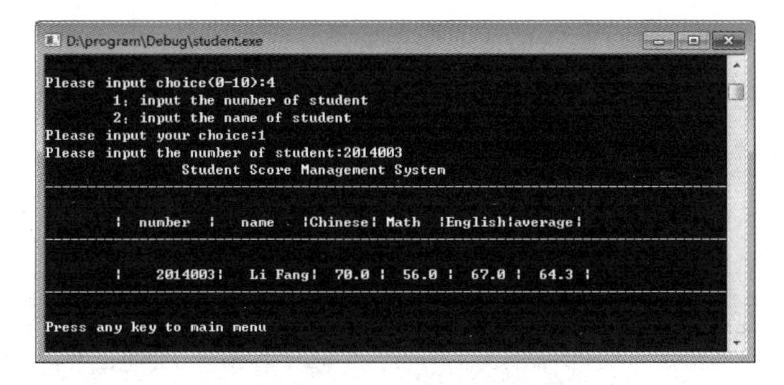

图 11.8　按学号查找学生界面

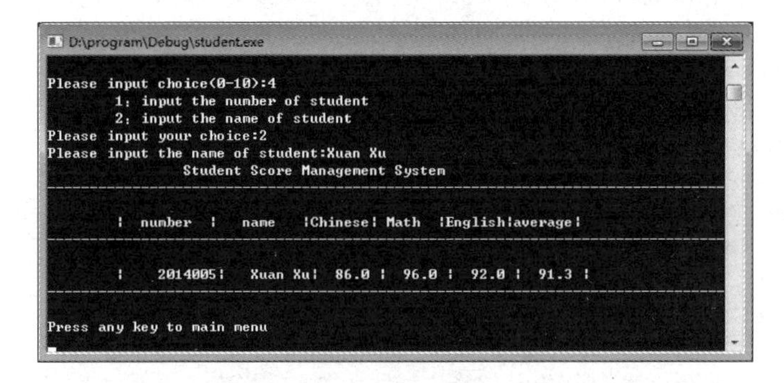


```
D:\program\Debug\student.exe
Please input choice(0-10):4
        1: input the number of student
        2: input the name of student
Please input your choice:1
Please input the number of student:2015001
The student record is not found!
Press any key to main menu
```

图 11.9　按姓名查找学生界面

图 11.10　找不到学生提醒界面

11.4.5　学生成绩维护模块

1. 功能设计

在主菜单的界面中输入“5”，即可进入修改记录模块，输入“6”，即可进入删除记录模块。在修改或者删除之前，要先按照学号或者按照姓名查找链表中有没有相应记录，如果找到再进行修改或者删除。修改成功后，显示被修改记录的新内容，删除成功后，显示系统中剩余记录的列表。

2. 实现代码

1）函数声明部分

(1) void Modify(struct Student ＊pHead)　　/＊更改学生记录＊/

(2) void Delete(struct Student ＊pHead)　　/＊删除学生记录＊/

2）函数实现部分

(1) Modify 函数

该函数首先调用 Search 函数获得要查找的学生记录的地址，存在 pTemp 中，如果

pTemp 不为 NULL,可以进行修改记录的操作。将各项新信息存入 pTemp 指向的节点中,最后打印节点的内容。

```
void Modify(struct Student * pHead)                    /* 更改数据 */
{
    struct Student * pTemp = NULL;
    int i = 0;

    pTemp = Search(pHead);        /* 调用 Search 函数,找到需要更改数据的学生记录的位置 */
    if (pTemp != NULL)                                /* 查找到需要更改数据的学生记录时 */
    {
        printf("\n\tInput the new record!\n");    /* 输入新的学生数据 */

        pTemp -> iNumber = CheckNum("input number(number > 0)");
        printf("input student name:");
        gets(pTemp -> acName);
        pTemp -> fChinese = CheckScore("input chinese score(0 - 100):");
        pTemp -> fMath = CheckScore("input math score(0 - 100):");
        pTemp -> fEnglish = CheckScore("input english score(0 - 100):");

        pTemp -> fAverage = (pTemp -> fChinese + pTemp -> fMath + pTemp -> fEnglish) /
(float)3.0;
        printf("Modify is ok! The new record is:\n");
        ShowHead(1);
        printf("\t|    % - 6d|   % - 7s|%6.1f |%6.1f |%6.1f |%6.1f |\n", pTemp ->
iNumber, pTemp -> acName, pTemp -> fChinese,
            pTemp -> fMath, pTemp -> fEnglish, pTemp -> fAverage);    /* 将更改后的数据打
                                                                       印在表格中 */
        ShowLine();
    }
}
```

(2) Delete 函数

该函数也需要先调用 Search 函数获得要删除的学生记录的地址,存入 pTemp 中,一旦 pTemp 不为 NULL,可以执行删除操作。考虑以下两种情况。

① 要删除的节点是链表首节点:即 pHead == pTemp,只需要执行 pHead = pHead-> pNext 即可将 pHead 指向原链表的第二个节点。

② 要删除的节点不是链表首节点:即 pHead != pTemp,需要将要删除的节点的前后两个节点连接起来,因此,需要借助一个指针变量 pPre 记录 pTemp 之前的一个节点,pCur 用于遍历链表,一旦 pCur 和 pTemp 相等,则可以定位 pPre,再执行 pPre->pNext = pCur->pNext 即可实现删除操作。

最后还要将 pTemp 指向的空间 free 掉,因为链表中的所有节点都是动态内存分配 malloc 开辟出来的堆区空间,只能靠 free 函数进行释放。

```
void Delete(struct Student * pHead)      /* 删除数据 */
{
    struct Student * pTemp = NULL, * pPre = pHead, * pCur = pHead;
    pTemp = Search(pHead);              /* 调用 Search 函数,将需要删除的学生记录查找出来 */
```

```
        if (pTemp != NULL)                  /*查找到需要删除的学生记录时*/
        {
            if (pHead == pTemp)             /*要删除的节点是头指针指向的节点时*/
            {
                pHead = pHead->pNext;       /*将头指针指向链表的第二个节点*/
            }
            else                            /*要删除的节点不是头指针指向的节点时*/
            {
                while (pCur != pTemp)       /*将需要删除的节点的前后两个节点连接起来*/
                {
                    pPre = pCur;
                    pCur = pCur->pNext;
                }
                pPre->pNext = pCur->pNext;
            }
            free(pTemp);
            printf("Delete is ok! The rest student records:\n");
            Show(pHead);                    /*将删除后链表中的数据打印在表格中*/
        }
    }
```

3. 核心界面

修改学生记录前先要按照学号或者姓名进行查找，如果找到则进行新信息的录入，界面上可以看到修改前后该条记录的所有信息，便于对照修改是否正确，图 11.11 对学号为 2014005 的学生记录进行了修改，将英语成绩从 92 改成了 82。删除学生记录前也要先进行查找，界面上可以看到删除之后剩余记录的列表，图 11.12 中删除了学号为 2014002 的学生记录。

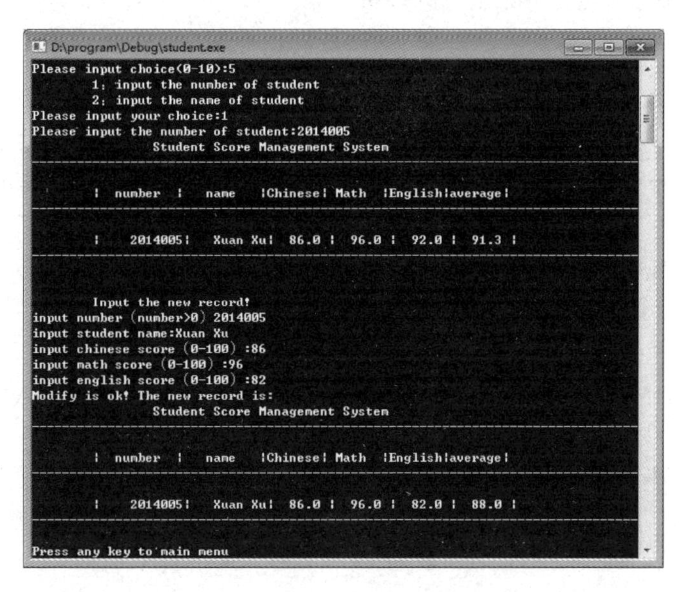

图 11.11　修改学生信息成功界面

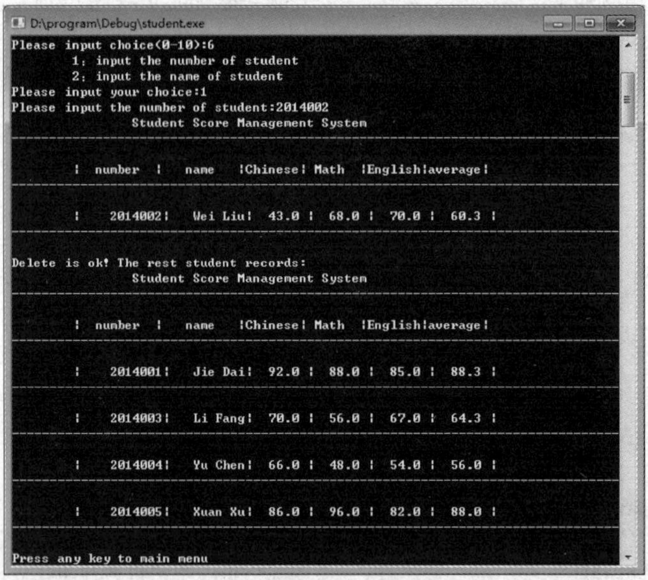

```
D:\program\Debug\student.exe
Please input choice(0-10):6
        1: input the number of student
        2: input the name of student
Please input your choice:1
Please input the number of student:2014002
                 Student Score Management System
---------------------------------------------------------------------------------
         | number  |   name   |Chinese| Math  |English|average|
---------------------------------------------------------------------------------
         |  2014002|   Wei Liu|  43.0 |  68.0 |  70.0 |  60.3 |
---------------------------------------------------------------------------------
Delete is ok! The rest student records:
                 Student Score Management System
---------------------------------------------------------------------------------
         | number  |   name   |Chinese| Math  |English|average|
---------------------------------------------------------------------------------
         |  2014001|   Jie Dai|  92.0 |  88.0 |  85.0 |  88.3 |
---------------------------------------------------------------------------------
         |  2014003|   Li Fang|  70.0 |  56.0 |  67.0 |  64.3 |
---------------------------------------------------------------------------------
         |  2014004|   Yu Chen|  66.0 |  48.0 |  54.0 |  56.0 |
---------------------------------------------------------------------------------
         |  2014005|   Xuan Xu|  86.0 |  96.0 |  82.0 |  88.0 |
---------------------------------------------------------------------------------
Press any key to main menu
```

图 11.12　删除学生信息成功界面

11.4.6　统计与排序模块

1. 功能设计

在主菜单的界面中输入“7”，即可进入排序模块，输入“8”，即可进入统计模块。排序功能可以实现按照学号、姓名、语文成绩、数学成绩、英语成绩或者平均成绩进行排序；统计功能可以实现对每门课程的通过人数、不及格人数、最低分、最高分、平均分，以及所有课程的最低分、最高分、平均分进行详细的统计分析。

2. 实现代码

1）函数声明部分

(1) void ShowSortMenu();　　　　/* 显示排序子菜单 */

(2) void SwapStu(struct Student *pstStu1, struct Student *pstStu2);　　　　/* 交换学生信息 */

(3) void Sort(struct Student *pHead);　　　　/* 排序 */

(4) void Statistics(struct Student *pHead);　　　　/* 统计 */

2）函数实现部分

(1) ShowSortMenu 函数

该函数显示排序选项子菜单，1～6 这 6 个选项分别表示按学号、姓名、语文成绩、数学成绩、英语成绩和平均成绩排序。

```
void ShowSortMenu()
{
    int i;
    for (i = 0; i < 80; i++)
    {
```

```
        printf(" * ");
    }
    printf("1.Sort by student number\t            2.Sort by student name     \n");
    printf("3.Sort by student chinese score\t      4.Sort by student math score\n");
    printf("5.Sort by student english score\t      6.Sort by student average score\n");
    for (i = 0; i < 80; i++)
    {
        printf(" * ");
    }
}
```

(2) SwapStu 函数

该函数实现两个 Student 类型元素的交换,形式参数设置为指针类型,从而实现传地址操作,形参地址和实参地址指向同一段内存空间,交换两个形参地址指向的元素,相当于两个实参地址指向的元素实现了交换。

```
void SwapStu(struct Student * pstStu1, struct Student * pstStu2)
{
    struct Student stTemp;
    stTemp = * pstStu1;
    * pstStu1 = * pstStu2;
    * pstStu2 = stTemp;
}
```

(3) Sort 函数

该函数是本系统相对比较复杂的一个函数,实现对链表的排序功能。首先判断参数 pHead 的值是否为 NULL,如果为 NULL,提示没有学生记录,不能进行排序操作,直接返回。否则,可以进行排序操作。由于链表的每个节点都带一个指针指向下一个节点,直接对链表节点进行比较和交换的排序算法,逻辑相对复杂,因此我们采用的策略是:

① 将链表里的所有节点信息复制到一个动态数组中;

② 利用冒泡排序算法对动态数组进行排序;

③ 将排序完的数据依次复制到链表节点中。

因此,第一步利用 pCur 遍历链表,获得链表节点的个数 iCount,通过 malloc 开辟 iCount * sizeof(struct Student)个字节的连续堆区空间,相当于创建了一个具有 iCount 个 Student 结构体类型元素的动态数组,首地址赋值给 pTemp。之后再利用 pCur 遍历链表,将链表中每个节点的学号、姓名、三门课的成绩和平均成绩复制到动态数组的每个元素中去。这里仅复制了各个节点的数据成员,没有将指针成员进行复制,是为了避免排序算法的交换操作打破原有链表的链接顺序。

调用 ShowSortMenu 函数显示排序操作子菜单,等待用户输入选项 iItem 的值,调用冒泡排序算法进行排序。排序时对动态数组元素的访问方法和对普通数组元素的访问相同,直接用 pTemp[i]表示数组下标为 i 的元素。动态数组元素的交换,通过调用 SwapStu 函数来实现。

排序后在界面上显示排序后带有名次信息的所有学生记录,之前介绍过 Show 函数可以显示所有学生信息,但不包括名次信息,只有排序后,每个节点中的 iRank 值才变得有意义。

最后,为了实现链表节点的真正排序,还需要将动态数组中每个元素的数据成员依次复制到链表的每个节点中。这样就可以实现在保持原有链表节点链接顺序的基础上,使得链表节点按某个数据成员的值顺序排列。

```
void Sort(struct Student * pHead)            /* 排序 */
{
    struct Student * pCur, * pTemp = NULL; /* pTemp记录动态数组的地址 */
    int i, j, k, iItem = 0, iCount = 0;     /* iCount记录节点数目 */
    if (pHead == NULL)                      /* 链表为空时,打印没有学生数据 */
    {
        printf("\n====== No student record ====== \n");
        return;
    }

    /* 链表不为空时,选择按学号,姓名或各科成绩将学生数据排序 */
    pCur = pHead;
    do{
        iCount++;
        pCur = pCur->pNext;
    } while (pCur != NULL);

    /* 开辟动态数组,将链表中的数据复制到动态数组中 */
    pTemp = (struct Student *)malloc(iCount * sizeof(struct Student));
    pCur = pHead;
    for (i = 0; i < iCount; i++)            /* 仅复制数值部分,原链表pNext指向关系不变 */
    {
        pTemp[i].iNumber = pCur->iNumber;
        strcpy(pTemp[i].acName, pCur->acName);
        pTemp[i].fChinese = pCur->fChinese;
        pTemp[i].fMath = pCur->fMath;
        pTemp[i].fEnglish = pCur->fEnglish;
        pTemp[i].fAverage = pCur->fAverage;
        pCur = pCur->pNext;
    }
    ShowSortMenu();                         /* 显示排序子菜单 */

    printf("Please input your choice:");
    scanf("%d", &iItem);                    /* 输入选项 */
    while (iItem>6 || iItem<1)
    {
        printf("Input number is wrong,please input again");
        scanf("%d", &iItem);                /* 输入选项 */
    }

    /* 冒泡排序算法 */
    for (i = 0; i < iCount - 1; i++)
    {
        for (j = 0; j < iCount - i - 1; j++)
        {
```

```
            switch (iItem)
            {
            case 1:                          /* 按学号由小到大排序 */
                if (pTemp[j].iNumber > pTemp[j + 1].iNumber)
                    SwapStu(pTemp + j, pTemp + j + 1);
                break;
            case 2:                          /* 按姓名排序 */
                if (strcmp(pTemp[j].acName, pTemp[j + 1].acName) > 0)
                    SwapStu(pTemp + j, pTemp + j + 1);
                break;
            case 3:                          /* 按语文成绩由大到小排序 */
                if (pTemp[j].fChinese < pTemp[j + 1].fChinese)
                    SwapStu(pTemp + j, pTemp + j + 1);
                break;
            case 4:                          /* 按数学成绩由大到小排序 */
                if (pTemp[j].fMath < pTemp[j + 1].fMath)
                    SwapStu(pTemp + j, pTemp + j + 1);
                break;
            case 5:                          /* 按英语成绩由大到小排序 */
                if (pTemp[j].fEnglish < pTemp[j + 1].fEnglish)
                    SwapStu(pTemp + j, pTemp + j + 1);
                break;
            case 6:                          /* 按平均成绩由大到小排序 */
                if (pTemp[j].fAverage < pTemp[j + 1].fAverage)
                    SwapStu(pTemp + j, pTemp + j + 1);
                break;
            }
        }
    }

    /* 显示排序后带名次的结果 */
    ShowHead(2);
    for (k = 0; k < iCount; k++)
    {
        pTemp[k].iRank = k + 1;              /* 记录排序后学生的名次 */
        printf("\t|    %-6d|    %-7s|%6.1f |%6.1f |%6.1f |%6.1f |    %-4d|\n",
pTemp[k].iNumber, pTemp[k].acName, pTemp[k].fChinese,
            pTemp[k].fMath, pTemp[k].fEnglish, pTemp[k].fAverage, pTemp[k].iRank);
        ShowLine();
    }

    /* 将动态数组中的数据复制到链表中 */
    pCur = pHead;
    for (i = 0; i < iCount; i++)            /* 仅复制数值部分,原有链表 pNext 指向关系不变 */
    {
        pCur->iNumber = pTemp[i].iNumber;
        strcpy(pCur->acName, pTemp[i].acName);
        pCur->fChinese = pTemp[i].fChinese;
        pCur->fMath = pTemp[i].fMath;
        pCur->fEnglish = pTemp[i].fEnglish;
        pCur->fAverage = pTemp[i].fAverage;
```

```
            pCur = pCur->pNext;
        }
    }
```

(4) Statistics函数

该函数实现统计功能。定义了一个整型数组aiPass[]存放三门课程通过人数,定义了4个浮点型数据afMax[],afMin[],afAve[],afSum[]分别存放三门课程的最低分、最高分、平均分和总分,iMax和iMin分别记录平均成绩的最高分和最低分。

pHead为NULL,直接返回。否则用打擂法查找各科的最高分和最低分,以及所有学生平均成绩的最高分和最低分。打擂法是求最大值或者最小值的一个常规算法,其基本思想是先设置一个擂主,让每个记录中的成绩值与擂主进行大小比较,一旦大于或者小于擂主,则进行擂主的替换。

```
void Statistics(struct Student *pHead)      /*统计数据*/
{
    int iCount = 0;                          /*iCount记录总人数*/
    int aiPass[3] = { 0 };
    float afMax[3] = { 0.0 }, afMin[3] = { 0.0 }, afAve[3] = { 0.0 }, afSum[3] = { 0.0 };
    float fMax, fMin;                        /*fMax、fMin分别记录最高和最低平均分*/
    struct Student *pCur = pHead;

    if (pHead == NULL)                       /*链表为空时,提示无学生记录*/
    {
        printf("\n====== no student record ======= \n");
        return;
    }

    /*设置擂主*/
    fMax = fMin = pHead->fAverage;
    afMin[0] = afMax[0] = pHead->fChinese;
    afMin[1] = afMax[1] = pHead->fMath;
    afMin[2] = afMax[2] = pHead->fEnglish;

    while (pCur != NULL)                     /*当前节点不为空时,统计各种数据*/
    {
        iCount++;
        afSum[0] += pCur->fChinese;
        afSum[1] += pCur->fMath;
        afSum[2] += pCur->fEnglish;
        if (pCur->fChinese >= 60.0)
            aiPass[0]++;
        if (pCur->fMath >= 60.0)
            aiPass[1]++;
        if (pCur->fEnglish >= 60.0)
            aiPass[2]++;
        if (afMax[0] < pCur->fChinese)       /*查找语文、数学、英语的最高最低分*/
            afMax[0] = pCur->fChinese;
        if (afMin[0] > pCur->fChinese)
```

```
            afMin[0] = pCur->fChinese;
        if (afMax[1] < pCur->fMath)
            afMax[1] = pCur->fMath;
        if (afMin[1] > pCur->fMath)
            afMin[1] = pCur->fMath;
        if (afMax[2] < pCur->fEnglish)
            afMax[2] = pCur->fEnglish;
        if (afMin[2] > pCur->fEnglish)
            afMin[2] = pCur->fEnglish;
        if (fMax < pCur->fAverage )            /* 用打擂法查找最高最低分 */
            fMax = pCur->fAverage;
        if (fMin > pCur->fAverage)
            fMin = pCur->fAverage;
        pCur = pCur->pNext;                    /* 指向下一个节点 */
    }
    afAve[0] = afSum[0] / iCount;              /* 计算各科平均分 */
    afAve[1] = afSum[1] / iCount;
    afAve[2] = afSum[2] / iCount;

    printf("The total number of student records is: %d\n", iCount);  /* 记录的学生人数 */

    printf("============ Statistic result of Chinese Exam ============\n");
    printf("pass number: %d\n", aiPass[0]);                     /* 通过语文考试的人数 */
    printf("fail number: %d\n", iCount - aiPass[0]);            /* 未通过语文考试的人数 */
    printf("average score: %.2f\n", afAve[0]);                  /* 语文平均分 */
    printf("highest score: %.2f\n", afMax[0]);                  /* 语文最高分 */
    printf("lowest score: %.2f\n", afMin[0]);                   /* 语文最低分 */

    printf("============ Statistic result of Math Exam ==============\n");
    printf("pass number: %d\n", aiPass[1]);                     /* 通过数学考试的人数 */
    printf("fail number: %d\n", iCount - aiPass[1]);            /* 未通过数学考试的人数 */
    printf("average score: %.2f\n", afAve[1]);                  /* 数学平均分 */
    printf("highest score: %.2f\n", afMax[1]);                  /* 数学最高分 */
    printf("lowest score: %.2f\n", afMin[1]);                   /* 数学最低分 */

    printf("============= Statistic result of English Exam ============\n");
    printf("pass number: %d\n", aiPass[2]);                     /* 通过英语考试的人数 */
    printf("fail number: %d\n", iCount - aiPass[2]);            /* 未通过英语考试的人数 */
    printf("average score: %.2f\n", afAve[2]);                  /* 英语平均分 */
    printf("highest score: %.2f\n", afMax[2]);                  /* 英语最高分 */
    printf("lowest score: %.2f\n", afMin[2]);                   /* 英语最低分 */

    printf("============= Other statistic result ============\n");
    printf("average score of three scores: %.2f\n", (afAve[0] + afAve[1] + afAve[2]) / 3.0);
                                                                /* 三科总的平均分 */
    printf("lowest average score of all students: %.2f\n", fMin);     /* 最低平均分 */
    printf("highest average score of all students: %.2f\n", fMax);    /* 最高平均分 */
}
```

3. 核心界面

按照姓名排序和按照平均成绩排序的结果分别如图 11.13 和图 11.14 所示。统计结果如图 11.15 所示。

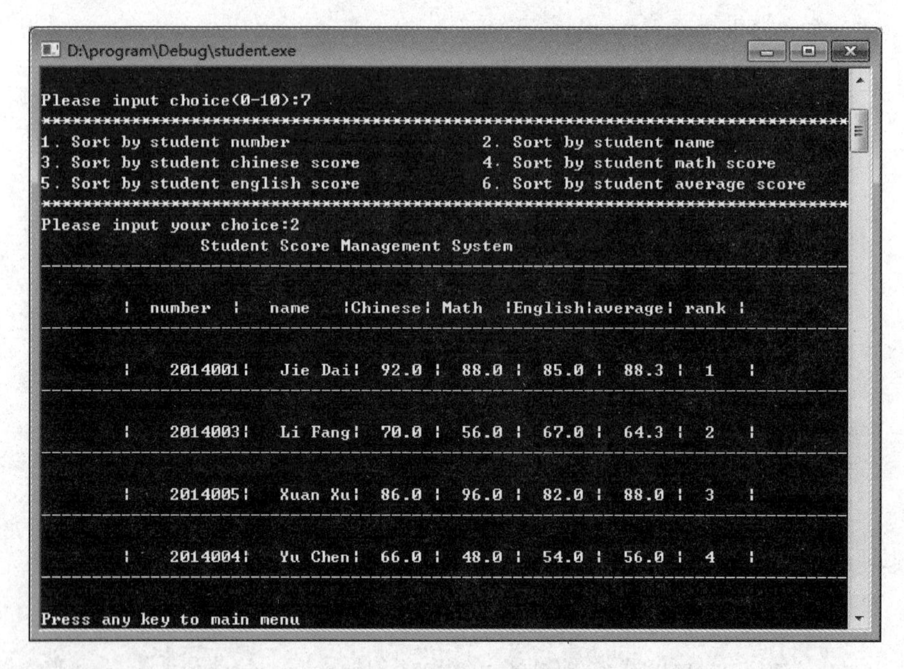

图 11.13　按照姓名排序界面

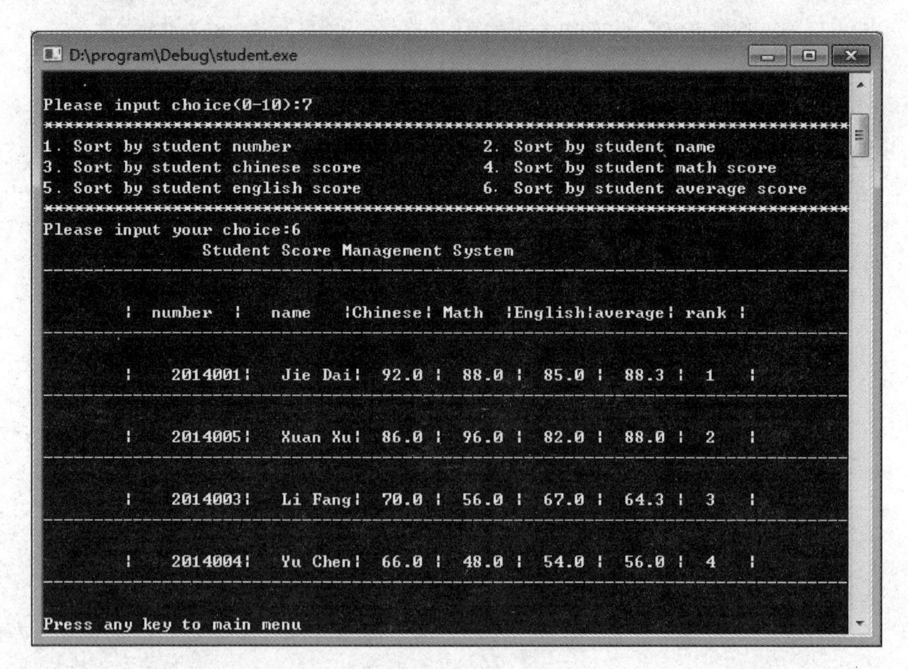

图 11.14　按照平均成绩排序界面

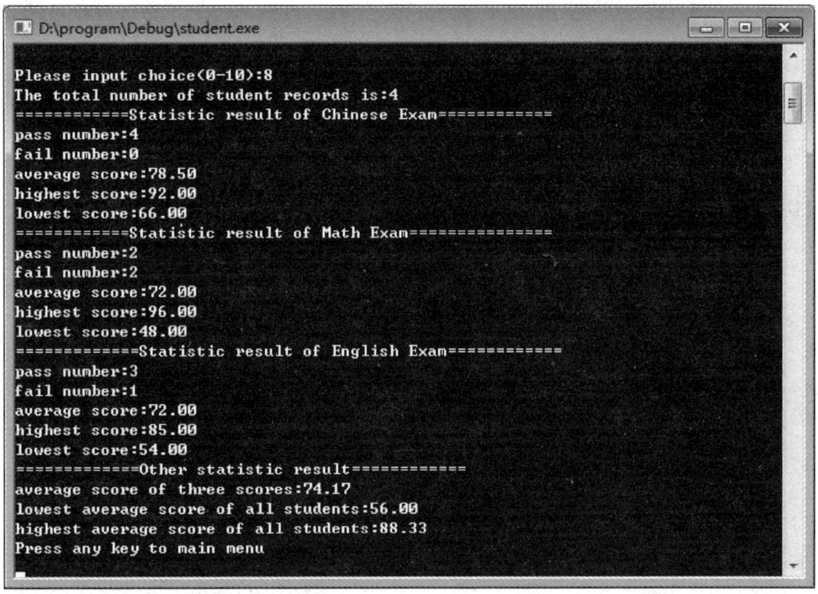

```
D:\program\Debug\student.exe
Please input choice(0-10):8
The total number of student records is:4
============Statistic result of Chinese Exam============
pass number:4
fail number:0
average score:78.50
highest score:92.00
lowest score:66.00
============Statistic result of Math Exam===============
pass number:2
fail number:2
average score:72.00
highest score:96.00
lowest score:48.00
=============Statistic result of English Exam============
pass number:3
fail number:1
average score:72.00
highest score:85.00
lowest score:54.00
=============Other statistic result============
average score of three scores:74.17
lowest average score of all students:56.00
highest average score of all students:88.33
Press any key to main menu
```

图 11.15　统计结果界面

11.4.7　文件存取模块

1. 功能设计

在主菜单的界面中输入“9”,即可进入读取文件模块,输入“10”,进入保存文件模块。读取文件和保存文件时均需要提示用户输入文件名。文件读取成功后,还可以在这些记录的基础上进行增、删、改、查、统计、排序等操作,并能将处理后的记录重新存入文件保存。

2. 实现代码

1) 函数声明部分

(1) struct Student * Read();　　　　/ * 从文件中读取学生记录 * /

(2) void Save(struct Student * pHead);　　　　/ * 保存学生记录到文件 * /

2) 函数实现部分

(1) Read 函数

该函数输入文件名 acFileName 后,即以 rb 方式打开文件,该方式要求文件必须存在,否则打开出错,fread 函数返回 NULL。之后用 malloc 开辟一个 Student 结构体大小的空间用来存储从文件中读出的一个记录,并借助循环逐步构造整个链表。文件中所有记录均读出之后,关闭文件,并且调用 Show 函数显示链表中的元素值,并返回 pHead。

```
struct Student * Read()                          / * 从文件中读取数据 * /
{
    FILE * fp;
    struct Student * pHead = NULL, * pTemp = NULL, * pCur = NULL;
    char acFileName[20];
    printf("input the name of file:");

    gets(acFileName);                            / * 输入文件名 * /
```

```
    if ((fp = fopen(acFileName, "rb")) == NULL)   /* 以读二进制文件方式打开文件 */
    {
        printf("\nCannot open file!\n");
        return NULL;
    }
    pTemp = (struct Student *)malloc(sizeof(struct Student));     /* 开辟空间用来存储从文
                                                                    件中读出的数据 */
    while (fread(pTemp, sizeof(struct Student), 1, fp))
    {
        if (!pHead)                        /* 头指针为空时,将头指针指向刚开辟的节点 */
        {
            pHead = pCur = pTemp;
        }
        else                                      /* 将之后开辟的节点连入链表 */
        {
            pCur->pNext = pTemp;
            pCur = pTemp;
        }
        pTemp = (struct Student *)malloc(sizeof(struct Student));  /* 开辟下一个节点 */
    }
    fclose(fp);                                   /* 关闭文件 */
    Show(pHead);                                  /* 将读出的数据显示在表格中 */
    return pHead;
}
```

(2) Save 函数

该函数将链表中的学生记录逐条保存到文件中,同样要输入文件名,采用 fopen 打开文件、fwrite 写文件和 fclose 关闭文件。循环写的过程中记录 iCount,最后提示用户一共保存了多少个学生记录。

```
void Save(struct Student *pHead)                    /* 保存数据 */
{
    FILE *fp;
    struct Student *pCur = pHead;
    int iCount = 0;                                 /* iCount 记录保存学生数据的数目 */
    char acFileName[20];

    if (pHead == NULL)                              /* 链表为空,不需写入,直接返回 */
    {
        printf("No student record!\n");             /* 当 iCount 为 0 时,说明链表为空 */
        return;
    }
    /* 输入文件名,将链表数据写入文件 */
    printf("input the name of file:");
    gets(acFileName);                               /* 输入文件名 */
    if ((fp = fopen(acFileName, "wb")) == NULL)     /* 以写二进制文件方式打开文件 */
    {
        printf("\nCannot open file, strike any key exit!");
        getchar();                                  /* 按键,显示上一句话 */
        exit(1);                                    /* 结束程序 */
    }
    while (pCur)                        /* 当前节点不为空时,将节点的数据写入文件 */
```

```
    {
        fwrite(pCur, sizeof(struct Student), 1, fp);
        pCur = pCur->pNext;                              /* 指针指向下一个节点 */
        iCount++;
    }
    printf("\n====== Save file complete ======\n"); /* 保存数据结束 */
    printf("====== The number of student records is: %d\n", iCount);  /* 显示保存的数据数目 */
    fclose(fp);                                          /* 关闭文件 */
}
```

3. 核心界面

将链表中的数据保存到 student.txt 中，界面如图 11.16 所示，提示用户一共保存了 4 个记录，之后再将该文件中的数据读出存在内存的链表结构中，如图 11.17 所示。如果读取文件时输入的文件名找不到，则给出提示信息，如图 11.18 所示，找不到 stu.txt 文件。

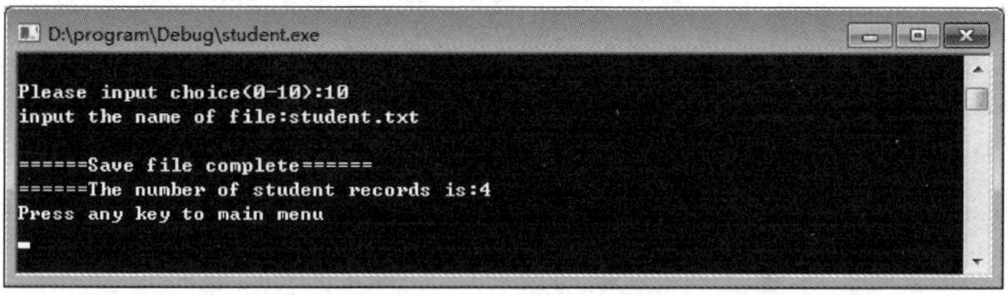

```
D:\program\Debug\student.exe

Please input choice(0-10):10
input the name of file:student.txt

======Save file complete======
======The number of student records is:4
Press any key to main menu
```

图 11.16　保存文件界面

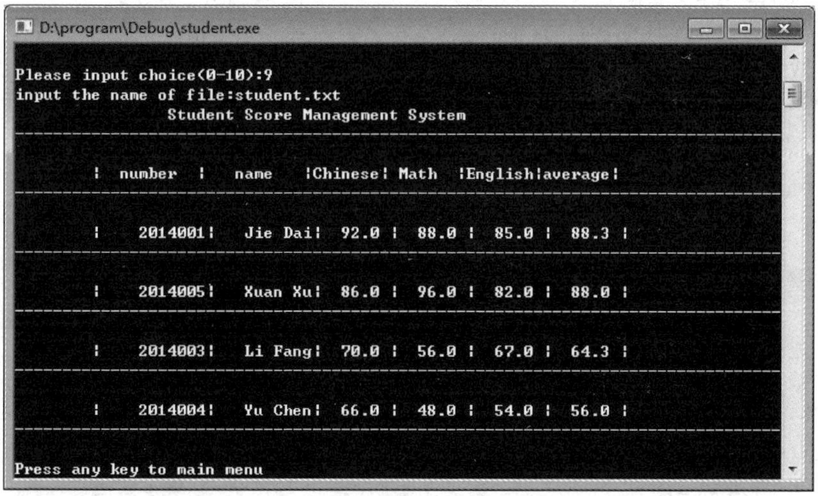

```
D:\program\Debug\student.exe

Please input choice(0-10):9
input the name of file:student.txt
                 Student Score Management System
------------------------------------------------------------------------
        | number  |   name    |Chinese| Math  |English|average|
------------------------------------------------------------------------
        |   2014001|  Jie Dai|  92.0 |  88.0 |  85.0 |  88.3 |
------------------------------------------------------------------------
        |   2014005|  Xuan Xu|  86.0 |  96.0 |  82.0 |  88.0 |
------------------------------------------------------------------------
        |   2014003|  Li Fang|  70.0 |  56.0 |  67.0 |  64.3 |
------------------------------------------------------------------------
        |   2014004|  Yu Chen|  66.0 |  48.0 |  54.0 |  56.0 |
------------------------------------------------------------------------
Press any key to main menu
```

图 11.17　读取文件界面

```
D:\program\Debug\student.exe

Please input choice(0-10):9
input the name of file:stu.txt

Cannot open file!
Press any key to main menu
```

图 11.18　文件不存在提示界面

11.5 系统测试

对各个主要功能模块均进行了详细的功能测试，部分测试用例如表11.1所示，主要关注错误输入值的测试情况。

表11.1 学生成绩管理系统测试用例表

序号	测试项	前提条件	操作步骤	预期结果	测试结果
1	主菜单	进入主界面	输入选项12	提示"Input wrong number, please input again!"	通过
2		进入主界面	输入选项0	退出系统	通过
3	学生成绩录入模块	主菜单选择1	录入学号为a的学生记录	提示"num is wrong, please input again!"	通过
4		主菜单选择1	1. 录入学号为2014002的学生记录 2. 再次录入学号为2014002	提示"number repeat, please input again:"	通过
5		主菜单选择2	1. 录入学号为2014003 2. 录入姓名为Li Fang 3. 录入语文成绩为700	提示"score is wrong, please input again!"	通过
6	学生成绩查询模块	1. 主菜单选择3 2. 首次进入系统	无	提示"No student record!"	通过
7		1. 主菜单选择4 2. 存在学号为2014003的学生记录	1. 输入选项1 2. 输入学号2014003	显示该学生记录	通过
8		1. 主菜单选择4 2. 存在姓名为Xuan Xu的学生记录	1. 输入选项2 2. 输入姓名Xuan Xu	显示该学生记录	通过
9		1. 主菜单选择4 2. 不存在学号为2015001的学生记录	1. 输入选项1 2. 输入学号2015001	提示"The student record is not found!"	通过
10	学生成绩维护模块	1. 主菜单选择5 2. 文件中没有学号为2015001的学生	1. 输入选项1 2. 输入2015001	提示"The student record is not found!"	通过
11		1. 主菜单选择6 2. 文件中没有姓名为"Wang Li"的学生	1. 输入选项2 2. 输入姓名Wang Li	提示"The student record is not found!"	通过
12	排序与统计模块	主菜单选择7	输入选项2	按照姓名排序	通过
13		主菜单选择7	输入选项6	按照平均分排序	通过
14		主菜单选择8	无	显示统计结果	通过
15	文件存取模块	1. 主菜单选择9 2. 当前目录下没有名为stu.txt的文件	输入文件名为stu.txt	"Cannot open file!"	通过
16		1. 主菜单选择10 2. 链表中有4个学生记录	输入文件名为student.txt	提示"Save file complete, The number of student records is:4"	通过

11.6　设计总结

本章开发的学生成绩管理系统，不但实现了学生成绩信息的增、删、改、查等基本功能，而且还实现了成绩的排序和统计等管理功能。此外，可以将学生记录存入任意指定名称的文件中，也可以从用户输入的文件中读取学生记录，并在其基础上进行维护等操作，提高了灵活性。

本章不同于前两章的项目采用数据结构管理数据，而是采用单链表结构管理学生成绩记录，介绍了链表的创建，链表节点的添加、删除、修改和查询，链表的排序和统计，以及链表和文件之间的存取操作。希望读者通过本章的学习，可以深入掌握动态内存分配、结构体、链表、文件的相关知识点。在第 12 章飞机订票系统中，将继续深入学习如何通过链表结构管理数据，实现更加丰富的应用功能。

CHAPTER 12

第 12 章　飞机订票系统

12.1　设计目的

随着社会向高效、快速的趋势发展，人们的出行日益频繁，但人们常常没有多余的时间去购票、退票、改签等。提前去售票处买票，人多又耽误时间，询问售票人员到目的地的飞机票有哪些，时间是几点，票价是多少，是否还有余票等信息，可能不会问得太详细，这样的流程烦琐且容易出错。互联网的发展为人们提供了一个很好的购票渠道，为了免去在窗口排队买票的麻烦，飞机订票系统应运而生。用户通过该系统可以快速，详细地了解需要的信息。本章将学习如何通过链表结构管理数据实现飞机订票系统。

通过本章的学习读者能够掌握：

(1) 如何合理设计不同数据结构来存储航班信息、旅客信息、订票信息等不同数据；

(2) 如何合理设计不同的链表节点来封装不同的实体信息；

(3) 如何合理设计多个链表结构来管理不同实体的若干记录；

(4) 进一步强化学习链表的创建、插入、查找、修改和删除等基本操作；

(5) 进一步强化学习内存中链表数据和外部文件之间的存取操作；

(6) 如何利用 time. h 中的函数获取系统日期时间。

12.2　需求分析

项目的具体任务就是制作一个飞机订票系统。飞机订票系统以用户预订飞机票的一系列流程为主线。可满足如下需求的功能。

(1) 添加机票信息：能够添加机票的航班号、起飞降落时间、目的地、出发地、票价、可订的剩余票数以及折扣信息等。

(2) 查询可预订的机票信息：能够根据用户的具体需求即航班号或目的地查询可订的机票并输出相应的机票信息，支持标准格式输出多条机票信息。

(3) 预订机票并输入个人信息：查询机票后，根据用户的选择，决定是否订票，并输入信息。

(4) 修改机票信息：能修改已经存在的机票信息。

(5) 退票：能够实现退票。

(6) 根据目的地和最早出发时间，系统可以推荐合适的机票信息。

(7) 显示当前时间。

12.3 总体设计

飞机订票系统的功能结构图如图 12.1 所示，主要包括 9 个功能模块，分别介绍如下。

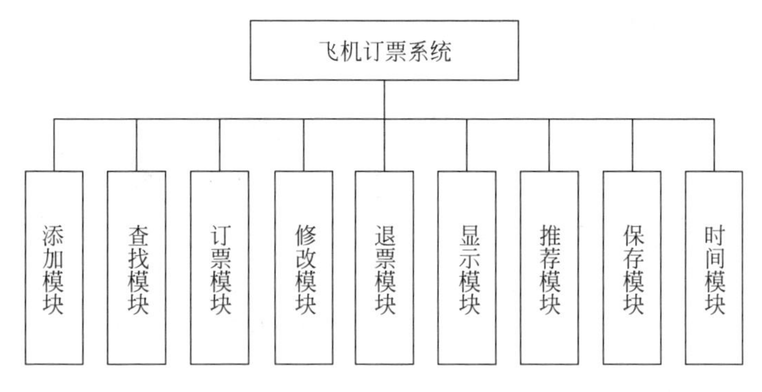

图 12.1　总体设计

(1) 添加模块：可以连续添加多条航班信息，包括航班号、出发城市、到达城市、出发时间、到达时间、票价、折扣信息、票数。如果输入航班号已经存在，则提示用户，如果输入航班号为 -1，则添加操作结束。

(2) 查找模块：用户在订票之前需要先查询满足自己出行需要的机票信息，本功能模块支持按照“航班号”查询和按照“目的地”查询两种方式，用户可以自行选择，如果选择按照“航班号”查询，当用户输入航班号信息之后，如果存在该航班号，则会显示该航班所有信息，如果不存在该航班号，则提示用户；如果用户选择按照“目的地”查询，当用户输入目的地信息之后，如果该目的地的航班存在，则会显示所有符合要求的航班信息，如果不存在，则提示用户。

(3) 订票模块：输入目的地信息，可以输出所有满足该目的地的航班信息，提示用户是否订票，如果用户选择“是”，则需要录入旅客的相关信息，如姓名、身份证号、性别和拟订购的航班号，当用户输入一个航班号之后，提示用户该航班剩余票数，之后提示用户输入订票数量，最后提示用户订票成功。

(4) 修改模块：可以修改航班信息，先输入需要修改的航班号，之后陆续修改该航班的各个字段的数据，最后提示用户修改成功。

(5) 退票模块：能支持用户退票操作，首先输入用户身份证号，之后提示该用户的其他订票信息，包括姓名、性别、订购航班号和订购票数。提示用户是否需要退票，当用户选择

“是”,实现退票功能,相应航班的剩余票数自动加上退票的数量。

(6) 显示模块:显示模块可以展示所有航班信息,供旅客查看选择。

(7) 推荐模块:推荐模块的功能是根据旅客输入的目的地信息和最早出发时间,向旅客推荐满足要求的航班信息,帮助旅客快速搜索符合时间要求的航班。

(8) 保存模块:能将航班信息和旅客订票信息保存到磁盘文件中,再次启动系统时,则可以自动读取文件中的航班信息和旅客订票信息。

(9) 时间模块:预订机票需要预留好办理登记手续的时间,因此及时掌握当前时间,对选择合适的航班起到了重要的作用,本系统支持实时查询当前时间的功能。

12.4 详细设计与实现

12.4.1 预处理及数据结构

1. 头文件

该系统涉及字符串、时间等函数,共涉及5个头文件,其中,conio.h并不是C标准库中的文件,conio.h是Console Input/Output(控制台输入输出)的简写,其中定义了通过控制台进行数据输入和输出的函数,主要是一些用户通过按键产生的对应操作,比如getch()函数等。

```
#include <stdio.h>                    /* 标准输入输出函数库 */
#include <stdlib.h>                   /* 标准函数库 */
#include <string.h>                   /* 字符串处理函数库 */
#include <conio.h>                    /* 控制台输入输出函数库 */
#include <time.h>                     /* 时间函数库 */
```

2. 宏定义

飞机订票系统在显示飞机票信息、查询飞机票信息和订票等模块中频繁用到输出表头和输出表中数据的语句,因此在预处理模块中对输出信息做了宏定义,方便程序员编写程序,不用每次都输入过长的相同信息,也减少了出错的几率。相关代码如下。

```
#define HEAD1 "*********************AirplaneTicketBooking*********************\
n"
#define HEAD2 "|Flight|StartCity| Dest City|DepartureTime|ArrivalTime|price|number |\n"
#define HEAD3 "|------|------|------|--------|-------|-------|------|\n"
#define FORMAT "|%-10s|%-10s|%-10s|%-12s|%-10s| %-.2f| %4d|\n"
#define DATA pst->stData.acFlight,pst->stData.acOrigin,pst->stData.acDest,pst->
stData.acTakeOffTime,pst->stData.acReceiveTime,pst->stData.fPrice,pst->stData.iNum
```

3. 结构体

在飞机订票系统中有很多不同类型的数据信息,如飞机票的信息有飞机班次、飞机的始发和目的地、飞机的票价、飞机的时间等,而订票信息还要储存订票人员的信息,如订票人的姓名、身份证号码、性别等。这么多不同类型的信息如果在程序中逐个定义,会降低程序的可读性。因此,在C语言中提供了自定义结构体来解决这类问题。飞机订票系统中结构体类型的自定义相关代码如下。

```
struct AirPlane
{
    char acFlight[10];                    /* 航班号 */
    char acOrigin[10];                    /* 出发地 */
    char acDest[10];                      /* 目的地 */
    char acTakeOffTime[10];               /* 起飞时间 */
    char acReceiveTime[10];               /* 降落时间 */
    float fPrice;                         /* 票价 */
    char acDiscount[4];                   /* 折扣 */
    int iNum;                             /* 剩余票数 */
};

struct Man                                /* 定义购票者信息的结构体 */
{
    char acName[20];                      /* 姓名 */
    char acID[20];                        /* 身份证号 */
    char acSex[20];                       /* 性别 */
    int iBookNum;                         /* 购票数 */
    char acBookFlight[10];                /* 定购航班号 */
};

struct PlaneNode                          /* 定义机票信息节点的结构体 */
{
    struct AirPlane stData;
    struct PlaneNode * pstNext;
};

struct ManNode                            /* 定义订票人信息节点的结构体 */
{
    struct Man stData;
    struct ManNode * pstNext;
};
```

4. 全局变量

本系统涉及一个全局变量：int iSave = 0;。iSave 的功能是作为订票信息成功储存的标志，防止未保存信息就退出程序。

12.4.2　主函数

1. 功能设计

在 C 语言中，执行从主函数开始，调用其他函数后，流程返回到主函数，在主函数中结束整个程序的编写。本系统的主函数主要有两大功能：①保存信息；②菜单选择。

2. 实现代码

1）Menu 函数

该函数用于显示系统主菜单的各个功能选项，并提示用户输入 0～9 之间的数字。

```
void Menu()
{
```

```
    puts("****************************************");
    puts("* Welcome to the airplane tickets booking system *");
    puts("* ------------------------------------- *");
    puts("* choose the following operations(0-9); *");
    puts("* -------------------------------------- *");
    puts("* 1.Insert flights     2.Search flights *");
    puts("* 3.Book tickets       4.Modify flight data *");
    puts("* 5.Show flights       6.Recommend flights *");
    puts("* 7.Refund tickets     8.Show current time *");
    puts("* 9.Save to files      0.quit *");
    puts("***************************************");
}
```

2）主函数

这里应用文件打开功能函数以读写的方式打开一个二进制文件，如若能成功打开文件，则测试文件流是否在结尾，即文件中是否有数据。若文件中没有任何数据，则关闭文件；若文件中有数据，执行循环体中的语句，构造链表，读取该磁盘文件的数据。以下代码打开并测试了两个文件，一是保存飞机票信息的文本文件，二是保存订票人信息的文本文件。根据用户输入的数据，switch 语句判断 iSel 的值找到对应的 case 语句，执行不同的函数调用，函数调用结束后还可以再次调用 Menu()回到主菜单，等待用户重新输入选项。其中，system("cls")用于清屏。

具体代码如下。

```
int main()
{

    FILE *pfPlane, *pfMan;                       /*定义飞机机票信息,订票人信息文件指针*/
    struct PlaneNode *pstPlaneNodeTemp, *pstPlaneNodeHead, *pstPlaneNodeCur;
    struct ManNode *pstManNodeTemp, *pstManNodeHead, *pstManNodeCur;
    int iSel = 0;                                /*用于接受用户对功能的选择*/
    char c1;
/*开辟动态临时空间创建飞机机票信息链表*/
    pstPlaneNodeHead = (struct PlaneNode*)malloc(sizeof(struct PlaneNode));
    pstPlaneNodeHead->pstNext = NULL;
    pstPlaneNodeCur = pstPlaneNodeHead;
/*开辟动态临时空间创建订票人信息链表*/
    pstManNodeHead = (struct ManNode*)malloc(sizeof(struct ManNode));
    pstManNodeHead->pstNext = NULL;
    pstManNodeCur = pstManNodeHead;
    pfPlane = fopen("plane.txt", "ab+");         /*打开机票信息文件*/
    if (pfPlane == NULL)                         /*判断是否打开成功*/
    {
        printf("can't open plane.txt!");
        return 0;
    }

    while (!feof(pfPlane))                       /*循环条件为文件末尾*/
    {
        pstPlaneNodeTemp = (struct PlaneNode*)malloc(sizeof(struct PlaneNode));
```

```
        if (fread(pstPlaneNodeTemp, sizeof(struct PlaneNode), 1, pfPlane) == 1)
/* 读一条机票信息 */
        {
            pstPlaneNodeTemp->pstNext = NULL;
            pstPlaneNodeCur->pstNext = pstPlaneNodeTemp;
            pstPlaneNodeCur = pstPlaneNodeTemp;
        }
    }
    free(pstPlaneNodeTemp);                          /* 释放临时指针 */
    fclose(pfPlane);                                 /* 关闭文件 */
    pfMan = fopen("man.txt", "rb+");                 /* 打开订票人信息文件 */
    if (pfMan == NULL)                               /* 判断是否打开成功 */
    {
        printf("can't open man.txt!");
        return 0;
    }

    while (!feof(pfMan))
    {                                                /* 开辟动态空间建立链表 */
        pstManNodeTemp = (struct ManNode *)malloc(sizeof(struct ManNode));
        if (fread(pstPlaneNodeHead, sizeof(struct ManNode), 1, pfMan) == 1)
        {
            pstManNodeTemp->pstNext = NULL;
            pstManNodeCur->pstNext = pstManNodeTemp;
            pstManNodeCur = pstManNodeTemp;
        }
    }
    free(pstManNodeTemp);                            /* 释放临时指针 */
    fclose(pfMan);                                   /* 关闭文件 */
    while (1)                                        /* 进入循环 */
    {
        system("cls");                               /* 系统清屏 */
        Menu();
        printf("Input 0-9 operations:");
        scanf("%d", &iSel);
        getchar();                                   /* 取走数字后面多余的回车符 */
        system("cls");
        if (iSel == 0)
        {
            if (iSave == 1)                          /* 判断信息是否已经保存 */
            {
                printf("do you want to save?<y/n>");
                scanf("%c", &c1);
                if (c1 == 'y' || c1 == 'Y')
                {
                    SaveMan(pstManNodeHead);         /* 保存订票人信息 */
                    SavePlane(pstPlaneNodeHead);     /* 保存机票信息 */
                }

            }
            break;
```

```
        }
        switch (iSel)                                /* 根据用户对功能的选择进入不同功能 */
        {
        case 1:Insert(pstPlaneNodeHead); break;
        case 2: Search(pstPlaneNodeHead); break;
        case 3: Book(pstManNodeHead, pstPlaneNodeHead); break;
        case 4:Modify(pstPlaneNodeHead); break;
        case 5:Show(pstPlaneNodeHead); break;
        case 6:Recommend(pstPlaneNodeHead); break;
        case 7:Refund(pstManNodeHead,pstPlaneNodeHead); break;
        case 8:NowTime(); break;
        case 9:SaveMan(pstManNodeHead); SavePlane(pstPlaneNodeHead); break;
        case 0:return 0;
        }
        printf("\nplease press any key to continue...\n");
        getch();
    }
}
```

3. 核心界面

系统主界面如图 12.2 所示。

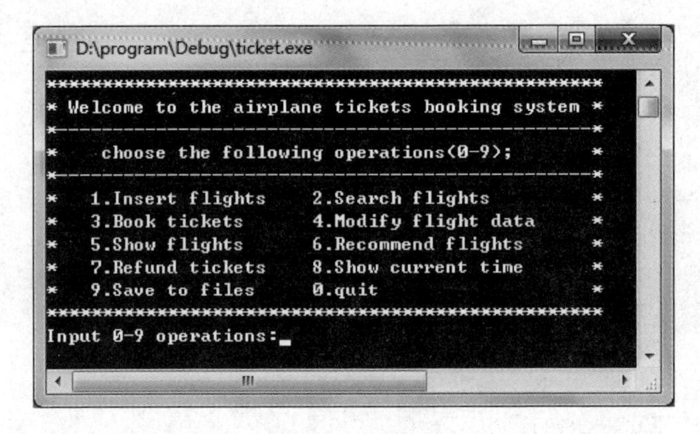

图 12.2 主界面

12.4.3 添加模块

1. 功能设计

添加飞机票信息模块用于对飞机班次，始发地，目的地，起飞时间，降落时间，票价，折扣以及所剩票数等信息的输入与保存。

2. 关键算法

插入机票流程如图 12.3 所示。

输入飞机票信息模块中为了避免添加的班次重复，采用比较函数判断班次是否已经存在，若不存在，则将插入的信息根据提示输入，插入到链表中，由于飞机班次并不像学生的学号有先后顺序，故不需要顺序插入。

3. 实现代码

本功能主要利用添加机票函数，该函数利用链表头指针作为参数，通过添加各种机票信息后，利用指针将节点添加在已知链表中。strcmp()比较函数的作用是比较字符串 1 和字符串 2，即对两个字符串自左至右逐个字符按照 ASCII 的值的大小进行比较，直至出现相同的字符或遇到'\0'为止，具体代码如下。

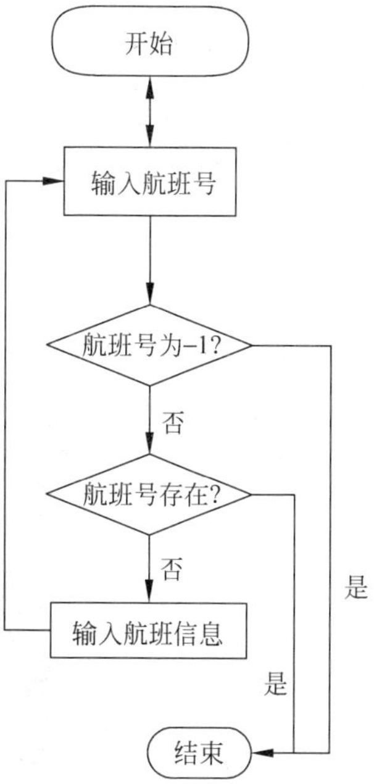

图 12.3　插入机票流程

```
void Insert(struct PlaneNode * pstPlaneNodeHead)
{
    struct PlaneNode *pstHead, *pstTail, *pstCur, *pstNew;
    char acFlight[10];
    pstHead = pstTail = pstPlaneNodeHead;
    while (pstTail->pstNext != NULL)
    {
        pstTail = pstTail->pstNext; /* 让 ptail 指向最后一个节点 */
    }
    while (1)
    {
        printf("Input the new flight number(-1 to end):");
        scanf("%s", acFlight);
        if (strcmp(acFlight, "-1") == 0)
            break;
        pstCur = pstPlaneNodeHead->pstNext;
        while (pstCur != NULL)
        {
            if (strcmp(acFlight, pstCur->stData.acFlight) == 0)
            {
                printf("this flight %s exists!\n", acFlight);
                return;                         /* 如果航班号已存在,则返回 */
            }
            pstCur = pstCur->pstNext;
        }
        /* 如果航班号没有和现有记录中的航班号重复,则新建一个链表节点 */
        pstNew = (struct PlaneNode *)malloc(sizeof(struct PlaneNode));
        strcpy(pstNew->stData.acFlight, acFlight);
        printf("Input the Start City:\n");
        scanf("%s", pstNew->stData.acOrigin);
        printf("Input the Dest City:\n");
        scanf("%s", pstNew->stData.acDest);
        printf("Input the Departure Time (Format 00:00):\n");
        scanf("%s", pstNew->stData.acTakeOffTime);
        printf("Input the Arrival Time (Format 00:00):\n");
        scanf("%s", pstNew->stData.acReceiveTime);
        printf("Input the price of ticket:\n");
        scanf("%f", &pstNew->stData.fPrice);
        printf("Input the discount (Format 0.0):\n");
        scanf("%s", pstNew->stData.acDiscount);
```

```
        printf("Input the number of the tickets:\n");
        scanf("%d", &pstNew->stData.iNum);
        pstNew->pstNext = NULL;
        pstTail->pstNext = pstNew;
        pstTail = pstNew;
        iSave = 1;          /*有新的航班信息,保存标志置为1,若退出需提示是否保存信息*/
    }
}
```

4. 核心界面

添加机票的界面如图12.4所示。

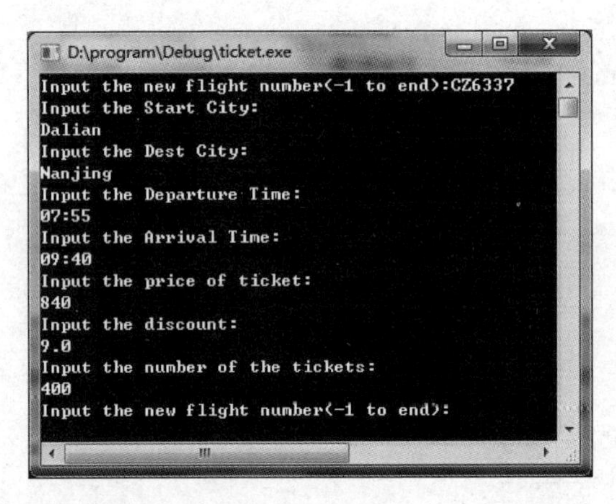

图12.4 添加机票

12.4.4 查找模块

1. 功能设计

查找模块主要用于根据输入的飞机班次或到达城市来进行查找,了解航班的信息。该模块提供了两种查询方式:一是根据飞机班次查询,二是根据到达城市查询。

2. 实现代码

1) PrintHead()函数

该函数用于分别打印HEAD1、HEAD2和HEAD3三个表头。

```
void PrintHead()
{
    printf(HEAD1);
    printf(HEAD2);
    printf(HEAD3);
}
```

2) PrintData()函数

该函数用于打印航班结构体指针指向的航班节点各个字段的信息。

```
void PrintData(struct PlaneNode *stLp)
{
    struct PlaneNode *pst = stLp;
```

```
    printf(FORMAT, DATA);
}
```

3) Search()函数

该函数利用指针在链表内移动查询符合条件的节点信息并输出。

```
void Search(struct PlaneNode * pstPlaneNodeHead)
{
    struct PlaneNode *pstPlaneNode;
    int iSel = 0, iCount = 0;
    char acFlight[10], acDest[10];
    pstPlaneNode = pstPlaneNodeHead->pstNext;
    if (pstPlaneNode == NULL)
    {
        printf("No flight record!\n");
        return;
    }
    printf("Choose one way according to:\n1.flight number;\n2.Dest:\n");
    scanf("%d", &iSel);

    if (iSel == 1)
    {
        printf("Input the flight number:");
        scanf("%s", acFlight);
        PrintHead();
        while (pstPlaneNode != NULL)
        {
            if (strcmp(pstPlaneNode->stData.acFlight, acFlight) == 0)
            {
                PrintData(pstPlaneNode);
                break;                        /*由于航班号是唯一的,找到一条即可退出*/
            }
            else
                pstPlaneNode = pstPlaneNode->pstNext;
        }
        /*遍历一遍,均没有中途 break,则提示用户没有记录*/
        if (pstPlaneNode == NULL)
            printf("Sorry, no record!\n");
    }
    else if (iSel == 2)
    {
        printf("Input the Dest City:");
        scanf("%s", acDest);
        PrintHead();
        while (pstPlaneNode != NULL)
        {
            if (strcmp(pstPlaneNode->stData.acDest, acDest) == 0)
            {
                /*由于相同目的地的航班可能是多条,所以需要遍历完整个链表*/
                PrintData(pstPlaneNode);
                iCount++;
```

```
            }
            pstPlaneNode = pstPlaneNode->pstNext;
        }
        if (iCount == 0)/*如果记录数仍为 0,则提示用户没有记录*/
            printf("Sorry, no record!\n");
    }
    else
    {
        printf("Sorry, please input right number:1-2\n");
        return;
    }
}
```

3. 核心界面

查找机票界面如图 12.5 所示。

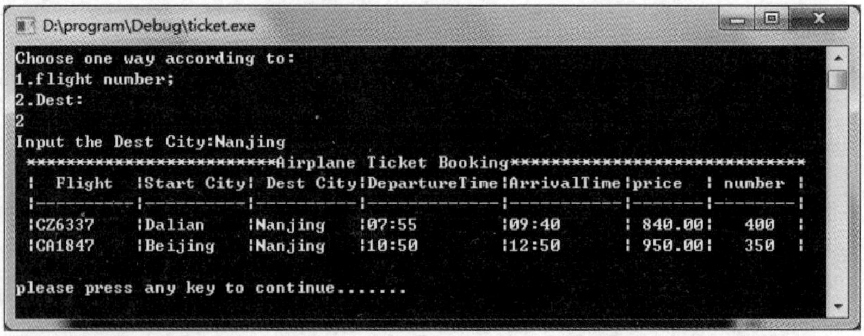

```
D:\program\Debug\ticket.exe
Choose one way according to:
1.flight number;
2.Dest:
2
Input the Dest City:Nanjing
*************************Airplane Ticket Booking****************************
 | Flight  |Start City| Dest City|DepartureTime|ArrivalTime|price  | number |
 |---------|----------|----------|-------------|-----------|-------|--------|
 |CZ6337   |Dalian    |Nanjing   |07:55        |09:40      | 840.00|  400   |
 |CA1847   |Beijing   |Nanjing   |10:50        |12:50      | 950.00|  350   |

please press any key to continue.......
```

图 12.5　按照目的地查找机票界面

12.4.5　订票模块

1. 功能设计

订票模块用于根据用户输入的城市进行查询,在屏幕上显示满足条件的飞机班次信息,从中选择自己想要预订的机票,并根据提示输入个人信息。

2. 实现代码

本模块利用订票函数,以订票人信息链表的头指针和航班链表的头指针作为形参,函数内部定义指向航班信息节点的临时指针和指针数组用来存储符合条件的机票的地址以便输出。通过目的地或航班号作为条件通过链表节点的查找功能找到机票信息调用 PrintData()函数输出符合条件的机票信息供用户选择,之后确认订票,输入用户信息包括 id,性别,姓名以及预订票数等信息,最后系统将订票人信息和修改剩余票数后的航班信息保存到文件中。

具体代码如下。

```
void Book(struct ManNode * pstManNodeHead, struct PlaneNode * pstPlaneNodeHead)
{
    struct PlaneNode *pstPlaneNodeCur, *astPlaneNode[10];  /*定义临时指针和指针数组*/
    struct ManNode *pstManNodeCur, *pstManNodeTemp = 0;
    char acDest[10], acID[20], acName[20], acSex[2], acDecision[2], acFlight[10];
    /*iNum 表示预订票数,iRecord 记录符合要求的航班数*/
```

```
int iNum = 0, iRecord = 0, k = 0, iFlag = 0;
pstManNodeCur = pstManNodeHead;                    /* 接收订票人信息链表的头指针 */
while (pstManNodeCur -> pstNext != NULL)
    pstManNodeCur = pstManNodeCur -> pstNext;
printf("Input the Dest City:\n");
scanf("%s", acDest);                                /* 输入目的地 */
pstPlaneNodeCur = pstPlaneNodeHead -> pstNext;
while (pstPlaneNodeCur != NULL)                     /* 循环条件为链表不为空 */
{
    if (strcmp(pstPlaneNodeCur -> stData.acDest, acDest) == 0)      /* 比较目的地 */
    {
        astPlaneNode[iRecord++] = pstPlaneNodeCur;
                                        /* 目的地吻合的节点地址存到指针数组中 */
    }
    pstPlaneNodeCur = pstPlaneNodeCur -> pstNext;   /* 指针后移 */
}
printf("\nthere are %d flight you can choose!\n", iRecord);
PrintHead();                                        /* 输出表头 */
for (k = 0; k < iRecord; k++)           /* 循环输出指针数组中的指针指向的航班信息 */
    PrintData(astPlaneNode[k]);
if (iRecord == 0)                       /* 若记录为 0,表示没有符合条件的航班 */
    printf("sorry,no flight you can book!\n");
else
{
    printf("do you want to book it<y(Y)/n(N)>?\n");    /* 提示用户是否预订 */
    scanf("%s", acDecision);
    getchar();          /* 提取回车符,否则下面输入姓名的 gets 函数将获得一个回车符 */
    if (strcmp(acDecision, "y") == 0 || strcmp(acDecision, "Y") == 0)
    {
        printf("Input your information!\n");          /* 输入订票的详细信息 */
        pstManNodeTemp = (struct ManNode *)malloc(sizeof(struct ManNode));
        printf("Input your name:");
        /* 由于姓和名中间会有空格,只能用 gets 函数,不能用 scanf 结合 %s */
        gets(acName);
        strcpy(pstManNodeTemp -> stData.acName, acName);
        printf("Input your id:");
        scanf("%s", acID);
        strcpy(pstManNodeTemp -> stData.acID, acID);
        printf("Input your sex (M/F):");
        scanf("%s", acSex);
        strcpy(pstManNodeTemp -> stData.acSex, acSex);
        printf("Input the flight number:");
        scanf("%s", acFlight);
        strcpy(pstManNodeTemp -> stData.acBookFlight, acFlight);
        for (k = 0; k < iRecord; k++)
        if (strcmp(astPlaneNode[k] -> stData.acFlight, acFlight) == 0)
        {
            if (astPlaneNode[k] -> stData.iNum < 1)     /* 判断是否有剩余的票 */
            {
                printf("no ticket!");
                return;
```

```
                }
                printf("remain %d tickets\n", astPlaneNode[k]->stData.iNum);
                iFlag = 1;
                break;
            }
            if (iFlag == 0)
            {
                printf("error");
                return;
            }
            printf("Input the book number:");
            scanf("%d", &iNum);                /* 输入预订的票数,剩余票数相应减少 */
            astPlaneNode[k]->stData.iNum = astPlaneNode[k]->stData.iNum - iNum;
            pstManNodeTemp->stData.iBookNum = iNum;
            pstManNodeCur->pstNext = pstManNodeTemp;
            pstManNodeTemp->pstNext = NULL;
            pstManNodeCur = pstManNodeTemp;
            printf("success!\n");
            iSave = 1;
        }
    }
}
```

3. 核心界面

具体运行界面如图 12.6 所示,上半部分为符合条件的机票,下半部分为订票人信息。

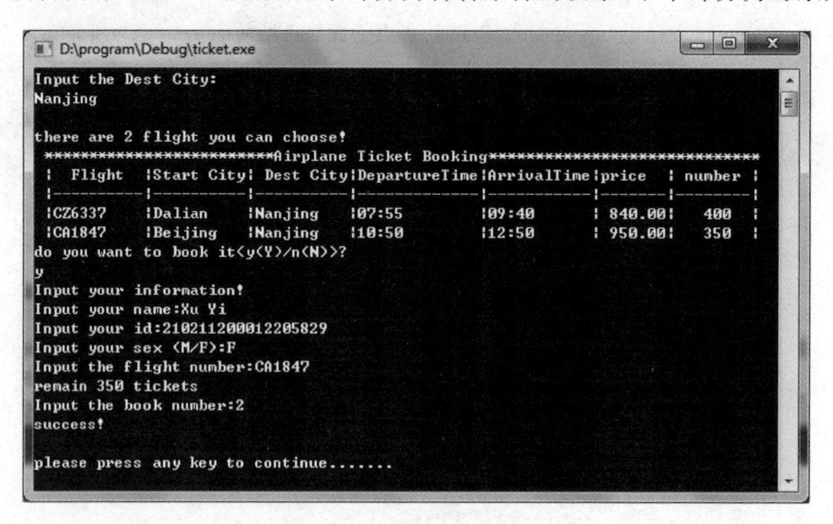

图 12.6 预订机票界面

12.4.6 修改模块

1. 功能设计

修改模块应用于对已添加的飞机班次、时间、地点、票价等信息的修改,如图 12.7 所示。

2. 实现代码

修改航班信息函数主要功能是检索到已有航班并进行修改。函数以航班信息链表头指针为形式参数，建立临时指针接收头指针。函数首先检验是否存在机票即检验是否为空链表，之后通过循环操作遍历链表，运用 strcmp()比较航班号是否一致，找到之后根据系统提示输入新的机票信息，若没找到则输出提示信息。

具体代码：

```
void Modify(struct PlaneNode * pstPlaneNodeHead)
{
    struct PlaneNode * pstPlaneNodeCur;                    /* 定义临时指针 */
    char acFlight[10];
    pstPlaneNodeCur = pstPlaneNodeHead->pstNext;           /* 接收头指针 */
    if (pstPlaneNodeCur == NULL)                           /* 检验链表是否为空 */
    {
        printf("no flight to modify!\n");
        return;
    }
    else
    {
        printf("Input the flight number you want to modify:");  /* 输入要修改机票航班号 */
        scanf("%s", acFlight);
        while (pstPlaneNodeCur != NULL)                    /* 循环条件为指针不为空 */
        {
            if (strcmp(pstPlaneNodeCur->stData.acFlight, acFlight) == 0)
                                                           /* 比较航班号 */
                break;
            else
                pstPlaneNodeCur = pstPlaneNodeCur->pstNext;        /* 指针后移 */
        }
        if (pstPlaneNodeCur)                               /* 找到相关机票 */
        {                                                  /* 输入新的机票信息 */
            printf("Input new Start City:\n");
            scanf("%s", pstPlaneNodeCur->stData.acOrigin);
            printf("Input new DestCity:\n");
            scanf("%s", pstPlaneNodeCur->stData.acDest);
            printf("Input new Departure Time:\n");
            scanf("%s", pstPlaneNodeCur->stData.acTakeOffTime);
            printf("Input new Arrival Time:\n");
            scanf("%s", pstPlaneNodeCur->stData.acReceiveTime);
            printf("Input new price of ticket:\n");
            scanf("%f", &pstPlaneNodeCur->stData.fPrice);
            printf("Input new discount:\n");
            scanf("%s", pstPlaneNodeCur->stData.acDiscount);
            printf("Input new number of the tickets:\n");
            scanf("%d", &pstPlaneNodeCur->stData.iNum);
            printf("successful!\n");
            iSave = 1;
            return;
        }
```

```
        else                                              /* 若没找到则输出提示信息 */
            printf("\tcan't find your ticket!\n");
    }
}
```

3. 核心界面

修改机票功能界面如图 12.7 所示。

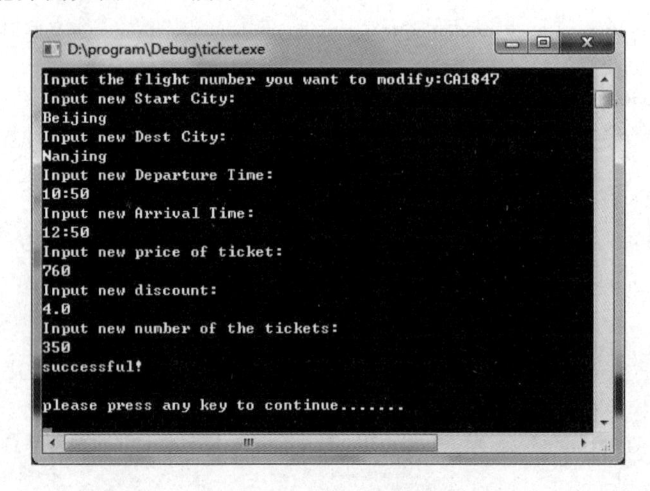

图 12.7　修改机票界面

12.4.7　退票模块

1. 功能设计

退票模块主要用于用户对已经预订的飞机票进行退票。

2. 实现代码

1) FindMan()函数

FindMan()函数以订票人信息链表头指针和 id 号为参数，函数内部定义临时指针接收头指针，之后运用循环语句遍历链表找到 id 号相同的订票人记录。函数的返回值为 struct ManNode * 型。

具体代码：

```
struct ManNode *FindMan(struct ManNode* pstManNodeHead, char acID[20])
{
    struct ManNode *pstManNodeCur;
    pstManNodeCur = pstManNodeHead->pstNext;
    while (pstManNodeCur)                                /* 循环遍历链表 */
    {
        if (strcmp(pstManNodeCur->stData.acID, acID) == 0)
            return pstManNodeCur;                        /* 返回符合的订票记录的地址 */
        pstManNodeCur = pstManNodeCur->pstNext;          /* 指针后移 */
    }
    return NULL;
}
```

2）FindPlane()函数

该函数实现过程与 FindMan()函数类似，不再赘述。

3）Refund()函数

Refund()函数以订票人信息链表和航班链表的头指针为形式参数，函数中定义临时指针接收头指针，根据用户输入的 id 号来调用 FindMan()函数查找链表中符合条件的订票信息，若找到后则输出订票的详细信息，之后提示用户是否决定退票，若决定退票，则对链表节点进行操作，删除节点，最终保存信息。

具体代码：

```
void Refund(struct ManNode * pstManNodeHead, struct PlaneNode * pstPlaneNodeHead)
{
    struct ManNode * pstManNodeCur, * pstManNodeFind = 0;
    struct PlaneNode * pstPlaneNodeFind = 0;
    char acID[20], acDecision[2];
    int iNum, iBookNum;

    printf("\nInput your ID:");
    scanf("%s", acID);
    pstManNodeFind = FindMan(pstManNodeHead, acID);
    if (pstManNodeFind == NULL)
        printf("can't find!\n");
    else                                                  /* 找到了相应的旅客订票信息 */
    {
        printf("\t\this is your tickets:\n");
        printf("id number: %s\n", pstManNodeFind->stData.acID);
        printf("name: %s\n", pstManNodeFind->stData.acName);
        printf("sex: %s\n", pstManNodeFind->stData.acSex);
        printf("book flight: %s\n",pstManNodeFind->stData.acBookFlight);
        printf("book number: %d\n", pstManNodeFind->stData.iBookNum);

        printf("do you want to cancel it?<y/n>");
        scanf("%s", acDecision);
        if (strcmp(acDecision, "y") == 0 || strcmp(acDecision, "Y") == 0)
        {
            /* 将 pstManNodeCur 定位到指向 pstManNodeFind 前面那个节点 */
            pstManNodeCur = pstManNodeHead;
            while (pstManNodeCur->pstNext != pstManNodeFind)
                pstManNodeCur = pstManNodeCur->pstNext;
            /* 找到该旅客订票信息中对应的航班记录 */
            pstPlaneNodeFind = FindPlane(pstPlaneNodeHead, pstManNodeFind->stData.
acBookFlight);
            if (pstPlaneNodeFind != NULL)        /* 退票后,对应航班的剩余票数相应增加 */
            {
                iNum = pstPlaneNodeFind->stData.iNum;
                iBookNum = pstManNodeFind->stData.iBookNum;
                pstPlaneNodeFind->stData.iNum = iNum + iBookNum;
            }
            pstManNodeCur->pstNext = pstManNodeFind->pstNext;
            free(pstManNodeFind);                  /* 释放该乘客订票记录的链表节点空间 */
```

```
            printf("successful!\n");
            /* 航班信息有调整,保存标志置为1,退出系统时提示用户是否保存 */
            iSave = 1;
        }
    }
}
```

3. 核心界面

退票系统界面如图 12.8 所示。

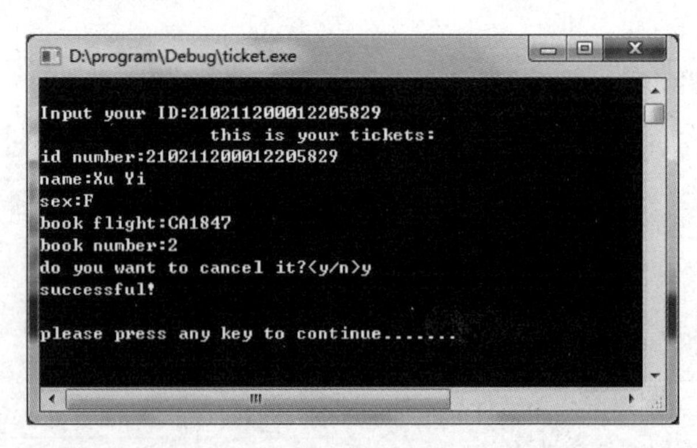

图 12.8　退票界面

12.4.8　显示模块

1. 功能设计

显示航班信息模块主要用于对输入的航班信息和经过修改的航班信息进行整理输出，方便用户查看。

2. 实现代码

该模块用于显示机票信息，通过宏定义的方式格式化输出机票信息。

具体代码：

```
void Show(struct PlaneNode * pstPlaneNodeHead)
{
    struct PlaneNode *pstPlaneNodeCur;                         /* 定义临时指针 */
    pstPlaneNodeCur = pstPlaneNodeHead->pstNext;
    PrintHead();
    if (pstPlaneNodeHead->pstNext == NULL)                     /* 检验是否为空链表 */
    {
        printf("no flight ticket!\n");
    }
    else
    {
        while (pstPlaneNodeCur != NULL)                        /* 循环条件指针不为空 */
        {
            PrintData(pstPlaneNodeCur);                        /* 调用输出函数 */
            pstPlaneNodeCur = pstPlaneNodeCur->pstNext;        /* 指针后移 */
        }
    }
}
```

3. 核心界面

显示机票界面如图 12.9 所示。

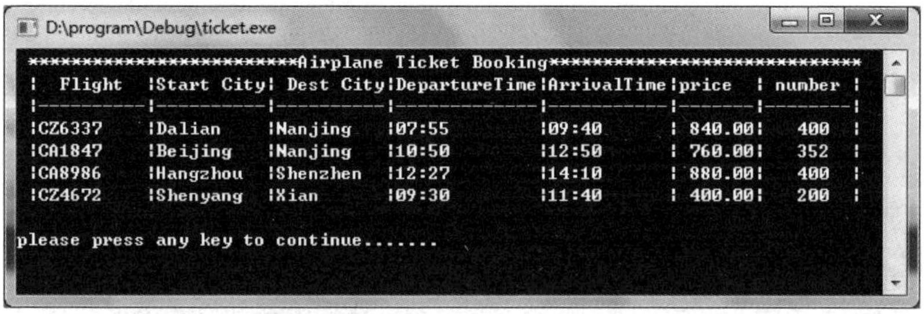

```
D:\program\Debug\ticket.exe
**************************Airplane Ticket Booking******************************
|  Flight   |Start City| Dest City|DepartureTime|ArrivalTime|price   | number |
|-----------|----------|----------|-------------|-----------|--------|--------|
|CZ6337     |Dalian    |Nanjing   |07:55        |09:40      | 840.00|   400  |
|CA1847     |Beijing   |Nanjing   |10:50        |12:50      | 760.00|   352  |
|CA8986     |Hangzhou  |Shenzhen  |12:27        |14:10      | 880.00|   400  |
|CZ4672     |Shenyang  |Xian      |09:30        |11:40      | 400.00|   200  |

please press any key to continue.......
```

图 12.9　显示航班界面

12.4.9　推荐模块

1. 功能设计

推荐模块用于根据用户提供的信息，系统检索后提供合适的机票，以便用户选择适合自己时间的班次后进行预订。

2. 实现代码

函数以机票链表头指针为参数通过字符串比较的检索方式查找符合用户输入的目的地的机票，并且满足航班的出发时间大于用户输入的最早出发时间使用户快速了解推荐机票函数，最终通过订票模块订票。

具体代码：

```
void Recommend(struct PlaneNode * pstPlaneNodeHead)
{
    struct PlaneNode * pstPlaneNodeCur;
    char acDest[10],acTime[10];
    int iNum = 0;
    pstPlaneNodeCur = pstPlaneNodeHead->pstNext;
    printf("Input your destination:");
    scanf("%s", acDest);
    printf("Input the earliest time you can take:");
    scanf("%s",acTime);
    PrintHead();
    while (pstPlaneNodeCur != NULL)
    {
        if (strcmp(pstPlaneNodeCur->stData.acDest, acDest) == 0)
        {
            if (strcmp(acTime, pstPlaneNodeCur->stData.acTakeOffTime) < 0)
            {
                PrintData(pstPlaneNodeCur);
                iNum++;
            }
        }
        pstPlaneNodeCur = pstPlaneNodeCur->pstNext;
    }
    printf("there are %d flight you can take!\n", iNum);
    if (iNum != 0)
    {
```

```
        printf("please choose 3rd operation to book it!\n");
    }
}
```

3. 核心界面

推荐航班界面如图 12.10 所示。

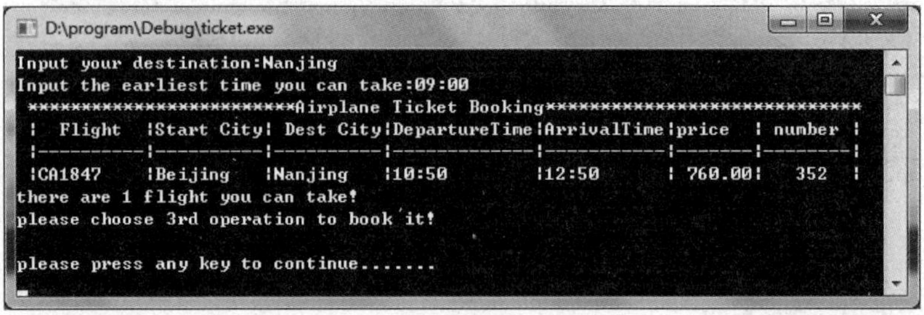

```
D:\program\Debug\ticket.exe
Input your destination:Nanjing
Input the earliest time you can take:09:00
 *************************Airplane Ticket Booking*****************************
 |  Flight   |Start City| Dest City|DepartureTime|ArrivalTime|price   | number |
 |-----------|----------|----------|-------------|-----------|--------|--------|
 |CA1847     |Beijing   |Nanjing   |10:50        |12:50      | 760.00|   352  |
there are 1 flight you can take!
please choose 3rd operation to book it!

please press any key to continue.......
```

图 12.10　推荐航班界面

12.4.10　保存模块

1. 功能设计

保存模块主要应用文件处理来将航班信息和订票人信息保存到指定的磁盘文件中，首先将磁盘文件以二进制写的方式打开，再判断文件中是否正确写入后将指针后移。

2. 实现代码

1）保存机票信息函数

通过文件操作，以二进制写的形式打开存储机票的文件之后判断文件是否成功打开，之后通过循环遍历链表将航班信息写入文件，并输出成功保存航班信息的个数。最后，关闭文件实现保存功能。

具体代码：

```
void SavePlane(struct PlaneNode * pstPlaneNodeHead)
{
    FILE * pfPlane;                                     /* 建立文件指针 */
    struct PlaneNode * pstPlaneNodeCur;                 /* 建立临时指针 */
    int iCount = 0, iFlag = 1;                          /* 定义机票个数变量 */
    pfPlane = fopen("plane.txt", "wb");                 /* 以二进制写的方式打开文件 */
    if (pfPlane == NULL)                                /* 检测文件是否成功打开 */
    {
        printf("the file can't be opened!");
        return;
    }
    pstPlaneNodeCur = pstPlaneNodeHead->pstNext;        /* 临时指针接收头指针 */
    while (pstPlaneNodeCur != NULL)                     /* 循环条件指针不为空 */
    {
        if (fwrite(pstPlaneNodeCur, sizeof(struct PlaneNode), 1, pfPlane) == 1)
                                                        /* 写入文件 */
        {
            pstPlaneNodeCur = pstPlaneNodeCur->pstNext;     /* 指针后移 */
            iCount++;                                   /* 个数递增 */
        }
```

```
        else
        {
            iFlag = 0;
            break;
        }
    }
    if (iFlag)                                              /* 个数不为零 */
    {
        printf("you have save %d flights\n", iCount);       /* 输出已经保存的机票个数 */
        iSave = 0;
    }
    fclose(pfPlane);
}
```

2）保存订票人信息函数

通过文件操作，以二进制写的形式打开存储订票信息的文件之后判断文件是否成功打开，之后通过循环遍历链表将订票人信息写入文件，并输出成功保存订票人信息的个数。最后，关闭文件实现保存功能。

具体代码：

```
void SaveMan(struct ManNode * pstManNodeHead)
{
    FILE * pfMan;                                           /* 定义文件指针 */
    struct ManNode * pstManNodeCur;                         /* 定义临时指针 */
    int iCount = 0, iFlag = 1;                              /* 定义个数变量 */
    pfMan = fopen("man.txt", "wb");                         /* 打开文件 */
    if (pfMan == NULL)                                      /* 检测文件是否成功打开 */
    {
        printf("the file can't bo opened!");
        return;
    }
    pstManNodeCur = pstManNodeHead->pstNext;                /* 接收头指针 */
    while (pstManNodeCur != NULL)                           /* 循环条件为指针不为空 */
    {
        if (fwrite(pstManNodeCur, sizeof(struct ManNode), 1, pfMan) == 1)   /* 写入文件 */
        {
            pstManNodeCur = pstManNodeCur->pstNext;                         /* 指针后移 */
            iCount++;
        }
        else
        {
            iFlag = 0;
            break;
        }
    }
}
```

12.4.11　时间模块

1. 功能设计

为了更好地满足用户订票时的实际需求，本系统提供了查询当地时间的功能。

2. 实现代码

```
void NowTime()/* 显示时间函数 */
{
    time_t lt;
    lt = time(NULL);
    printf("现在的时间是: %s\n", ctime(&lt));
}
```

3. 核心界面

时间查询界面如图 12.11 所示。

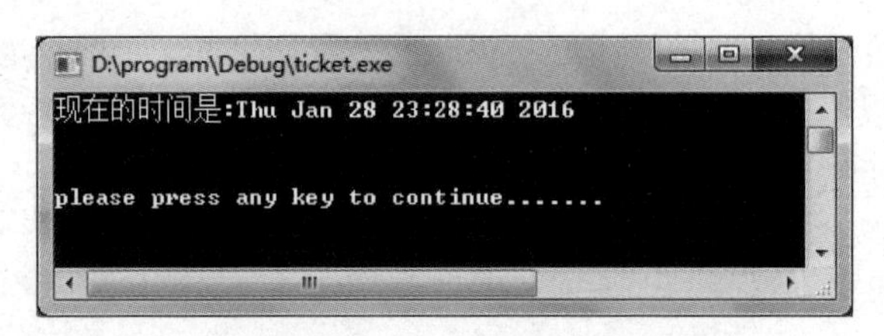

图 12.11　时间查询界面

12.5　系统测试

飞机订票系统测试用例如表 12.1 所示。

表 12.1　飞机订票系统测试用例表

序号	测试项	前提条件	操作步骤	预期结果	测试结果
1	添加机票	已经有航班号为 1231 机票	1. 选择功能 1：insert 2. 输入添加的航班号 1231	错误提示 "this flight 1231 exits"	通过
2		没有重复机票	1. 选择功能 1：insert 2. 输入添加的航班号 1235 3. 输入具体信息	可以正常添加	通过
3	查找机票	不存在所查机票	1. 选择功能 1：search 2. 输入查找方式 1 3. 输入所查航班号	输出空表头	通过
4		存在航班号为 1231 的机票	1. 选择功能 1：search 2. 输入查找方式 1 3. 输入所查航班号 1231	格式化输出航班的各种信息	通过
5	退票	id 为 1234 的用户未预订机票	1. 选择功能 1：refund 2. 输入 id 号为 1234	错误提示 "can't find"	通过
6		id 为 1234 的用户预订航班号为 1231 的机票	1. 选择功能 1：refund 2. 输入 id 号为 1234	显示所预订机票信息	通过

12.6　设计总结

在开发飞机订票系统时，根据该系统的需求分析，开发人员对系统的功能进行了设计，明确了在该系统中最为关键的是对指针链表的灵活应用。因此在项目程序中，采用了对链表节点的插入、链表节点的删除和链表节点中信息的修改等难点技术，使程序更加容易理解。

第二类　经典游戏

CHAPTER 13

第13章 推箱子

13.1 设计目的

游戏推箱子既能锻炼思维的严密性，又有很多乐趣。本章将用C语言实现一个简单的推箱子游戏，旨在介绍推箱子游戏的实现方法，并逐步介绍C语言图形编程的方法和技巧。

通过本章项目的学习，读者能够掌握：

(1) 如何实现二维数组定义，操作等功能；

(2) 如何从键盘输入中获取键值信息；

(3) 如何在图形方式下实现光标的显示和定位；

(4) 如何对图像函数进行使用；

(5) 如何通过C语言实现游戏的基本控制操作和相关设置。

13.2 需求分析

本项目的具体任务是实现推箱子游戏，能够实现屏幕画图输出，移动箱子，移动小人，功能控制等功能，具体功能需求描述如下。

(1) 屏幕绘图输出：能够实现绘制城墙，在空地上绘制箱子，在目的地绘制箱子，绘制小人和绘制目的地等功能。

(2) 移动箱子：能够实现箱子的移动，包括目的地之间，空地之间和目的地与空地之间的箱子移动等功能。

(3) 移动小人：能够实现小人的移动，从而推动箱子到目的地。

(4) 游戏功能控制：能够实现根据用户的键盘输入，指定位置状态判断功能和游戏操作等功能。

(5) 关卡选择：能够实现游戏关卡的选择，游戏共分为4关，以便用户选择所需要的关卡数。

13.3 总体设计

推箱子游戏的功能结构图如图 13.1 所示，主要包括 4 个功能模块，分别介绍如下。

(1) 绘制地图模块：首先绘制出每一关卡的基本地图。地图的绘制包括绘制城墙，在空地上绘制箱子，在目的地绘制箱子，绘制小人和绘制目的地。并且根据用户的每次操作绘制出操作后变化的地图信息。

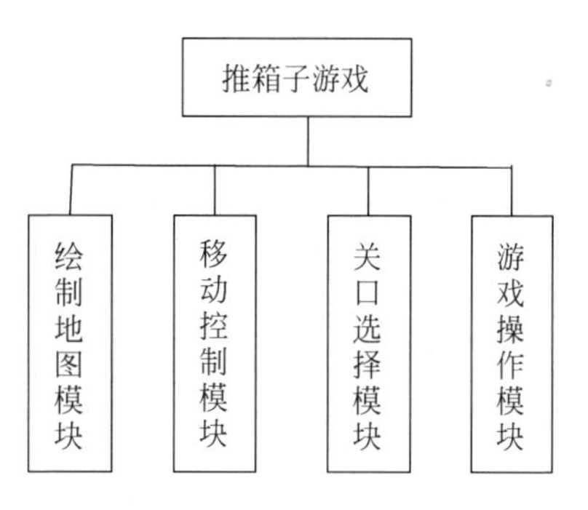

图 13.1 系统功能结构图

(2) 移动控制模块：首先根据用户的输入信息来实现对小人的控制。该游戏正是通过移动小人进而移动箱子来控制的。其次根据用户的输入信息来判断箱子的移动状态。例如，需要判断箱子是否可以移动，或者箱子是否已经到达目的地抑或箱子是否从目的地移出等情况。这些操作均在该模块中进行。

(3) 关卡选择模块：首先根据用户输入的关卡选择相应的关数，每关对应不同的地图形状，共分为 4 关，每关的难度依次增大，并且在用户过关后自动进入下一关。

(4) 游戏操作模块：该模块包括判断用户游戏是否过关，以及捕获用户的键盘输入信息，包括进入下一关，返回主界面以及上下左右的控制信息等功能。

13.4 详细设计与实现

13.4.1 预处理及数据结构

1. 头文件

本系统包含 4 个头文件，其中，conio. h 并不是 C 标准库中的文件，conio 是 Console Input/Output(控制台输入输出)的简写，其中定义了通过控制台进行数据输入和数据输出的函数，主要是一些用户通过按键产生的对应操作，比如 getch()函数等。

```
#include<stdio.h>                /*标准输入输出函数库*/
#include<stdlib.h>               /*标准函数库*/
#include<conio.h>                /*控制台输入输出函数库*/
#include<window.h>               /*标准 Win32 程序开发接口库*/
```

2. 符号常量

本系统中定义了 6 个符号常量，使得程序更加简洁。其中，KEY_UP，KEY_DOWN，KEY_LEFT，KEY_RIGHT 分别代表键盘中的上下左右键；KEY_RETURN 代表返回主界面；KEY_NEXT 代表进入下一关。

```
#define KEY_UP 72                /*方向键向上键值*/
#define KEY_DOWN 80              /*方向键向下键值*/
#define KEY_LEFT 75              /*方向键向左键值*/
#define KEY_RIGHT 77             /*方向键向右键值*/
#define KEY_RETURN 2             /*返回主界面键值*/
```

```
#define KEY_NEXT 4                    /* 进入下一关键值 */
#define SPACE_OUT 0
#define WALL 1
#define SPACE 2
#define TARGET 3
#define BOX 4
#define TARGET_IN 5
#define PERSON 6
```

13.4.2 主函数

1. 功能设计

主函数用于实现主界面的显示,并响应用户对菜单项的选择。其中,主菜单为用户提供了三种不同的操作选项,当用户在界面上输入需要的操作选项时,系统会自动执行该选项对应的功能。某个功能执行完之后,还能自动回到主菜单,便于用户进行其他操作。

2. 关键算法

主函数运行后,首先调用界面响应函数 DesignUI ()实现界面的显示,选项 1 表示开始新游戏,选项 2 表示选择关卡。选择不同的菜单项则调用不同的功能函数,输入 3 则退出系统。

主函数主要使用了 switch 多分支选择结构,通过接收用户输入的选项值,与不同的 case 语句进行判断,并跳转到相匹配的 case 语句。如果输入的数字不在 1～3 之间,则没有相匹配的 case 语句,于是执行 default 语句,提示用户输入的数字不正确,并退出系统。主函数程序流程图如图 13.2 所示。

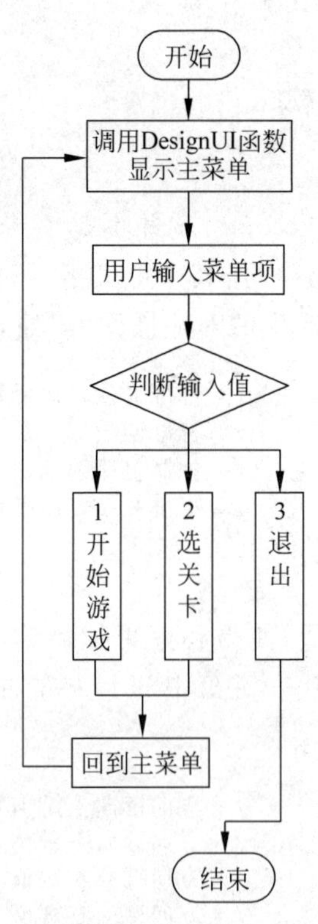

图 13.2　主函数程序流程图

3. 实现代码

1）函数声明部分

```
void DesignUI();                          /* 显示主界面 */
int WelcomePage();                        /* 初始欢迎界面 */
```

2）函数实现部分

（1）main()函数

main()函数持续调用 DesignUI 函数进行主界面的显示。

```
int main() {
    while (1)
        DesignUI();                       /* 显示主界面 */
}
```

（2）DesignUI()函数

该函数用于显示系统主界面的各个功能选项，界面欢迎信息由 WelcomPage()函数提供，并提示用户输入 1～3 之间的数字。其中，system("cls")用于清屏。

```
void DesignUI()
{
    int iCh;
    char cNum;
    iCh = WelcomePage();                  /* WelcomePage()显示欢迎信息 */
    if (iCh == 49)                        /* 键盘输入 1,开始第一关游戏 */
        GetLevel1();
    if (iCh == 50){                       /* 键盘输入 2,选择 1 到 4 关的游戏 */
    else
        printf("\n\t\t Please input level!(From 1 to 4):");
        getchar();
        cNum = getchar();
        switch (cNum){                    /* 选关卡 */
        case '1':
            GetLevel1();
            break;
        case '2':
            GetLevel2();
            break;
        case '3':
            GetLevel3();
            break;
        case '4':
            GetLevel4();
            break;
        default:                          /* 出错退出 */
            printf("Enter error!\n");
            Sleep(1000);
            exit(0);
            break;
        }
    }
    else if (iCh == 51){                  /* 键盘输入 3,退出游戏 */
```

```
        system("cls");
        exit(0);
    }
}
```

(3) WelcomePage()函数

该函数用于显示欢迎信息和相关的帮助信息，并在函数结束的时候传回用户键盘输入的相关信息。

```
int WelcomePage()
{
    int i = 0;
    system("cls");                          /* 清屏 */
    system("color 0E");                     /* 设置颜色 */
    printf("\n\n\t\t Welcome to play box!\n\n");
    printf("\t\t Person:♀ Wall:▩ Box: ● Target:○ Reach target: ☆\n");
    printf("\t\t Up:↑\n\t\t Down:↓\n\t\t Left:← \n\t\t Right:→\n\n");
    printf("\t\t Press number 1 to start new game\n\t\t\n");
    printf("\t\t Press number 2 to choose level\n\t\t\n");
    printf("\t\t Press number 3 to quit from game\n\t\t\n");
    printf("\t\t Press right number to continue:");
    while (1)
    {
        i = getchar();                      /* 用户键盘输入 */
        if (i >= 49 && i <= 51)
            return i;
    }
}
```

4. 核心界面

推箱子游戏主界面如图 13.3 所示。

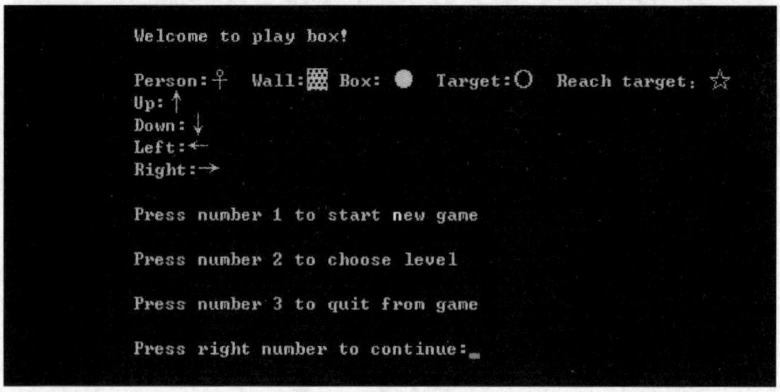

```
Welcome to play box!

Person:♀  Wall:▩ Box: ●  Target:○  Reach target: ☆
Up:↑
Down:↓
Left:←
Right:→

Press number 1 to start new game

Press number 2 to choose level

Press number 3 to quit from game

Press right number to continue:_
```

图 13.3　游戏主界面

13.4.3　绘制地图模块

1. 功能设计

绘制出每一关卡的基本地图。地图的绘制包括绘制城墙，在空地上绘制箱子，在目的地绘制箱子，绘制小人和绘制目的地等操作。并且根据用户的每次操作绘制出操作后变化的地图信息。该模块也包含对文字颜色的具体设置。

2. 实现代码

1）函数声明部分

```
int PrintMap(int aiMap[][16], int iImp);        /* 参数 iImp 代表游戏关卡 */
void SelectColor(int iColor);                   /* 颜色函数 */
```

2）函数实现部分

(1) PrintMap()函数

PrintMap()函数以二维数组表示的地图和用户输入的关卡作为输入。在函数体中通过调用 SelectColor 函数实现对输出文字颜色的设置，以及通过对二维数组的循环遍历判定数组元素不同的值来确定打印对象，例如小人、箱子、目的地等。并且在地图下方输出用户所在关卡数的信息以及相应的操作按键信息。函数的返回值代表已经放入目的地的箱子个数，该返回值用来确定用户是否过关。

```
int PrintMap(int aiMap[][16], int iImp) {          /* 打印地图函数，参数 iImp 代表游戏关卡 */
    int i, j;
    int iCount = 0;
    for (i = 0; i<14; i++){
        for (j = 0; j<16; j++)
        {
            switch (aiMap[i][j])
            {
            case 0:                             /* 墙外空地 */
                printf(" ");
                break;
            case 1:
                SelectColor(14);                /* 墙 */
                printf("▓");
                break;
            case 2:                             /* 墙内空地 */
                printf(" ");
                break;
            case 3:
                SelectColor(11);                /* 目的地 */
                printf("○");
                break;
            case 4:                             /* 箱子 */
                SelectColor(11);
                printf("●");
                break;
            case 5:                             /* 箱子推到目的地后显示 */
                iCount++;
                SelectColor(9);
                printf("☆");
                break;
            case 6:                             /* 小人 */
                SelectColor(10);
```

```
                printf("♀");
                break;
            }
        }
        printf("\n");
    }
    SelectColor(14);
    printf("\n");
    printf("\tYou are in Level %d!\t\t\n", iImp);
    printf("\tPress arrow keys to play the game!\t\n");
    printf("\tpress N to the next level!\t\n");
    printf("\tpress Q to return the home page!\t\n");
    return iCount;                          /*返回值表示已正确放入的箱子数*/
}
```

(2) SelectColor()函数

SelectColor()函数通过得到控制台输出设备句柄进而设置控制台设备的属性值,来实现对输出文字颜色的设置。

```
void SelectColor(int iColor)                /*颜色函数*/
{
    /*得到控制台输出设备的句柄*/
    HANDLE hConsole =
        GetStdHandle((STD_OUTPUT_HANDLE));
    SetConsoleTextAttribute(hConsole, iColor);      /*设置控制台设备的属性*/
}
```

3. 核心界面

绘制地图模块的界面如图 13.4 所示。

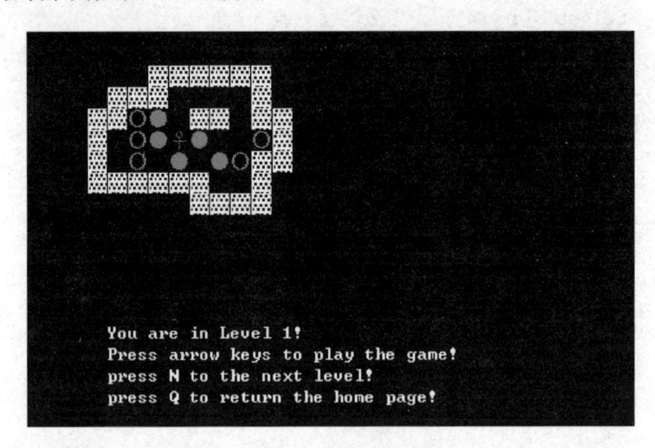

图 13.4　绘制地图界面

13.4.4　移动控制模块

1. 功能设计

该模块根据用户的键盘输入信息来实现对小人的控制。该游戏正是通过移动小人进而移动箱子来控制的。因此需要分情况判断小人的状态,判断用户输入的操作能否被执行。

其次再根据用户输入信息来判断箱子的移动状态。例如，需要判断箱子是否可以移动，或者箱子是否已经到达目的地亦或箱子是否从目的地移出等情况。这些操作均在该模块中进行。

2. 关键算法

该模块通过判断小人下一位置信息，决定能否执行移动的操作，该部分逻辑判断较多，需要仔细考虑每种情况，并做出相应的移动操作。移动操作不仅指对小人的操作，还需要进行相应的恢复操作，因此情况较为复杂。移动控制模块程序流程图如图 13.5 所示。

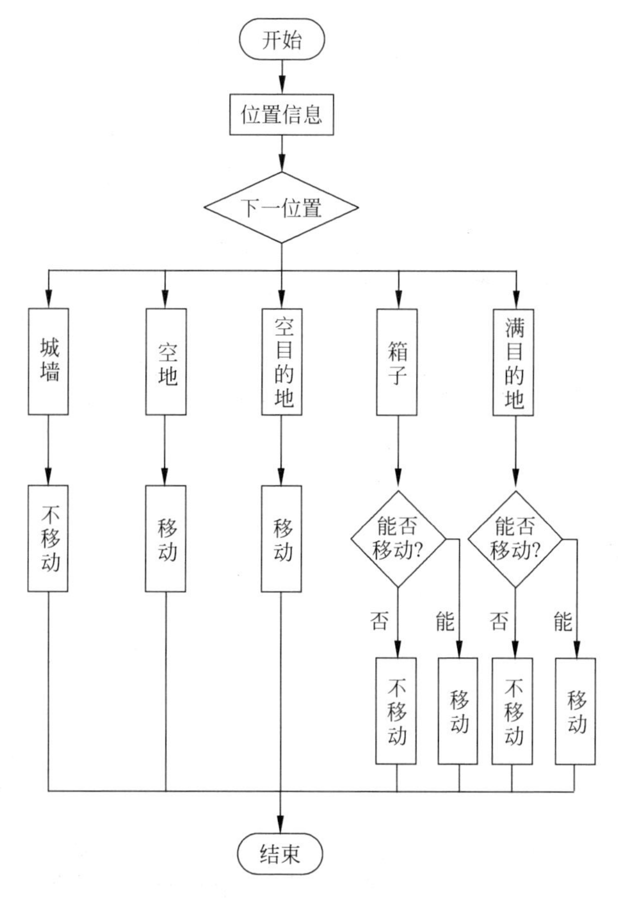

图 13.5　移动控制模块程序流程图

3. 实现代码

1）函数声明部分

```
void MoveBox(int aiMap[][16], int iPlayerX, int iPlayerY, int iSelect, int aiMap2[][16]);
                                                          /* 移动控制函数 */
```

2）函数实现部分

MoveBox()函数的参数值包括代表当前地图信息的 aiMap 二维数组，当前用户所在位置的横纵坐标值和用户移动的方向值（包括上下左右操作）以及代表最初地图信息的 aiMap2 二维数组。在函数体中，根据用户所在当前位置信息推断出用户的下一位置和下下一位置的位置信息，并分情况判定不同的执行方案，以达到移动小人和箱子的最终目的。

```
void MoveBox(int aiMap[][16], int iPlayerX, int iPlayerY, int iSelect, int aiMap2[][16]) {
    int iPlayerX1, iPlayerY1;              /* 小人下一个要走的位置坐标 */
    int iPlayerX2, iPlayerY2;              /* 小人下下一个要走的位置坐标 */
    switch (iSelect) {
    case 1:                                /* 向上移动 */
        iPlayerX1 = iPlayerX - 1;
        iPlayerY1 = iPlayerY;
        iPlayerX2 = iPlayerX - 2;
        iPlayerY2 = iPlayerY;
        break;
    case 2:                                /* 向左移动 */
        iPlayerX1 = iPlayerX;
        iPlayerY1 = iPlayerY - 1;
        iPlayerX2 = iPlayerX;
        iPlayerY2 = iPlayerY - 2;
        break;
    case 3:                                /* 向右移动 */
        iPlayerX1 = iPlayerX;
        iPlayerY1 = iPlayerY + 1;
        iPlayerX2 = iPlayerX;
        iPlayerY2 = iPlayerY + 2;
        break;
    case 4:                                /* 向下移动 */
        iPlayerX1 = iPlayerX + 1;
        iPlayerY1 = iPlayerY;
        iPlayerX2 = iPlayerX + 2;
        iPlayerY2 = iPlayerY;
        break;
    default:
        break;
    }

    /* 对地图的操作 */
    switch (aiMap[iPlayerX1][iPlayerY1])   /* 判断小人下一步要走的位置 */
    {
    case WALL:                             /* 下一位置是墙，不能移动 */
        break;
    case SPACE:                 /* 下一位置为墙内空地和下一位置为空目的地的情况相同处理 */
    case TARGET:
        aiMap[iPlayerX1][iPlayerY1] = PERSON;     /* 小人移动到下一位置 */

        if (aiMap2[iPlayerX][iPlayerY] == TARGET || aiMap2[iPlayerX][iPlayerY] == TARGET_IN)
        /* 小人所在位置初始为空目的地或满目的地，小人移动后此处恢复为空目的地 */
            aiMap[iPlayerX][iPlayerY] = TARGET;
        else
        /* 小人所在位置初始为墙内空地、箱子或小人，小人移动后此处恢复为墙内空地 */
            aiMap[iPlayerX][iPlayerY] = SPACE;
        break;
    case BOX: /* 下一位置是箱子和下一位置是已放箱子目的地的情况相同处理 */
    case TARGET_IN:
        if (aiMap[iPlayerX2][iPlayerY2] == TARGET)
        {
```

```
            /* 下下位置为空目的地,箱子和小人一起移动,箱子落入目的地 */
            aiMap[iPlayerX2][iPlayerY2] = TARGET_IN;
            aiMap[iPlayerX1][iPlayerY1] = PERSON;
        }
        else if (aiMap[iPlayerX2][iPlayerY2] == SPACE)
        {
            /* 下下位置为空地,箱子和小人一起移动,箱子落入空地 */
            aiMap[iPlayerX2][iPlayerY2] = BOX;
            aiMap[iPlayerX1][iPlayerY1] = PERSON;
        }
        else
            /* 下下位置为墙、箱子或者满目的地,不能移动,直接退出 */
            break;

        if (aiMap2[iPlayerX][iPlayerY] == TARGET || aiMap2[iPlayerX][iPlayerY] == TARGET_IN)
        /* 小人所在位置初始为空目的地或满目的地,小人移动后此处恢复为空目的地 */
            aiMap[iPlayerX][iPlayerY] = TARGET;
        else
        /* 小人所在位置初始为墙内空地、箱子或小人,小人移动后此处恢复为墙内空地 */
            aiMap[iPlayerX][iPlayerY] = SPACE;
        break;
    }
}
```

4. 核心界面

移动控制模块的核心界面如图 13.6～图 13.11 所示。

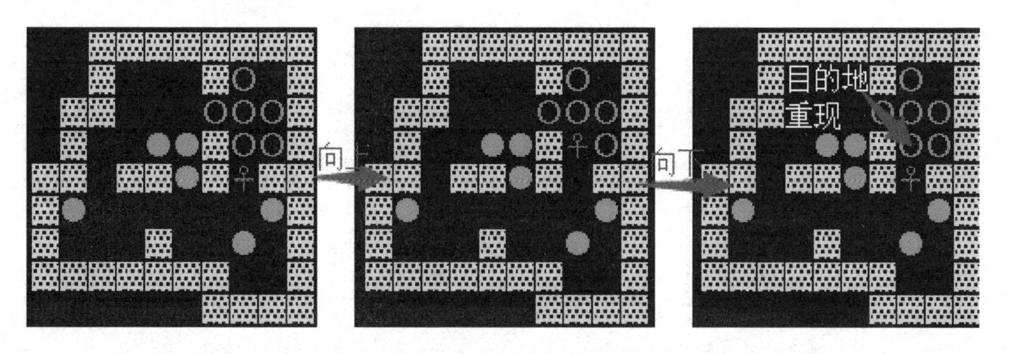

图 13.6　当小人下一位置为空,并且小人所在位置原来是空目的地

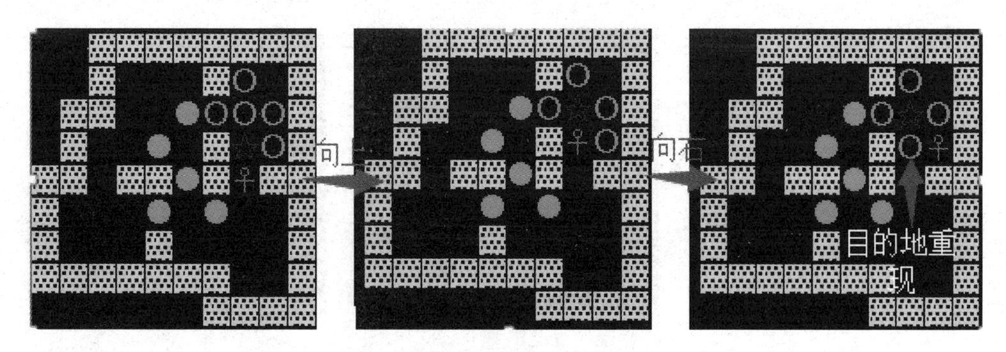

图 13.7　小人所处位置原来是星星,下一位置是空目的地

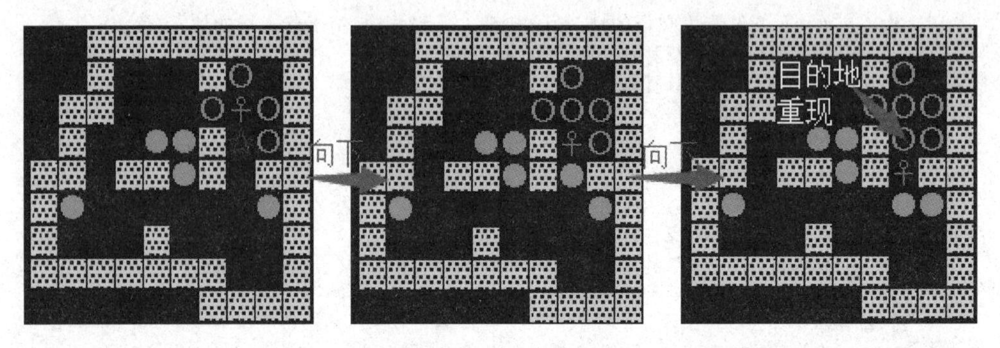

图 13.8　小人的下一位置是箱子时，小人所在位置初始是星星

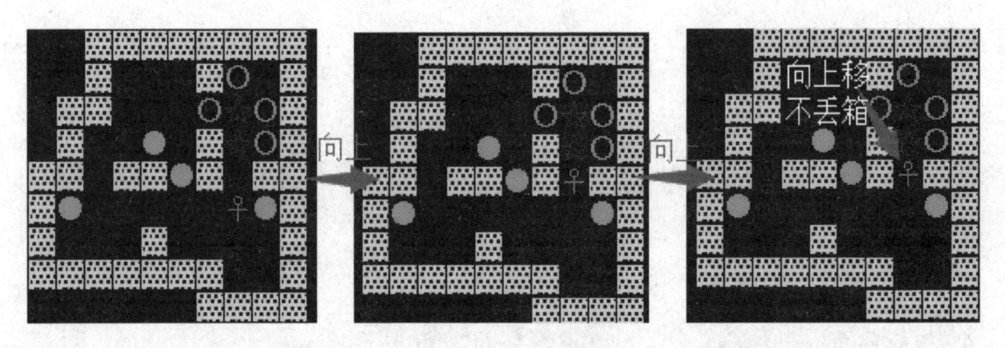

图 13.9　小人所在位子是空地，下一位置和下下一位置都为星星

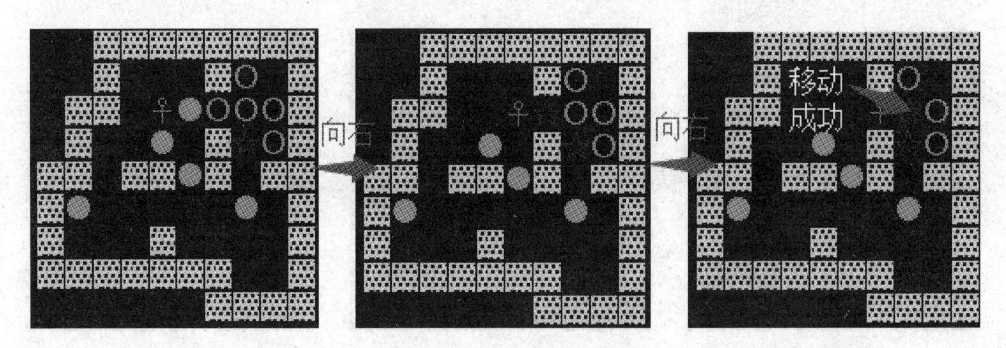

图 13.10　小人处在原来放箱子位置，下一位置是星星，下下一位置是空目的地

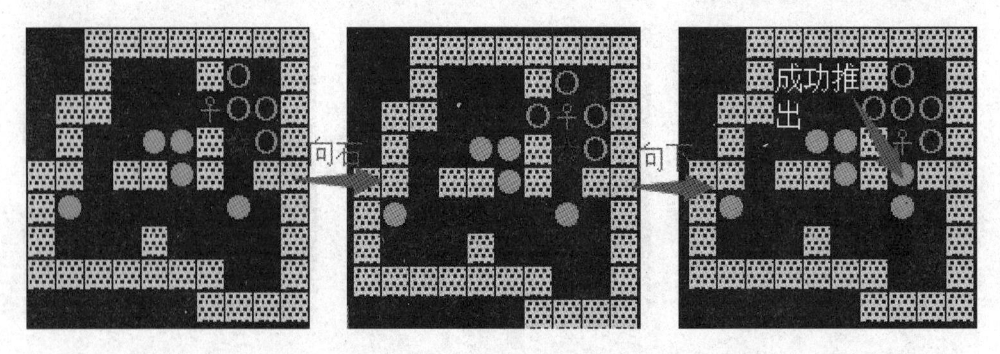

图 13.11　当下一位置是星星时，小人当前在空目的地，并且下下一位置为空

13.4.5 关卡选择模块

1. 功能设计

该模块根据用户输入的关卡选择相应的关数，每关对应不同的地图形状，地图由二维数组表示，共分为 4 关，每一关包含一个函数，每关的难度依次增大，并且在用户过关后自动进入下一关。

2. 关键算法

每一关都具有不同的地图信息，通过获取不同的地图，再调用相应的游戏操作函数，游戏操作函数请详见 13.4.6 节。关卡选择模块程序流程图如图 13.12 所示。

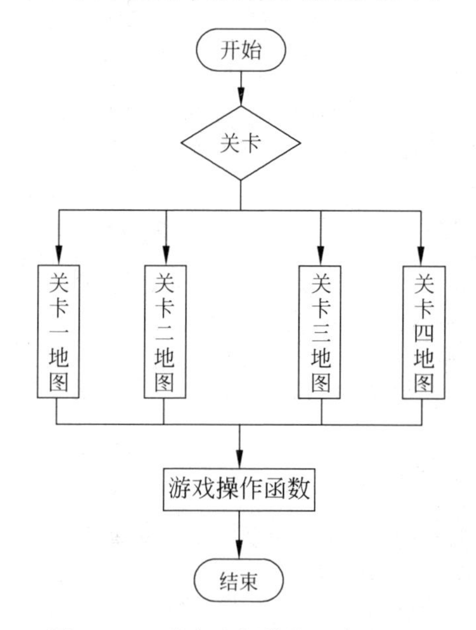

图 13.12 关卡选择模块程序流程图

3. 实现代码

1）函数声明部分

```
void GetLevel1();                          /* 第一关 */
void GetLevel2();                          /* 第二关 */
void GetLevel3();                          /* 第三关 */
void GetLevel4();                          /* 第四关 */
```

2）函数实现部分

GetLevel1()函数，GetLevel2()函数，GetLevel3()函数，GetLevel4()函数均包含一个代表不同地图信息的二维数组，并标记各个关卡相应的箱子的个数。如果需要进入下一关便执行相应的函数，如果需要返回主界面也能够通过函数调用执行操作。

```
void GetLevel1() {                         /* 第一关 */
    int aiMap2[14][16];                    /* 表示原始地图 */
    int i, j, iSum = 0;                    /* iSum 表示箱子的数量 */
```

```
    /* 地图形状
    1代表墙,2代表空地,3代表未放箱子的目标,4代表箱子,5代表已放箱子的目标,6代表小
人 */
    int aiMap[14][16] = {
        { 0, 0, 0, 0, 0, 0, 0, 0, 0, 0, 0, 0, 0, 0, 0, 0 },
        { 0, 0, 0, 0, 0, 0, 0, 0, 0, 0, 0, 0, 0, 0, 0, 0 },
        { 0, 0, 0, 0, 0, 0, 0, 0, 0, 0, 0, 0, 0, 0, 0, 0 },
        { 0, 0, 0, 0, 0, 0, 1, 1, 1, 1, 1, 1, 0, 0, 0, 0 },
        { 0, 0, 0, 0, 1, 1, 1, 2, 2, 2, 2, 1, 0, 0, 0, 0 },
        { 0, 0, 0, 1, 1, 3, 4, 2, 1, 1, 2, 1, 1, 0, 0, 0 },
        { 0, 0, 0, 1, 2, 3, 4, 6, 4, 2, 2, 3, 1, 0, 0, 0 },
        { 0, 0, 0, 1, 2, 3, 2, 4, 2, 4, 3, 1, 1, 0, 0, 0 },
        { 0, 0, 0, 1, 1, 1, 1, 1, 1, 2, 2, 1, 0, 0, 0, 0 },
        { 0, 0, 0, 0, 0, 0, 0, 0, 1, 1, 1, 1, 0, 0, 0, 0 },
        { 0, 0, 0, 0, 0, 0, 0, 0, 0, 0, 0, 0, 0, 0, 0, 0 },
        { 0, 0, 0, 0, 0, 0, 0, 0, 0, 0, 0, 0, 0, 0, 0, 0 },
        { 0, 0, 0, 0, 0, 0, 0, 0, 0, 0, 0, 0, 0, 0, 0, 0 },
        { 0, 0, 0, 0, 0, 0, 0, 0, 0, 0, 0, 0, 0, 0, 0, 0 },
    };
    for (i = 0; i < 14; i++)
    for (j = 0; j < 16; j++){
        aiMap2[i][j] = aiMap[i][j];
        if (aiMap[i][j] == TARGET || aiMap[i][j] == TARGET_IN)          /* 记录箱子个数 */
            iSum++;
    }

    /* PlayGame函数返回值为4的情况代表键盘输入Q返回到主界面,其他情况(过关,进入下一
关)执行GetLevel2函数,进入第二关 */
    if (PlayGame(aiMap, aiMap2, iSum, 1) != KEY_RETURN)
        GetLevel2();
}
void GetLevel2() {                              /* 第二关 */
    int aiMap2[14][16];                         /* 表示原始地图 */
    int i, j, iSum = 0;                         /* iSum表示箱子的数量 */
    int aiMap[14][16] = {
        { 0, 0, 0, 0, 0, 0, 0, 0, 0, 0, 0, 0, 0, 0, 0, 0 },
        { 0, 0, 0, 0, 0, 0, 0, 0, 0, 0, 0, 0, 0, 0, 0, 0 },
        { 0, 0, 0, 0, 0, 0, 0, 0, 0, 0, 0, 0, 0, 0, 0, 0 },
        { 0, 0, 0, 1, 1, 1, 1, 1, 1, 1, 1, 1, 0, 0, 0, 0 },
        { 0, 0, 0, 1, 2, 2, 1, 1, 2, 2, 2, 1, 0, 0, 0, 0 },
        { 0, 0, 0, 1, 2, 2, 2, 4, 2, 2, 2, 1, 0, 0, 0, 0 },
        { 0, 0, 0, 1, 2, 2, 1, 1, 1, 2, 4, 1, 0, 0, 0, 0 },
        { 0, 0, 0, 1, 2, 1, 3, 3, 3, 1, 2, 1, 0, 0, 0, 0 },
        { 0, 0, 1, 1, 2, 1, 3, 3, 1, 1, 2, 1, 1, 0, 0, 0 },
        { 0, 0, 1, 2, 4, 2, 2, 4, 2, 2, 4, 2, 1, 0, 0, 0 },
        { 0, 0, 1, 2, 2, 2, 2, 2, 2, 2, 6, 2, 1, 0, 0, 0 },
        { 0, 0, 1, 1, 1, 1, 1, 1, 1, 1, 1, 1, 1, 0, 0, 0 },
        { 0, 0, 0, 0, 0, 0, 0, 0, 0, 0, 0, 0, 0, 0, 0, 0 },
```

```
        { 0, 0, 0, 0, 0, 0, 0, 0, 0, 0, 0, 0, 0, 0, 0, 0 },
    };

    for (i = 0; i<14; i++)
    for (j = 0; j<16; j++){
        aiMap2[i][j] = aiMap[i][j];
        if (aiMap[i][j] == TARGET || aiMap[i][j] == TARGET_IN)          /* 记录箱子个数 */
            iSum++;
    }

/* PlayGame 函数返回值为 4 的情况代表键盘输入 Q 返回到主界面,其他情况(过关,进入下一关)执行 GetLevel3 函数,进入第三关 */
    if (PlayGame(aiMap, aiMap2, iSum, 2) != KEY_RETURN)
        GetLevel3();
}

void GetLevel3() {                                    /* 第三关 */
/* 攻略:↑←←←←↓←←↑→→←↑↑←↓←↓→↓→→↑→
        ←↓←←↑→↓→→↑→→↓→→↑←←←→→→→
        ↑↑←←↓↑→→↓↓←←←→→→↑↑←↓→↓←←    */
    int aiMap2[14][16];                               /* 表示原始地图 */
    int i, j, iSum = 0;                               /* iSum 表示箱子的数量 */
    int aiMap[14][16] = {
        { 0, 0, 0, 0, 0, 0, 0, 0, 0, 0, 0, 0, 0, 0, 0, 0 },
        { 0, 0, 0, 0, 0, 0, 0, 0, 0, 0, 0, 0, 0, 0, 0, 0 },
        { 0, 0, 0, 0, 0, 0, 0, 0, 0, 0, 0, 0, 0, 0, 0, 0 },
        { 0, 0, 0, 0, 0, 0, 0, 0, 0, 0, 0, 0, 0, 0, 0, 0 },
        { 0, 0, 0, 1, 1, 1, 1, 0, 0, 1, 1, 1, 1, 1, 0, 0 },
        { 0, 0, 1, 1, 2, 2, 1, 2, 2, 1, 2, 2, 2, 1, 0, 0 },
        { 0, 0, 1, 2, 4, 2, 1, 1, 1, 1, 4, 2, 2, 1, 0, 0 },
        { 0, 0, 1, 2, 2, 4, 3, 3, 3, 3, 2, 4, 2, 1, 0, 0 },
        { 0, 0, 1, 1, 2, 2, 2, 2, 1, 2, 6, 2, 1, 1, 0, 0 },
        { 0, 0, 0, 1, 1, 1, 1, 1, 1, 1, 1, 1, 1, 0, 0, 0 },
        { 0, 0, 0, 0, 0, 0, 0, 0, 0, 0, 0, 0, 0, 0, 0, 0 },
        { 0, 0, 0, 0, 0, 0, 0, 0, 0, 0, 0, 0, 0, 0, 0, 0 },
        { 0, 0, 0, 0, 0, 0, 0, 0, 0, 0, 0, 0, 0, 0, 0, 0 },
        { 0, 0, 0, 0, 0, 0, 0, 0, 0, 0, 0, 0, 0, 0, 0, 0 },
    };

    for (i = 0; i<14; i++)
    for (j = 0; j<16; j++){
        aiMap2[i][j] = aiMap[i][j];
        if (aiMap[i][j] == TARGET || aiMap[i][j] == TARGET_IN)          /* 记录箱子个数 */
            iSum++;
    }

    /* PlayGame 函数返回值为 4 的情况代表键盘输入 Q 返回到主界面,其他情况(过关,进入下一关)执行 GetLevel5 函数,进入第五关 */
```

```
    if (PlayGame(aiMap, aiMap2, iSum, 3) != KEY_RETURN)
        GetLevel4();
}

void GetLevel4() {                                  /* 第四关 */
/* 攻略↑→↑←↓←←↑←←↓←←↑→↑↑→↑→→→→↑
       →↓←↓↓↓→↓↓←↑↑↑↑↑↓↓↓↓←←↑→↓→↑↑↑
       ↓↓←←←←↓←←↑→↑↑→↑→→→→←←←←
       ↓←↓↓→→→→↓→↑↑↑↓↓←←←←←↑↑→↑→
       →↓↓↑↑←←↓←↓↓→→→→↓→↑↑↓←←←←←
       ↑↑→→←←↓↓→→→↑↑←↑→                     */
    int aiMap2[14][16];                             /* 表示原始地图 */
    int i, j, iSum = 0;                             /* iSum 表示箱子的数量 */

    int aiMap[14][16] = {
        { 0, 0, 0, 0, 0, 0, 0, 0, 0, 0, 0, 0, 0, 0, 0, 0 },
        { 0, 0, 0, 0, 0, 0, 0, 0, 0, 0, 0, 0, 0, 0, 0, 0 },
        { 0, 0, 0, 0, 0, 1, 1, 1, 1, 1, 1, 1, 1, 0, 0, 0 },
        { 0, 0, 0, 0, 0, 1, 2, 2, 2, 1, 3, 2, 1, 0, 0, 0 },
        { 0, 0, 0, 0, 1, 1, 2, 2, 4, 3, 3, 3, 1, 0, 0, 0 },
        { 0, 0, 0, 0, 1, 2, 2, 4, 2, 1, 5, 3, 1, 0, 0, 0 },
        { 0, 0, 0, 1, 1, 2, 1, 1, 4, 1, 2, 1, 1, 0, 0, 0 },
        { 0, 0, 0, 1, 2, 2, 2, 4, 2, 2, 4, 2, 1, 0, 0, 0 },
        { 0, 0, 0, 1, 2, 2, 2, 1, 2, 2, 2, 2, 1, 0, 0, 0 },
        { 0, 0, 0, 1, 1, 1, 1, 1, 1, 1, 6, 2, 1, 0, 0, 0 },
        { 0, 0, 0, 0, 0, 0, 0, 0, 0, 1, 1, 1, 1, 0, 0, 0 },
        { 0, 0, 0, 0, 0, 0, 0, 0, 0, 0, 0, 0, 0, 0, 0, 0 },
        { 0, 0, 0, 0, 0, 0, 0, 0, 0, 0, 0, 0, 0, 0, 0, 0 },
        { 0, 0, 0, 0, 0, 0, 0, 0, 0, 0, 0, 0, 0, 0, 0, 0 },
    };
    for (i = 0; i<14; i++)
    for (j = 0; j<16; j++){
        aiMap2[i][j] = aiMap[i][j];
        if (aiMap[i][j] == TARGET || aiMap[i][j] == TARGET_IN)     /* 记录箱子个数 */
            iSum++;
    }
    PlayGame(aiMap, aiMap2, iSum, 4);
}
```

4. 核心界面

GetLevel1()函数的核心界面如图 13.13 所示，GetLevel2()函数的核心界面如图 13.14 所示，GetLevel3()函数的核心界面如图 13.15 所示，GetLevel4()函数的核心界面如图 13.16 所示。

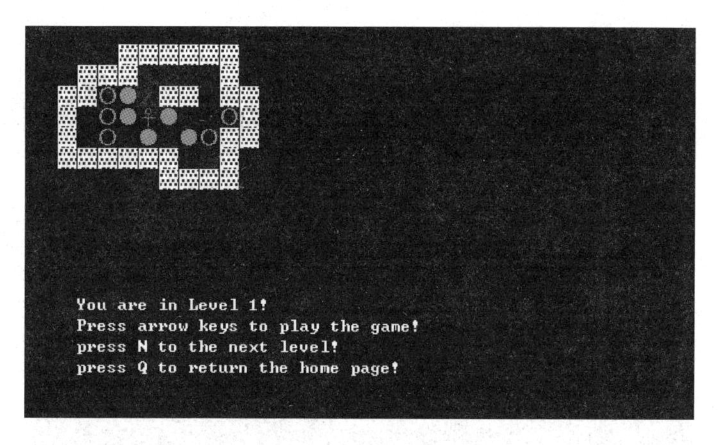

图 13.13　第一关界面

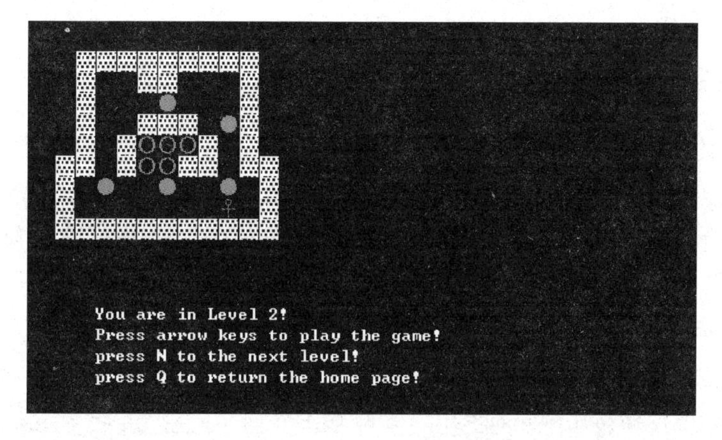

图 13.14　第二关界面

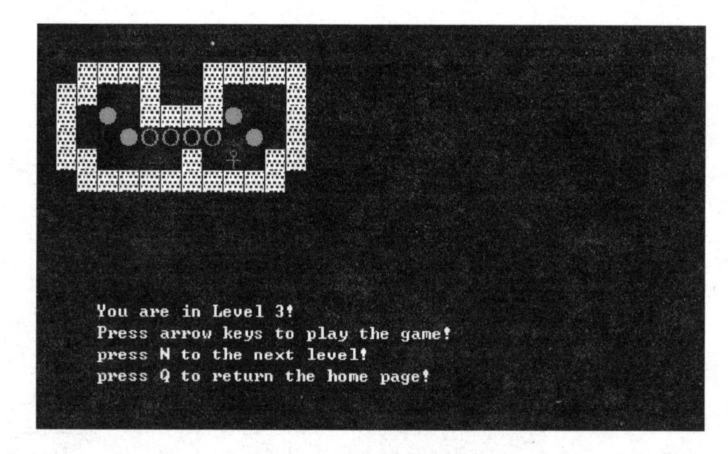

图 13.15　第三关界面

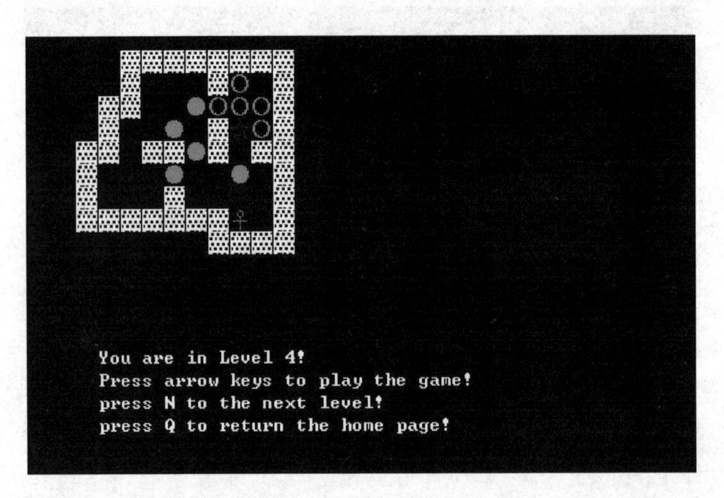

图 13.16　第四关界面

13.4.6　游戏操作模块

1. 功能设计

该模块包括判断用户游戏是否过关，即与箱子匹配的目的地数目是否等于目的地个数。以及捕获用户的键盘输入信息：如用户输入N表示进入下一关，用户输入Q表示返回主界面以及用户按上下左右键实现控制信息等功能。

2. 关键算法

如果游戏没有结束，并且用户按下方向键时便执行MoveBox()函数进行移动控制；如果用户想回到主界面或者进入下一关，也可通过函数的不同返回值实现相应的功能。如图13.17所示，为游戏操作程序模块流程图。

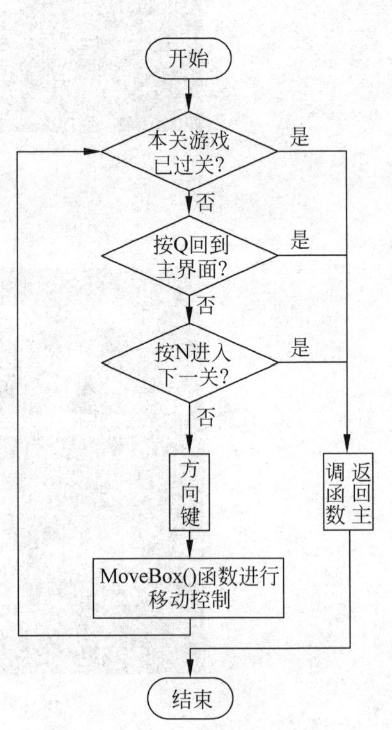

图 13.17　游戏操作模块流程图

3. 实现代码

1）函数声明部分

```
/*游戏操作函数,iSum代表箱子个数*/
int PlayGame(int aiMap[][16], int aiMap2[][16], int
iSum, int iImp);
```

2）函数实现部分

PlayGame()函数以表示当前地图的aiMap二维数组，表示原始地图的aiMap2二维数组和地图中箱子的个数iSum，以及用户所在关卡数iImp作为参数，在函数体中通过遍历二维数组来定位小人所在位置坐标，当判断已推进箱子的目的地数目等于总目的地个数时，返回0，通过调用下一关相应的函数进入下一关；当用户输入N返回4，直接进入下一关；当用户输入Q返回2，返回主界面；其他情况调用MoveBox()

函数进行移动控制。PlayGame()函数的返回值便是 0、4、2 分别代表上述三种情况。

```
/* 游戏操作函数,iSum 代表箱子个数 */
int PlayGame(int aiMap[][16], int aiMap2[][16], int iSum, int iImp)
{
    int i, j;
    int iPlayerX, iPlayerY;                   /* 人的位置 x,y 坐标 */
    char cOp;                                 /* 所按下的方向键 */
    int iNum = 0;                             /* 箱子推到目的地的个数 */

    while (1)
    {
        for (i = 0; i < 14; i++)
        {
            for (j = 0; j < 16; j++)          /* 循环遍历寻找人的位置 */
            {
                if (aiMap[i][j] == PERSON)    /* 6 代表人的位置 */
                    break;
            }
            if (j < 16)
                break;
        }
        /* 将二维数组中的人的 x,y 坐标赋值给 iPlayerX 和 iPlayerY */
        iPlayerX = i;
        iPlayerY = j;
        system("cls");
        iNum = PrintMap(aiMap, iImp);
        if (iNum == iSum)
        {                                     /* 将所有箱子都推到目的地 */
            printf(" Congratulations!\n");
            sleep(3000);                      /* 停顿 3 秒显示文字 */
            return 0;
        }
        else
        {                                     /* 还有箱子没有推到目的地 */
            cOp = getch();                    /* 捕获用户键盘输入 */
            if ((cOp == 'n') || (cOp == 'N'))     /* 输入 N 进入下一关 */
                return KEY_NEXT;
            else if ((cOp == 'q') || (cOp == 'Q'))  /* 输入 Q 返回主界面 */
                return KEY_RETURN;
        }
        switch (cOp)
        {                                     /* 用户输入方向键 */
        case KEY_UP:                          /* 上箭头 */
            MoveBox(aiMap, iPlayerX, iPlayerY, 1, aiMap2);
            break;
        case KEY_LEFT:                        /* 左箭头 */
            MoveBox(aiMap, iPlayerX, iPlayerY, 2, aiMap2);
            break;
        case KEY_RIGHT:                       /* 右箭头 */
```

```
            MoveBox(aiMap, iPlayerX, iPlayerY, 3, aiMap2);
            break;
        case KEY_DOWN:                              /* 下箭头 */
            MoveBox(aiMap, iPlayerX, iPlayerY, 4, aiMap2);
            break;
        default:
            break;
        }
    }
}
```

13.5 系统测试

对各个主要功能模块均进行了详细的功能测试，测试不仅要关注正确的输入值，是否可以产生预期的结果，更应该关注错误的输入值是否可以获得有效的提示信息，从而保证程序的健壮性。其中部分测试用例如表 13.1 所示，主要关注错误输入值的测试情况。

表 13.1 推箱子游戏系统测试用例表

序号	测试项	前提条件	操作步骤	预期结果	测试结果
1	主程序	进入主界面	输入选项 4	程序输入有误，不执行	通过
2		进入主界面	输入选项 3	提示"Press any key to continue"，再按键便可退出程序	通过
3	绘制地图模块	主菜单选择 1 开始游戏	无	成功打印第一关地图	通过
4		主菜单选择 2	输入 3	成功打印第三关地图	通过
5	移动控制模块	将小人移动到箱子旁边，保证下下一位置为空地	推动箱子	成功完成箱子的推动工作	通过
6		将小人移动到目的地位置	从目的地移走小人	小人移动成功，并且目的地重现	通过
7	关卡选择模块	进入游戏第一关	键盘输入 N	成功进入第二关	通过
8		进入游戏第一关	键盘输入 Q	成功返回主界面	通过
9	游戏操作模块	进入某一关	将所有箱子全部推到目的地	输出"Congratulations"，成功进入下一关	通过
10		进入某一关	键盘输入任意方向键	成功执行相应移动操作	通过

13.6 设计总结

本章开发的推箱子游戏能够实现选关，移动控制和游戏操作等功能。通过对推箱子游戏的开发，介绍了开发一个 C 语言图形编程和游戏的方法和技巧，如如何显示主界面菜单和响应用户输入、如何用二维数组实现地图、如何通过 switch-case 结构进行功能选项选择、如何通过句柄修改输出界面颜色等。

该系统的设计与开发对读者开发其他小型游戏具有很好的借鉴价值。读者还可以在本系统的基础上实现更多的功能，如实现多步回退功能，双人游戏等。希望读者通过本系统学到有用的知识并在以后的编程学习中保持严谨的态度，培养自己的逻辑思维，认真仔细考虑各种不同的情况，并对不同情况加以处理。

CHAPTER 14

第14章 贪 吃 蛇

14.1 设计目的

贪吃蛇是一款经典的小游戏,一条小蛇在一个区域里自由游走,目的是吃掉随机出现的食物,每吃掉一个食物蛇的身体会变长一点,如果在移动过程中蛇头碰到墙壁或者自己的身体游戏结束。所以吃掉的食物越多,游戏将变得更难。

本章用C语言实现了贪吃蛇游戏的开发,向读者展示贪吃蛇游戏中基础数据结构的设计以及相关重要功能的实现过程,希望读者能学习并体会开发游戏过程中基础数据结构的设计过程、重要功能的实现过程以及编写图形程序的相关知识和技巧。

通过本章项目的学习,读者能够掌握:

(1) 如何设计贪吃蛇游戏中的基础数据结构;

(2) 如何实现蛇的移动以及食物生成等的功能;

(3) 如何使用Windows编程的回调机制处理消息,实现游戏控制。

14.2 需求分析

本项目的具体任务是实现贪吃蛇游戏,首先要掌握基本游戏规则:游戏开始时蛇的长度是1个单位,而且按照当前方向不变地移动。移动的范围是20×20的区域内。食物随机出现在该区域里,当原有的食物被吃掉后,新食物随机生成在区域内。如果蛇碰到边缘或者自己,则游戏结束。游戏中可以暂停以及重新开始。具体功能需求描述如下。

(1) 初始化游戏:在窗口上画出游戏区域,并初始化长度为1的蛇,同时生成一个食物。

(2) 控制蛇的运行轨迹:通过键盘来控制蛇的运行方向。

(3) 控制蛇的长度:当蛇吃到食物时,蛇的身体会随之变长。

(4) 控制食物生成：当前食物被吃掉时，需要在游戏区域内随机生成一个新的食物。
(5) 计算分数：计算玩家得分，每吃到一个食物时，分数加1。
(6) 结束条件：当玩家控制的蛇撞到墙壁或者自己的身体时，游戏结束。

14.3 总体设计

贪吃蛇程序的功能结构图如图14.1所示，主要分成4个功能模块，分别介绍如下。

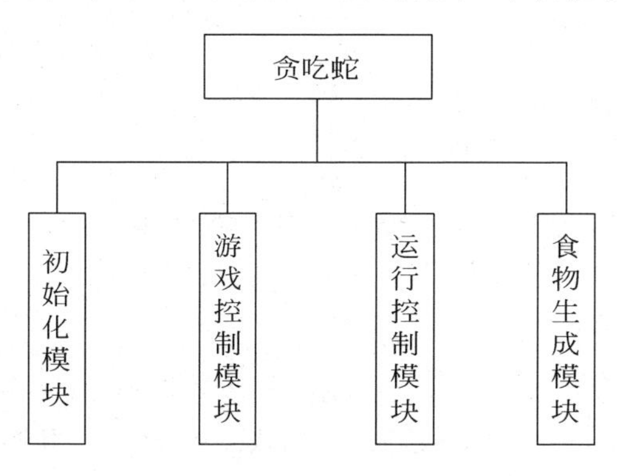

图14.1 功能结构图

(1) 初始化模块：实现游戏区域的绘制以及蛇与食物的生成，通过对键盘消息的监测实现游戏的暂停和重新开始。

(2) 游戏控制模块：通过对蛇头位置的判断，判断在移动过程中蛇头碰到墙壁或者自己的身体，结束游戏。

(3) 运行控制模块：通过对键盘消息的监测与当前运行方向来实现对蛇的运行控制。

(4) 食物生成模块：通过蛇头和食物相对位置的判断，实现蛇吃食物的效果，更新分数。同时在区域内随机生成新的食物。

14.4 详细设计与实现

14.4.1 预处理及数据结构

1. 头文件

本系统包含三个头文件，其中，windows.h是使用Windows编程必需的头文件，time.h则用于产生随机数。

```
#include <windows.h>                    /*windows头文件*/
#include <time.h>                       /*日期与时间头文件*/
#include <stdlib.h>                     /*标准函数库*/
```

2. 宏定义

本程序中定义了如下常量，使得程序更加简洁。

```
/*游戏中相关常量定义*/
```

```
#define     UP              1          /* 向上,蛇头 y 坐标不断减小 */
#define     DOWN            2          /* 向下,蛇头 y 坐标不断增大 */
#define     LEFT            3          /* 向左,蛇头 x 坐标不断减小 */
#define     RIGHT           4          /* 向右,蛇头 x 坐标不断增大 */
#define     SNAKEWIDTH      10         /* 单节蛇的大小 */
#define     XWIDTH          20         /* 游戏区的宽度 */
#define     YHEIGHT         20         /* 游戏区的高度 */
#define     ID_TIMER        1          /* 定时器 ID */
#define     TIMERSET        600        /* 定时间隔 */
#define     FALSE           0
#define     TRUE            1
/* 定义 windows 窗口名字 */
#define     APP_NAME        "Snake"
#define     APP_TITLE       TEXT("贪吃蛇")
/* 在 Windows 编程的键盘监控事件中,P、R 键分别用 80,82 表示 */
#define     P               80
#define     R               82
```

3. 结构体

定义了一个贪吃蛇节点结构体 Snake,stSnake 表示蛇头,其中,point 表示该节点的相对坐标,next 表示指向下一节点的指针,before 表示指向上一节点的指针,即蛇身体的下一块和上一块。

```
struct Snake
{
    POINT point;              /* POINT 类型定义在 windef.h 中,该头文件包含在 windows.h 中 */
    struct Snake * next, * before;
} stSnake;                                /* 定义蛇头 */
```

4. 全局变量

```
static int iDirect = RIGHT;                /* 方向(注:方向由蛇头决定) */
static int iScore;                         /* 吃到的食物数量(分数) */
int iIsOver = FALSE;                       /* 标记游戏是否已结束 */
int aiPointExist[X_WIDTH][Y_HEIGHT];       /* 定义游戏区坐标 */
struct Snake * pstLast = NULL;             /* pstLast 指向蛇的尾节点 */
struct Snake * pstFood = NULL;             /* pstFood 指向食物节点,表示食物位置 */
```

14.4.2 主函数

1. 功能设计

在 Windows 编程中,程序入口为 WinMain 函数,相当于 DOS 里的主函数,在本程序中的 WinMain 函数中实现创建 Windows 窗口功能,获取并分发消息。

2. 实现代码

函数实现部分:

贪吃蛇游戏开始以后首先创建一个坐标作为贪吃蛇,然后随机在区域内的一个坐标点生成食物;默认设置贪吃蛇的移动方向向右;当蛇移动时根据当前的移动方向计算蛇头的新坐标，再依次改变每一节的坐标为其前一节的坐标。在移动之前要监测是否碰到食物、区域边缘或者自己的身体。主要处理流程见图 14.2。

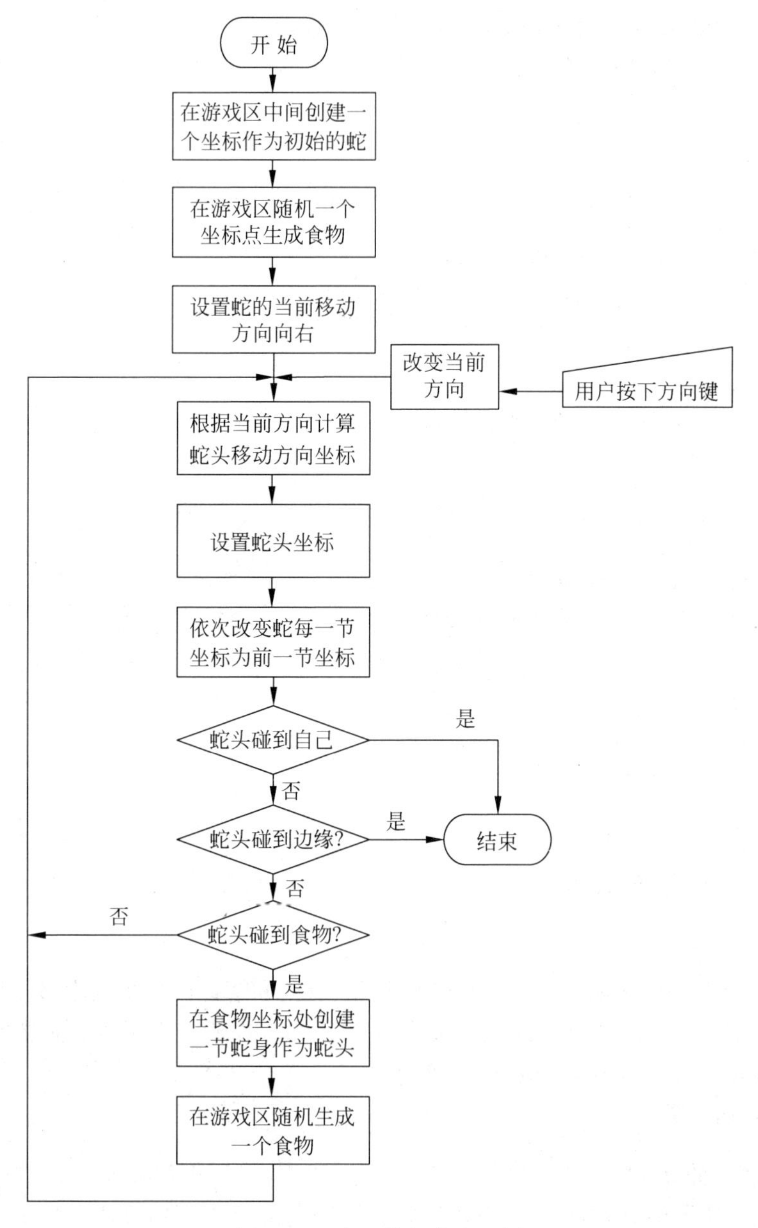

图 14.2　主函数程序流程图

```
int WINAPI WinMain(HINSTANCE hInstance, HINSTANCE hPrevInstance,
                   LPSTR lpCmdLine, int nCmdShow)
{
    MSG msg;
    WNDCLASS wndcls;                           /* WNDCLASS 结构变量,包含窗口类全部信息 */
    /* 设置窗口样式 */
    wndcls.cbClsExtra = 0;
    wndcls.cbWndExtra = 0;
```

```
    wndcls.hbrBackground = (HBRUSH)GetStockObject(WHITE_BRUSH);
    wndcls.hCursor = LoadCursor(hInstance, IDC_ARROW);
    wndcls.hIcon = LoadIcon(hInstance, IDI_APPLICATION);
    wndcls.hInstance = hInstance;
    wndcls.lpfnWndProc = WndProc;
    wndcls.lpszClassName = APP_NAME;
    wndcls.lpszMenuName = NULL;
    wndcls.style = CS_HREDRAW | CS_VREDRAW;
    RegisterClass(&wndcls);
    /* 创建 Windows 窗口 */
    HWND hwnd = CreateWindow(APP_NAME,
         APP_TITLE,
        WS_OVERLAPPED | WS_MINIMIZEBOX | WS_SYSMENU,
        CW_USEDEFAULT,
        CW_USEDEFAULT, (XWIDTH + 10) * SNAKEWIDTH,
        (YHEIGHT + 5) * SNAKEWIDTH,
        NULL, NULL,
        hInstance, NULL);
    ShowWindow(hwnd, nCmdShow);
    UpdateWindow(hwnd);
    /* 判断是否有 Windows 消息 */
    while (GetMessage(&msg, NULL, 0, 0))
    {
        TranslateMessage(&msg);
        DispatchMessage(&msg);
    }
    return msg.wParam;
}
```

14.4.3 初始化模块

1. 功能设计

该模块主要有两个功能。一个功能是绘制游戏运行的整个界面，监控键盘事件，实现游戏的暂停和重新开始；另一个功能是初始化蛇和食物。在游戏开始时，在游戏区域中心生成一个单位长度的蛇并在区域内随机生成食物。

2. 实现代码

1）函数声明部分

（1）LRESULT CALLBACK WndProc(HWND, UINT, WPARAM, LPARAM)；

（2）void startGame(HWND hwnd)；

2）函数实现部分

（1）WndProc 函数

该函数是响应 Windows 消息的回调函数，用来处理 Windows 信息。其中的 WM_PAINT 为更新位图的消息，所以绘制游戏运行的整个界面在这个函数中实现，同时这个函数也处理键盘输入。

```
LRESULT CALLBACK WndProc(HWND hwnd, UINT message,
```

```
                        WPARAM wParam, LPARAM lParam)
{
    HDC             hdc;
    PAINTSTRUCT     ps;
    TEXTMETRIC      tm;
    HBRUSH          hBrush;
    static int      cxChar, cyChar;
    TCHAR           szScore[] = TEXT("得分: "),
        szInfor_1[] = TEXT("======== 游戏说明 ========"),
        szInfor_2[] = TEXT("1.按方向键移动小蛇; "),
        szInfor_3[] = TEXT("2.按 P 暂停游戏; "),
        szInfor_4[] = TEXT("2.按 R 重新开始游戏; "),
        szInfor_5[] = TEXT("3.蛇头撞到墙,结束游戏; "),
        szInfor_6[] = TEXT("4.蛇头碰到蛇身,游戏结束; "),
        szInfor_7[] = TEXT("5.每吃一个米粒得 1 分"),
        szInfor_8[] = TEXT("========================"),
        szInfor_9[] = TEXT("========================"),
        szInfor_10[] = TEXT(" 您的得分是: "),
        szInfor_11[] = TEXT("========================"),
        szGameOver[] = TEXT("游戏结束!"),
        szPause[] = TEXT("游戏暂停!"),
        szBuffer[X_WIDTH],
        * szText = NULL;
    int             x, y;
    static int      iPause = FALSE;

    switch (message)
    {
    case WM_CREATE:
        hdc = GetDC(hwnd);                          /* 返回窗口客户区的设备上下文环境 */
        GetTextMetrics(hdc, &tm);
                        /* 该函数把程序当前的字体信息存放到 TEXTMETRIC 类型变量 tm 中 */
        cyChar = tm.tmExternalLeading + tm.tmHeight;
        ReleaseDC(hwnd, hdc);
        startGame(hwnd);
        return 0;
    case WM_TIMER:
        if (iPause) return 0;
        Move(hwnd);
        if (iIsOver)
        {
            KillTimer(hwnd, ID_TIMER);
            InvalidateRect(hwnd, NULL, TRUE);
        }
        return 0;

    case WM_KEYDOWN:
        keyDown(hwnd, wParam, iPause);
        if (wParam == P)
        {
            iPause = !iPause;
```

```
            InvalidateRect(hwnd, NULL, TRUE);
            return 0;
        }
        if (wParam == R)
        {
            startGame(hwnd);
            return 0;
        }

    case WM_PAINT:
        hdc = BeginPaint(hwnd, &ps);
        hBrush = (HBRUSH)GetStockObject(NULL_BRUSH);
        SetViewportOrgEx(hdc, SNAKE_WIDTH, SNAKE_WIDTH, NULL);

        /* 画游戏区的边框 */
        MoveToEx(hdc, -1, -1, NULL);
        LineTo(hdc, X_WIDTH * SNAKE_WIDTH + 1, -1);
        LineTo(hdc, X_WIDTH * SNAKE_WIDTH + 1, Y_HEIGHT * SNAKE_WIDTH + 1);
        LineTo(hdc, -1, Y_HEIGHT * SNAKE_WIDTH + 1);
        LineTo(hdc, -1, -1);

        /* 显示屏幕右侧的游戏说明 */
        TextOut(hdc, (X_WIDTH + 1) * SNAKE_WIDTH, 0, szInfor_1, lstrlen(szInfor_1));
                TextOut(hdc, (X_WIDTH + 1) * SNAKE_WIDTH, 20, szInfor_2, lstrlen(szInfor_2));
        TextOut(hdc, (X_WIDTH + 1) * SNAKE_WIDTH, 50, szInfor_3, lstrlen(szInfor_3));
        TextOut(hdc, (X_WIDTH + 1) * SNAKE_WIDTH, 80, szInfor_4, lstrlen(szInfor_4));
        TextOut(hdc, (X_WIDTH + 1) * SNAKE_WIDTH, 110, szInfor_5, lstrlen(szInfor_5));
        TextOut(hdc, (X_WIDTH + 1) * SNAKE_WIDTH, 140, szInfor_6, lstrlen(szInfor_6));
        TextOut(hdc, (X_WIDTH + 1) * SNAKE_WIDTH, 170, szInfor_7, lstrlen(szInfor_7));
        TextOut(hdc, (X_WIDTH + 1) * SNAKE_WIDTH, 200, szInfor_8, lstrlen(szInfor_8));
        TextOut(hdc, (X_WIDTH + 1) * SNAKE_WIDTH, 300, szInfor_9, lstrlen(szInfor_9));
        TextOut(hdc, (X_WIDTH + 1) * SNAKE_WIDTH, 320, szInfor_10, lstrlen(szInfor_10));
        TextOut(hdc, (X_WIDTH + 1) * SNAKE_WIDTH, 340, szInfor_11, lstrlen(szInfor_11));
        TextOut(hdc, (X_WIDTH + 1) * SNAKE_WIDTH + 100, 320, szBuffer, wsprintf(szBuffer,
TEXT("%4d"), iScore));
        if (iPause)
            TextOut(hdc, (X_WIDTH + 1) * SNAKE_WIDTH, 380, szPause, lstrlen(szPause));
        else if (iIsOver)
            TextOut(hdc, (X_WIDTH + 1) * SNAKE_WIDTH, 380, szGameOver, lstrlen(szGameOver));

        hBrush = CreateSolidBrush(RGB(0, 0, 255)); /* 定义画刷为蓝色 */
                SelectObject(hdc,hBrush);

        for (x = 0; x < X_WIDTH; ++x)
        {
            for (y = 0; y < Y_HEIGHT; ++y)
            {
                if (aiPointExist[x][y])
                    /* 绘制蛇身和食物的矩形 */
                    Rectangle(hdc, x * SNAKE_WIDTH, y * SNAKE_WIDTH,
                    (x + 1) * SNAKE_WIDTH, (y + 1) * SNAKE_WIDTH);
```

```
            }
        }
        return 0;

    case WM_DESTROY:
        KillTimer(hwnd, ID_TIMER);
        PostQuitMessage(0);
        return 0;
    }
    return DefWindowProc(hwnd, message, wParam, lParam);
}
```

(2) startGame 函数

该函数实现游戏开始时全局变量的初始化，在游戏区域中央生成长度为 1 个单位的蛇，并生成食物，NewFood()函数将在食物生成模块介绍。

```
void startGame(HWND hwnd)
{
    int x,y;
    for ( x = 0; x < X_WIDTH; ++x)
        for ( y = 0; y < Y_HEIGHT; ++y)
            aiPointExist[x][y] = FALSE;        /* 初始化变量为 FALSE,表示没有食物和蛇 */

    iDirect = RIGHT;                            /* 游戏开局,设定蛇的默认方向向右 */
    /* 在游戏区中间位置生成长度为 1 的蛇 */
    stSnake.point.x = X_WIDTH / 2;
    stSnake.point.y = Y_HEIGHT / 2;
    pstLast = &stSnake;
    iIsOver = FALSE;                            /* 将游戏结束变量设为 FALSE */
    aiPointExist[stSnake.point.x][stSnake.point.y] = TRUE;    /* 将新生成蛇的位置的
                                                                 aiPointExist 变量设
                                                                 为 TRUE */
    NewFood(hwnd);                              /* 随机生成一个食物 */
    SetTimer(hwnd, ID_TIMER, TIMERSET, NULL);   /* 设置计数器 */
}
```

14.4.4 游戏控制模块

1. 功能设计

该模块主要是在游戏进行过程中检测蛇头是否撞墙或者撞到自己身体来控制游戏是否结束。

2. 实现代码

1) 函数声明部分

```
int TouchWall();
```

2) 函数实现部分

TouchWall()函数功能是判断游戏结束条件：首先判断蛇头位置是否在游戏区域内；

然后判断蛇的每个节点是否和头节点相同。若存在蛇身节点与头节点位置相同，则说明蛇头碰到自己的身体。

```
int TouchWall()
{
    struct Snake * pstTemp = pstLast;
    /* 超越边界判断 */
    if (stSnake.point.x >= X_WIDTH ||
        stSnake.point.x < 0 ||
        stSnake.point.y < 0 ||
        stSnake.point.y >= Y_HEIGHT)
        return TRUE;
    /* 碰撞自身身体判断 */
    while (pstTemp != &stSnake)
    {
        if (stSnake.point.x == pstTemp->point.x &&
            stSnake.point.y == pstTemp->point.y)
            return TRUE;
        pstTemp = pstTemp->pstBefore;
    }
    return FALSE;
}
```

14.4.5 运行控制模块

1. 功能设计

该模块主要实现两个功能：第一个功能是根据键盘输入改变蛇的下一个前进方向；第二个功能是实现蛇的动态移动。

2. 实现代码

1）函数声明部分

(1) void KeyDown(HWND hwnd,WPARAM wParam,int pause);

(2) void Move(HWND hwnd);

2）函数实现部分：

(1) KeyDown 函数

该函数实现游戏过程中的按键处理，按上、下、左、右键对蛇的移动方向进行控制。

```
void keyDown(HWND hwnd, WPARAM wParam, int pause)
{
    if (!iPause&&!iIsOver)/*游戏运行时，才可以进行运行控制*/
    {
        switch (wParam)
        {
        case VK_UP:
            if (iDirect != DOWN)                /*更改的移动方向不能与原方向相反*/
            {
                iDirect = UP;                   /*改变当前移动方向*/
                Move(hwnd);                     /*移动*/
```

```
            }
            break;
        case VK_DOWN:
            if (iDirect != UP)
            {
                iDirect = DOWN;
                Move(hwnd);
            }
            break;
        case VK_LEFT:
            if (iDirect != RIGHT)
            {
                iDirect = LEFT;
                Move(hwnd);
            }
            break;
        case VK_RIGHT:
            if (iDirect != LEFT)
            {
                iDirect = RIGHT;
                Move(hwnd);
            }
            break;
        default:
            break;
        }
    }
}
```

(2) Move 函数

该函数根据当前移动方向实现蛇的移动，主要使用链表操作。当前进方向上不是食物时，从尾节点依次改变节点位置为前一节点位置，实现蛇的移动；当前进方向上是食物时，则增加一个节点为尾节点，再移动每个节点为前一节点位置。

```
void Move(HWND hwnd)
{
    int iPosition_x, iPosition_y;                /* 用于记录蛇头的当前位置(未前进时) */
    struct Snake * pstTemp = pstLast;
    /* 记录蛇头当前坐标 */
    iPosition_x = stSnake.point.x;
    iPosition_y = stSnake.point.y;
    /* 测试前进的地方是否是食物,同时将蛇头前进 */
    switch (iDirect)
    {
    case UP:
        -- stSnake.point.y;
        break;
    case DOWN:
        ++stSnake.point.y;
        break;
    case LEFT:
```

```
        --stSnake.point.x;
        break;
    case RIGHT:
        ++stSnake.point.x;
        break;
    default:
        break;
    }
    if (!IsFood())                              /* 如果不是食物,做如下处理 */
    {
        if (pstTemp != &stSnake)                /* 最后一节不是蛇头 */
        {
            /* 由于蛇要前进,原蛇尾位置标记为 FALSE */
            aiPointExist[pstTemp->point.x][pstTemp->point.y] = FALSE;
            /* 蛇尾到蛇头位置节点对应位置分别标记为 TRUE */
            while (pstTemp != stSnake.pstNext)
            {
                pstTemp->point.x = pstTemp->pstBefore->point.x;
                pstTemp->point.y = pstTemp->pstBefore->point.y;
                pstTemp = pstTemp->pstBefore;
            }
            pstTemp->point.x = iPosition_x;
            pstTemp->point.y = iPosition_y;
            aiPointExist[pstTemp->point.x][pstTemp->point.y] = TRUE;
        }
        else /* pstLast == stSnake,即蛇只有蛇头 */
            aiPointExist[iPosition_x][iPosition_y] = FALSE;
        if (TouchWall())
            iIsOver = TRUE;                     /* 则标记游戏结束 */
        else
            aiPointExist[stSnake.point.x][stSnake.point.y] = TRUE;  /* 否则移动后的蛇头位置
                                                                       标记为有方块了 */
        InvalidateRect(hwnd, NULL, TRUE);       /* 刷新游戏区 */
    }
    /* 如果是食物,做如下处理 */
    else
    {
        ++iScore;
        pstFood->pstBefore = pstLast;
        pstLast->pstNext = pstFood;

        if (pstTemp != &stSnake)
        {
            pstFood->point.x = pstLast->point.x;
            pstFood->point.y = pstLast->point.y;
            while (pstTemp != stSnake.pstNext)
            {
                pstTemp->point.x = pstTemp->pstBefore->point.x;
                pstTemp->point.y = pstTemp->pstBefore->point.y;
                pstTemp = pstTemp->pstBefore;
            }
            pstTemp->point.x = iPosition_x;
            pstTemp->point.y = iPosition_y;
        }
```

```
        else                                          /* pstLast == stSnake,即蛇只有蛇头 */
        {
            pstFood->point.x = iPosition_x; pstFood->point.y = iPosition_y;
        }
        pstLast = pstFood;
        NewFood(hwnd);
    }
}
```

14.4.6 食物生成模块

1. 功能设计

该模块主要实现两个功能,第一个功能是判断贪吃蛇是否吃到食物,第二个功能是在游戏区域内随机生成新的食物。

2. 实现代码

1) 函数声明部分

(1) `int IsFood();`　　/* 判断前方是否是食物 */

(2) `void NewFood(HWND hwnd);`　　/* 新食物生成 */

2) 函数实现部分

(1) IsFood 函数

该函数实现了判断前方是否有食物功能,通过判断蛇头和食物的相对位置坐标实现该功能。

```
int IsFood()
{
    if(stSnake.point.x == pstFood->point.x && stSnake.point.y == pstFood->point.y)
        return TRUE;
    else
        return FALSE;
}
```

(2) NewFood 函数

该函数实现生成新食物的功能。通过随机生成区域内坐标来随机生成食物,如果新位置是贪吃蛇蛇身所在位置,则重新生成新的位置。

```
void NewFood(HWND hwnd)
{
    pstFood = (struct Snake *)malloc(sizeof(struct Snake));
    SYSTEMTIME st;
    /* 在窗口位置内随机产生新的食物 */
    GetLocalTime(&st);                            /* 获取当地的当前系统日期和时间 */
    srand(st.wMilliseconds);
    pstFood->point.x = rand() % X_WIDTH;
    pstFood->point.y = rand() % Y_HEIGHT;
    /* 判断新食物位置是否是蛇身位置 */
    while (aiPointExist[pstFood->point.x][pstFood->point.y])
    {
```

```
        GetLocalTime(&st);
        srand(st.wMilliseconds);
        pstFood->point.x = rand() % X_WIDTH;
        pstFood->point.y = rand() % Y_HEIGHT;
    }
    aiPointExist[pstFood->point.x][pstFood->point.y] = TRUE;
    InvalidateRect(hwnd, NULL, TRUE);               /* 重绘窗口区域 */
}
```

3. 核心界面

游戏运行时的界面如图 14.3 所示，蛇撞墙结束程序界面如图 14.4 所示。

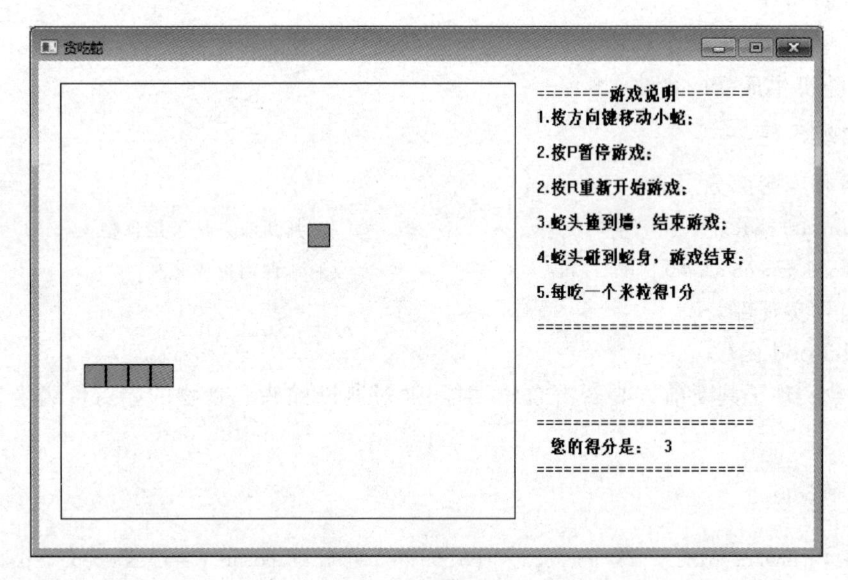

图 14.3　游戏运行界面

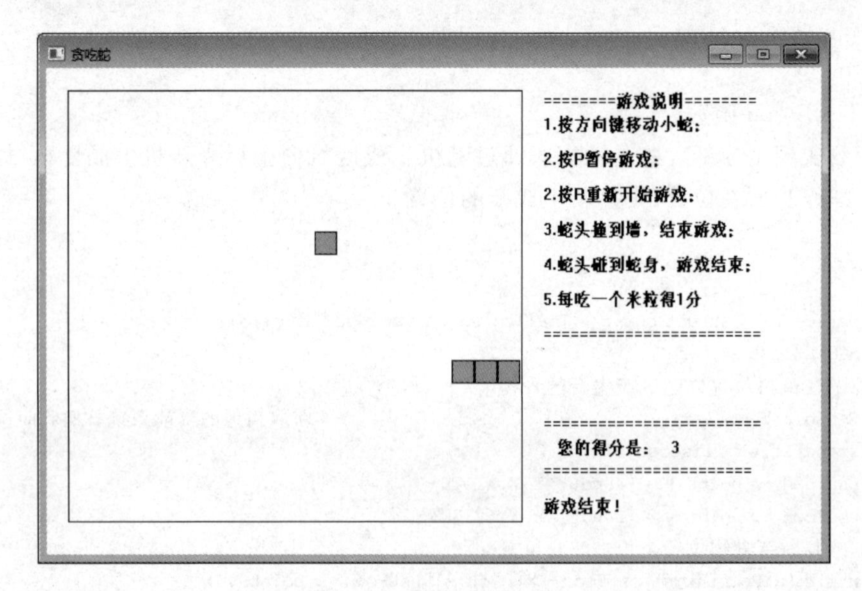

图 14.4　游戏结束界面

14.5 系统测试

对各个主要功能模块均进行了详细的功能测试，从而保证程序的健壮性。具体测试用例见表 14.1。

表 14.1 贪吃蛇测试用例表

序号	测试项	前提条件	操作步骤	预期结果	测试结果
1	初始化模块	游戏进行中	贪吃蛇吃食物	分数更新	通过
2		游戏进行中	输入字符 p	显示提示文字"游戏暂停"	通过
3	游戏控制模块	游戏进行中	贪吃蛇撞到游戏区域边界	游戏结束	通过
4		游戏进行中	贪吃蛇撞到自己身体部分	游戏结束	通过
5	运行控制模块	游戏进行中	输入与前进方向相反的方向键	贪吃蛇移动方向不变	通过
6		游戏暂停时	输入方向键	贪吃蛇不移动	通过
7		游戏进行中	贪吃蛇吃到食物	蛇身长度变长 1 个单位	通过
8	食物生成模块	游戏进行中	贪吃蛇吃到食物	1. 原食物消失 2. 随机生成新食物	通过

14.6 设计总结

本章介绍了贪吃蛇程序的实现过程，对程序用到的数据结构、主要变量、控制函数进行了分析设计。希望读者能够通过阅读本章内容，学习如何在程序中设计使用合适的数据结构，学习如何使用 Windows 编程技术，学习如何产生随机数，学习如何进行游戏程序的编写。

本程序的开发对读者进行游戏开发有很好的借鉴作用。读者可以在本程序内容基础上增加其他内容，例如，当吃到食物后贪吃蛇的前进速度加快、在游戏区域设置一些障碍物等。

CHAPTER 15

第15章 俄罗斯方块

15.1 设计目的

俄罗斯方块(Terris,俄文:Тетрис)是一款电视游戏机和掌上游戏机游戏。俄罗斯方块的基本规则是移动、旋转和摆放游戏自动输出的各种方块,使之排列成完整的一行或多行并且消除得分。本章运用OpenGL编写出画面效果尚佳的俄罗斯方块,使玩家可以拥有更好的游戏效果。

通过本章项目的学习,读者能够掌握:

(1) 如何用OpenGL编写画图程序;

(2) 如何用数组储存信息;

(3) 如何实现菜单的显示、选择和响应等功能;

(4) 如何实现图形的移动、变换等功能。

15.2 需求分析

本项目的具体任务是制作一个俄罗斯方块游戏,能够实现对方块的控制、速度等级的更新、游戏帮助的显示等功能,具体功能需求描述如下。

(1) 游戏方块控制。通过各种条件的判断,实现对游戏方块的左移、右移、快速下落、自由下落、旋转功能,以及行满消除的功能。

(2) 游戏显示更新。当游戏方块左右移动、下落、旋转时,要先清除先前的游戏方块,用新坐标重绘游戏方块。当消除满行时,要重绘游戏底板的当前状态。

(3) 游戏速度等级更新。当游戏玩家进行游戏过程中,需要按照一定的游戏规则给游戏玩家计算游戏分数。比如,消除一行加100分。当游戏分数达到一定数量之后,需要给游戏者进行等级的提升,每上升一个等级,游戏方块的下落速度会加快,游戏难度将增加,但消去一行得分也将增加。

(4) 游戏帮助。游戏玩家进入游戏后,将有对本游戏如何操作的友好提示。

15.3　总体设计

俄罗斯方块的系统功能结构图如图 15.1 所示，主要包括 5 个模块，分别介绍如下。

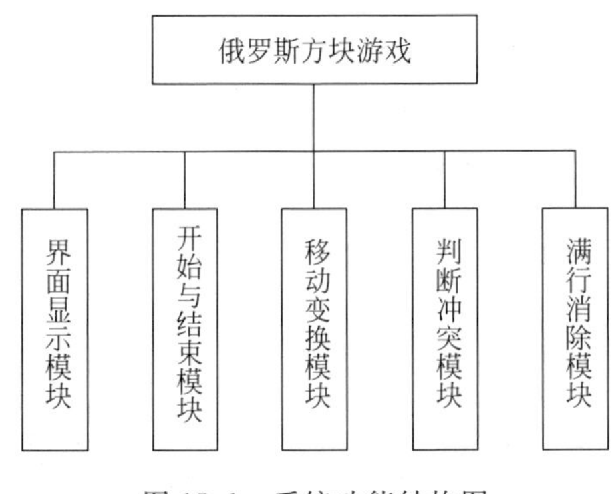

图 15.1　系统功能结构图

(1) 界面显示模块：创建游戏主窗口并将游戏帮助显示在游戏界面上。

(2) 开始与结束模块：在游戏开始前创建一个欢迎进入游戏的提示窗口，玩家可选择进入游戏或退出游戏；在游戏结束后创建游戏结束窗口，其中包含玩家等级以及最终得分。

(3) 移动变换模块：通过对按键的判断，实现方块的移动、变换等功能。其中，按 W 键可实现变形，按 A 键可实现左移，按 D 键可实现右移，按 S 键可实现下移，按 Esc 键使游戏退出。

(4) 判断冲突模块：该模块可判断移动是否合法，防止出现方块重叠、越界的情况。

(5) 满行消除模块：该模块是几个功能的集合，包括对满行方块的消除、对分数的更新以及对下落速度、等级的变化处理。

15.4　详细设计与实现

15.4.1　预处理及数据结构

1. 头文件

本系统包含 4 个头文件，其中，conio. h 并不是 C 标准库中的文件，conio 是 Console Input/Output(控制台输入输出)的简写，其中定义了通过控制台进行数据输入和数据输出的函数，主要是一些用户通过按键产生的对应操作，比如 getch()函数等。

```
#include<GL/glut.h>            /*使用 OpenGL 画图时要用到的头文件*/
#include<time.h>               /*时间和日期头文件,随机生成方块时需要用到*/
#include<windows.h>            /*几个常用基本的头文件*/
#include<stdlib.h>             /*标准函数库*/
#include<stdio.h>              /*标准输入输出函数库*/
#include<conio.h>              /*控制台输入输出函数库*/
```

2. 宏定义

为了使程序更加简洁和清晰，我们定义了一些符号常量来表示一些特定的数值，比如使用 SIZE(20)来表示游戏区域的大小，定义 MAX_CHAR(128)来表示输出文字的显示列表数量。

在实现键盘操控的时候，不同的按键具有不同的键值，这里也分别进行了定义。

```
#define LEFT       'a'                 /*定义操控按键*/
#define RIGHT      'd'
```

```
#define UP          'w'
#define DOWN        's'
#define START       0                    /* 定义图形的范围 */
#define SIZE        20
#define ESC         27                   /* 键值定义 */
#define ENTER       13
#define MAX_CHAR    128                  /* 输出文字时需要用到 */
```

3. 定义的结构体

这里定义了一个结构体,其作用是定义各个点的坐标。

```
struct Point
{
    int x;                               /* 横坐标 x */
    int y;                               /* 纵坐标 y */
};
```

4. 定义的数组

这里定义了两个数组,分别储存刚刚下落时方块的坐标和右上角处预览方块的坐标,每个数组中有 7 个二维数组,分别是 7 种形状的初始坐标。

```
GLfloat afShape[][4][2] =
{
    { { -0.2f, 0.9f }, { -0.2f, 0.8f }, { -0.2f, 0.7f }, { -0.2f, 0.6f } },
    /* 1.记录初始下落时长条的 4 个坐标 */
    { { -0.3f, 0.9f }, { -0.2f, 0.9f }, { -0.3f, 0.8f }, { -0.2f, 0.8f } },
    /* 2.记录初始下落时正方形的 4 个坐标 */
    { { -0.3f, 0.9f }, { -0.4f, 0.8f }, { -0.3f, 0.8f }, { -0.2f, 0.8f } },
    /* 3.记录初始下落时 T 字形的 4 个坐标 */
    { { -0.3f, 0.9f }, { -0.2f, 0.9f }, { -0.2f, 0.8f }, { -0.1f, 0.8f } },
    /* 4.记录初始下落时 Z 字形的 4 个坐标 */
    { { -0.3f, 0.9f }, { -0.2f, 0.9f }, { -0.4f, 0.8f }, { -0.3f, 0.8f } },
    /* 5.记录初始下落时倒 Z 字形的 4 个坐标 */
    { { -0.3f, 0.9f }, { -0.3f, 0.8f }, { -0.3f, 0.7f }, { -0.2f, 0.7f } },
    /* 6.记录初始下落时 L 字形的 4 个坐标 */
    { { -0.2f, 0.9f }, { -0.2f, 0.8f }, { -0.3f, 0.7f }, { -0.2f, 0.7f } },
    /* 7.记录初始下落时倒 L 字形的 4 个坐标 */
};
GLfloat afShapeNext[][4][2] =
{
    { { 0.7f, 0.7f }, { 0.7f, 0.6f }, { 0.7f, 0.5f }, { 0.7f, 0.4f } },
    /* 1.记录预览下一长条的 4 个坐标 */
    { { 0.6f, 0.7f }, { 0.7f, 0.7f }, { 0.6f, 0.6f }, { 0.7f, 0.6f } },
    /* 2.记录预览下一正方形的 4 个坐标 */
    { { 0.7f, 0.7f }, { 0.6f, 0.6f }, { 0.7f, 0.6f }, { 0.8f, 0.6f } },
    /* 3.记录预览下一 T 字形的 4 个坐标 */
    { { 0.6f, 0.7f }, { 0.7f, 0.7f }, { 0.7f, 0.6f }, { 0.8f, 0.6f } },
    /* 4.记录预览下一 Z 字形的 4 个坐标 */
    { { 0.7f, 0.7f }, { 0.8f, 0.7f }, { 0.6f, 0.6f }, { 0.7f, 0.6f } },
    /* 5.记录预览下一倒 Z 字形的 4 个坐标 */
```

```
    { { 0.6f, 0.7f }, { 0.6f, 0.6f }, { 0.6f, 0.5f }, { 0.7f, 0.5f } },
    /* 6.记录预览下一 L 字形的 4 个坐标 */
    { { 0.7f, 0.7f }, { 0.7f, 0.6f }, { 0.6f, 0.5f }, { 0.7f, 0.5f } },
    /* 7.记录预览下一倒 L 字形的 4 个坐标 */
};
```

5. 全局变量

这里定义的 iOver 是用来判断方块是否到达了不能再往下降的地方，到了则置其为 1，否则为 0。

(1) 重新生成了一个方块，修改 iOver=0；

(2) 方块到达底部，修改 iOver=1。

```
GLint aiBlock[SIZE][SIZE] = { 0 };      /* 记录游戏区域方块状态 */
GLfloat afCurLoc[4][2] = { 0 };         /* 记录当前正在下落的方块的 4 个坐标 */
GLfloat afNextLoc[4][2] = { 0 };        /* 记录接下来下落的方块的 4 个坐标 */
GLint iCurrentBlock = 1;                /* 记录当前正在下落的是第 1 种图形，顺序如上面所示 */
GLint iNextBlock = 1;                   /* 记录接下来下落的是第 1 种图形，顺序如上面所示 */
GLint aiTurn[7] = { 0 };                /* 应该变换的形态 */
GLfloat xd = 0.0f, yd = 0.0f;
GLuint uiTextFont;                      /* 定义文字输出函数时需用到 */
int iLevel = 0;
int iOver = 0;
int iEndGame = 0;                       /* 记录游戏是否结束 */
int iScore = 0;
int iLefRig = 0;
int iTimeS = 1000;
int iStart = -1;                        /* 0 表示退出游戏，1 表示开始游戏 */
char cButton;                           /* 键盘按键的键值 */
struct Point stPoint;
```

15.4.2 主函数

1. 功能设计

主函数首先初始化 OpenGL 描画库资源，然后进入游戏欢迎界面，由玩家选择是否进入游戏，或者直接退出。若是进入游戏，程序则画出游戏窗口，玩家开始游戏。具体的流程如图 15.2 所示。

2. 实现代码

函数实现部分：

主函数运行后，由 glutInit 对 GLUT 初始化，glutInitDisplayMode 确定显示方式，glutInitWindowPosition 和 glutInitWindowSize 确定窗口位置及大小，InitBLOCK 用来初始化图形界面，glutCreateWindow 根据上面的信息创建窗口并命名，InitString 为自定义的显示游戏帮助的函数，glutDisplayFunc(&CreateBlocks)和 glutKeyboardFunc(key)是关键部分，控制方块的生成，下落，变形，消除以及对变形是否合法进行判断。glutTimerFunc 控制方块的定时下落，决定方块下落速度。glutMainLoop 进行消息循环，使游戏开始进行。

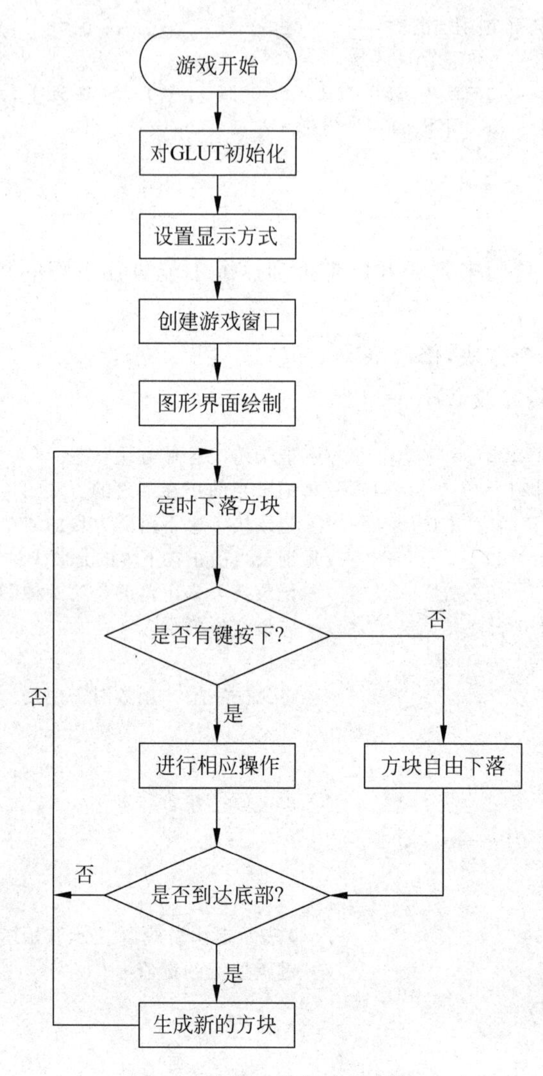

图 15.2　游戏执行主流程图

```
int main(int argc, char * argv[])
{
    glutInit(&argc, argv);
    glutInitDisplayMode(GLUT_RGB | GLUT_DOUBLE);
    glutInitWindowPosition(400, 0);          /* 设置窗口在屏幕中的位置 */
    glutInitWindowSize(750, 720);            /* 设置窗口的大小 */
    WelcomeScreen();
    if (iStart)
    {
        InitBlock();                         /* 图形界面绘制 */
        glutCreateWindow("俄罗斯方块");       /* 创建窗口.参数作为窗口的标题 */
        InitString();                        /* 显示帮助 */
        glutDisplayFunc(&CreateBlocks);      /* 当需要进行画图时,调用该函数 */
        glutTimerFunc(iTimeS, Down, 1);      /* 定时下落方块 */
        glutKeyboardFunc(Key);
```

```
        glClearColor(0.0f, 0.0f, 0.0f, 0.0f); /* 用黑色清除屏幕 */
        glutMainLoop();;                       /* 进行一个消息循环 */
    }
    return 0;
}
```

15.4.3 界面显示模块

1. 功能设计

该模块可实现对游戏窗口的创建,方块下落的循环操作。另外,该模块还可实现字符的显示,将游戏帮助显示在屏幕上。

2. 实现代码

1) 函数声明部分

(1) void InitBlock(void)　　/* 对图形界面初始化 */

(2) void InitString(void)　　/* 字符串的初始化 */

(3) void PrintString(char * s)　　/* 显示字符串 */

(4) void MenuDisplay(void);　　/* 显示帮助菜单 */

(5) void BlockDisplay(void)　　/* 画图函数,用 aiBlock 数组绘图 */

2) 函数实现部分

(1) InitBlock 函数

该函数实现了对图形界面初始化功能。把游戏中的方块矩阵初始化,方块是一个上端开口的长方形。

```
void InitBlock()
{
    int i, j;
    for (i = 0; i < SIZE - 5; i++)
        for (j = 0; j < SIZE; j++)
            Block[i][j] = 0;
    for (i = 0; i < SIZE - 5; i++)
        Block[0][i] = 1;
    for (i = 0; i < SIZE; i++)
    {
        Block[i][0] = 1;
        Block[i][SIZE - 6] = 1;
    }
    for (i = 0; i<4; i++)
        for (j = 0; j<2; j++)
            afCurLoc[i][j] = Shape[iCurrentBlock][i][j];
}
```

(2) InitString 函数

该函数实现了显示字符串的初始化功能。

```
void InitString(void)
{
```

```
    glClearColor(0.0, 0.0, 0.0, 0.0);
    glMatrixMode(GL_PROJECTION);
    glLoadIdentity();
    glOrtho(-1.0, 1.0, -1.0, 1.0, -1.0, 1.0);
    /* 申请 MAX_CHAR 个连续的显示列表编号 */
    uiTextFont = glGenLists(MAX_CHAR);
    /* 把每个字符的绘制命令都装到对应的显示列表中 */
    wglUseFontBitmaps(wglGetCurrentDC(), 0, MAX_CHAR, uiTextFont);
}
```

(3) PrintString 函数

该函数实现了显示字符串的功能。

```
void PrintString(char *s)
{
    if ( s == NULL )return ;
    glPushAttrib(GL_LIST_BIT);
    /* 调用每个字符对应的显示列表,绘制每个字符 */
    for (; *s != '\0'; ++s)
        glCallList(uiTextFont + *s);
    glPopAttrib();
}
```

(4) MenuDisplay 函数

该函数实现了显示游戏帮助信息和预览下一个方块的功能。

```
void MenuDisplay(void)
{
    int i, j;
    glClear(GL_COLOR_BUFFER_BIT);
    /* 显示 Level 信息 */
    glColor3f(1.0, 1.0, 1.0);
    glRasterPos3f(0.6, 0.1, 0.0);                /* 设置显示位置 */
    PrintString("Level:");
    glRasterPos3f(0.6, 0.0, 0.0);
    switch (iLevel)
    {
    case 0:
        PrintString("0");
        break;
    case 1:
        PrintString("1");
        break;
    case 2:
        PrintString("2");
        break;
    case 3:
        PrintString("3");
        break;
    case 4:
        PrintString("4");
        break;
    default:
```

```
        PrintString("5");
    }
    /* 显示 Help 信息 */
    glRasterPos3f(0.6, -0.25, 0.0);
    PrintString("Help:");
    glRasterPos3f(0.6, -0.4, 0.0);
    PrintString("W ---- Roll");
    glRasterPos3f(0.6, -0.5, 0.0);
    PrintString("S ---- Downwards");
    glRasterPos3f(0.6, -0.6, 0.0);
    PrintString("A ---- Turn Left");
    glRasterPos3f(0.6, -0.7, 0.0);
    PrintString("D ---- Turn Right");
    glRasterPos3f(0.6, -0.8, 0.0);
    PrintString("ESC ---- EXIT");
    /* 显示预览方块信息 */
    glRasterPos3f(0.6, 0.9, 0.0);
    PrintString("NextBlock:");
    /* 重置预览下一方块的 4 个坐标 */
    for (i = 0; i<4; i++)
    {
        for (j = 0; j<2; j++)
        {
            afNextLoc[i][j] = afShapeNext[iNextBlock][i][j];
        }
    }
    /* 将预览方块涂色 */
    for (i = 0; i < 4; i++)
    {
        glColor3f(1.0, 1.0, 0.0);
        glRectf(afNextLoc[i][0], afNextLoc[i][1], afNextLoc[i][0] + 0.1f, afNextLoc[i][1]
+ 0.1f);
        glLineWidth(2.0f);
        glBegin(GL_LINE_LOOP);
        glColor3f(0.0f, 0.0f, 0.0f);
        glVertex2f(afNextLoc[i][0], afNextLoc[i][1]);
        glVertex2f(afNextLoc[i][0] + 0.1f, afNextLoc[i][1]);
        glVertex2f(afNextLoc[i][0] + 0.1f, afNextLoc[i][1] + 0.1f);
        glVertex2f(afNextLoc[i][0], afNextLoc[i][1] + 0.1f);
        glEnd();
        glFlush();
    }
}
```

（5）BlockDisplay 函数

该函数实现了游戏区域边框和方块的描画显示功能。描画方块时，主要利用 aiBlock 数组信息进行绘图。

```
void MyDisplay(void)
{
    int i, j;
    static int s = 0;
    glClear(GL_COLOR_BUFFER_BIT);
    MenuDisplay();
```

```
    for (i = 0; i<20; i++)                    /* 将游戏区域边框涂为灰色 */
    {
        for (j = 0; j<15; j++)
        {
            if (aiBlock[i][j] == 1)
            {
                glColor3f(0.7f, 0.7f, 0.7f);
                glRectf(j / 10.0f - 1.0f, i / 10.0f - 1.0f, j / 10.0f - 1.0f + 0.1f, i /
10.0f - 1.0f + 0.1f);
                glLineWidth(2.0f);
                glBegin(GL_LINE_LOOP);
                glColor3f(0.0f, 0.0f, 0.0f);
                glVertex2f(j / 10.0f - 1.0f, i / 10.0f - 1.0f);
                glVertex2f(j / 10.0f - 1.0f + 0.1f, i / 10.0f - 1.0f);
                glVertex2f(j / 10.0f - 1.0f + 0.1f, i / 10.0f - 1.0f + 0.1f);
                glVertex2f(j / 10.0f - 1.0f, i / 10.0f - 1.0f + 0.1f);
                glEnd();
                glFlush();
            }
            s++;
        }
    }
    for (i = 1; i<20; i++)                    /* 将已落到底部的方块涂为白色 */
    {
        for (j = 1; j<14; j++)
        {
            if (aiBlock[i][j] == 1)
            {
                glColor3f(1.0f, 1.0f, 1.0f);
                glRectf(j / 10.0f - 1.0f, i / 10.0f - 1.0f, j / 10.0f - 1.0f + 0.1f, i /
10.0f - 1.0f + 0.1f);
                glLineWidth(2.0f);
                glBegin(GL_LINE_LOOP);
                glColor3f(0.0f, 0.0f, 0.0f);
                glVertex2f(j / 10.0f - 1.0f, i / 10.0f - 1.0f);
                glVertex2f(j / 10.0f - 1.0f + 0.1f, i / 10.0f - 1.0f);
                glVertex2f(j / 10.0f - 1.0f + 0.1f, i / 10.0f - 1.0f + 0.1f);
                glVertex2f(j / 10.0f - 1.0f, i / 10.0f - 1.0f + 0.1f);
                glEnd();
                glFlush();
            }
            s++;
        }
    }
    if (iOver == 0)
    {
        for (i = 0; i<4; i++)
        {
            /* 使方块在下落过程中可在三种颜色中变化 */
            if (s % 3 == 0)
                glColor3f(1.0, 0.0, 0.0);
            else if (s % 3 == 1)
                glColor3f(0.0, 1.0, 0.0);
            else if (s % 3 == 2)
```

```
            glColor3f(0.0, 0.0, 1.0);
        glRectf(afCurLoc[i][0], afCurLoc[i][1], afCurLoc[i][0] + 0.1f, afCurLoc[i][1]
+ 0.1f);
        glLineWidth(2.0f);
        glBegin(GL_LINE_LOOP);
        glColor3f(0.0f, 0.0f, 0.0f);
        glVertex2f(afCurLoc[i][0], afCurLoc[i][1]);
        glVertex2f(afCurLoc[i][0] + 0.1f, afCurLoc[i][1]);
        glVertex2f(afCurLoc[i][0] + 0.1f, afCurLoc[i][1] + 0.1f);
        glVertex2f(afCurLoc[i][0], afCurLoc[i][1] + 0.1f);
        glEnd();
        glFlush();
      }
    }
    s++;
    glutSwapBuffers();
}
```

3. 核心界面

进入游戏后,玩家将看到的是游戏界面,其中包括主游戏界面以及右侧的帮助信息和下一个方块的预览,如图 15.3 所示。

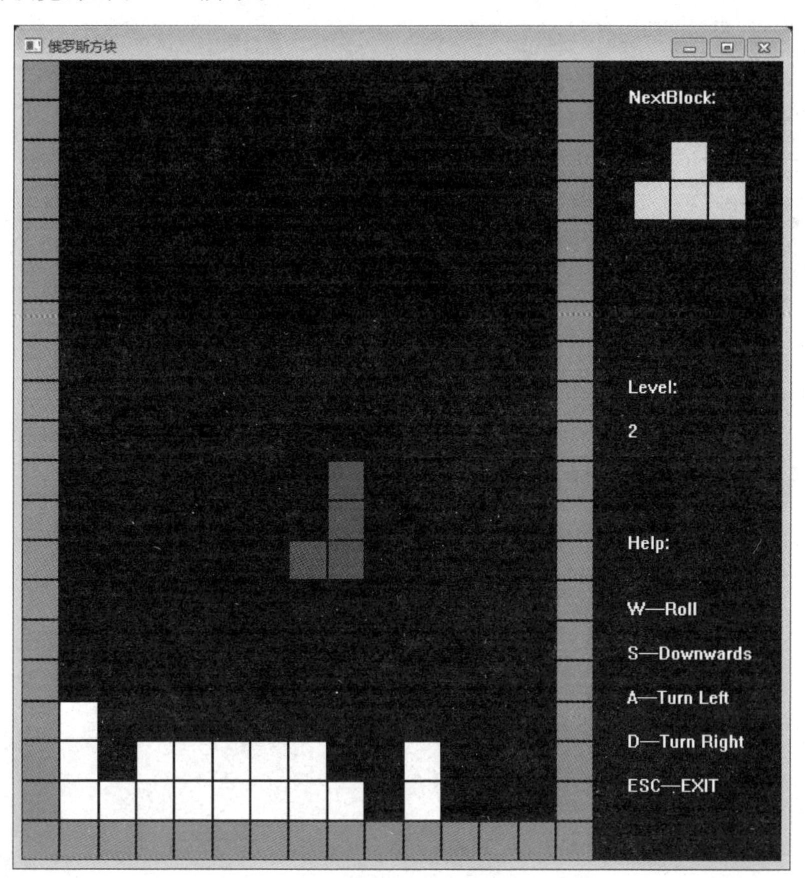

图 15.3 游戏主页面

15.4.4 开始与结束界面模块

1. 功能设计

在游戏开始前，创建一个游戏欢迎窗口，用户可通过自主移动光标选择是否开始；在游戏结束时创建一个游戏结束窗口，在该结束界面显示分数，等级信息。

2. 实现代码

1）函数声明部分

（1）void GotoXY(int x, int y)　　　　/* 将光标移至(x,y)处 */

（2）void Choose(void)　　　　/* 选择界面操作 */

（3）void WelcomeScreen(void)　　　　/* 创建开始界面 */

（4）void EndScreen(void)　　　　/* 创建结束界面 */

2）函数实现部分

（1）GotoXY 函数

该函数实现了光标移动操作。

```
void GotoXY(int x, int y)
{
    COORD c;
    c.X = 2 * x;
    c.Y = y;
    SetConsoleCursorPosition(GetStdHandle(STD_OUTPUT_HANDLE), c);
}
```

（2）Choose 函数

该函数实现了界面上的功能选择操作。

```
void Choose(void)
{
    /* 若是按下退出或开始游戏就退出循环 */
    while (iStart != 0 && iStart != 1)
    {
        cButton = getch();
        /* 若是 up 和 down 就进行光标移动操作 */
        if (cButton == 72 || cButton == 80)
        {
            if (stPoint.y == 13)
            {
                stPoint.y = 16;
                GotoXY(10, 13);
                printf("  ");
                GotoXY(10, 16);
                printf("——>");
                GotoXY(12, 16);
            }
            else if (stPoint.y == 16)
            {
                stPoint.y = 13;
                GotoXY(10, 16);
```

```
                printf(" ");
                GotoXY(10, 13);
                printf("——>");
                GotoXY(12, 13);
            }
        }
        /* 按 Enter 键根据相应的选择开始游戏或退出游戏 */
        /* 按 Esc 键退出游戏 */
        if ((cButton == ENTER && stPoint.y == 16) || cButton == ESC)
        {
            iStart = 0;
            break;
        }
        /* 开始游戏 */
        if (cButton == ENTER && stPoint.y == 13)
        {
            iStart = 1;
            break;
        }
    }
}
```

(3) WelcomeScreen 函数

该函数实现了开始界面内容的创建和显示。游戏进入时,显示该界面。

```
void WelcomeScreen(void)
{
    system("color 0F");
    GotoXY(14, 1);
    printf("Welcome to play Tetris");
    GotoXY(17, 7);
    printf("MAIN MENU");
    GotoXY(15, 13);
    printf(" *** START GAME *** ");
    GotoXY(15, 16);
    printf(" *** QUIT GAME *** ");
    GotoXY(10, 13);
    printf("——>");
    stPoint.x = 15;
    stPoint.y = 13;
    GotoXY(12, 13);
    Choose();
}
```

(4) EndScreen 函数

该函数实现了退出界面内容的显示。游戏结束时,显示该界面。

```
void EndScreen(void)
{
    system("cls");
    system("color 0F");
    GotoXY(16, 3);
    printf("GAME OVER!!!\n");
    GotoXY(15, 10);
```

```
    printf("YOU SCORE IS: %d\n", iScore * 100);
    GotoXY(15, 12);
    printf("YOU LEVEL IS: %d\n", iLevel);
}
```

3. 核心界面

1）游戏欢迎界面

进入游戏后，玩家将看到的是游戏开始界面，玩家可以选择是否进入游戏或者直接退出游戏，如图 15.4 所示。

图 15.4　开始界面

2）游戏结束界面

当游戏结束后，将显示玩家的得分和等级信息，如图 15.5 所示。

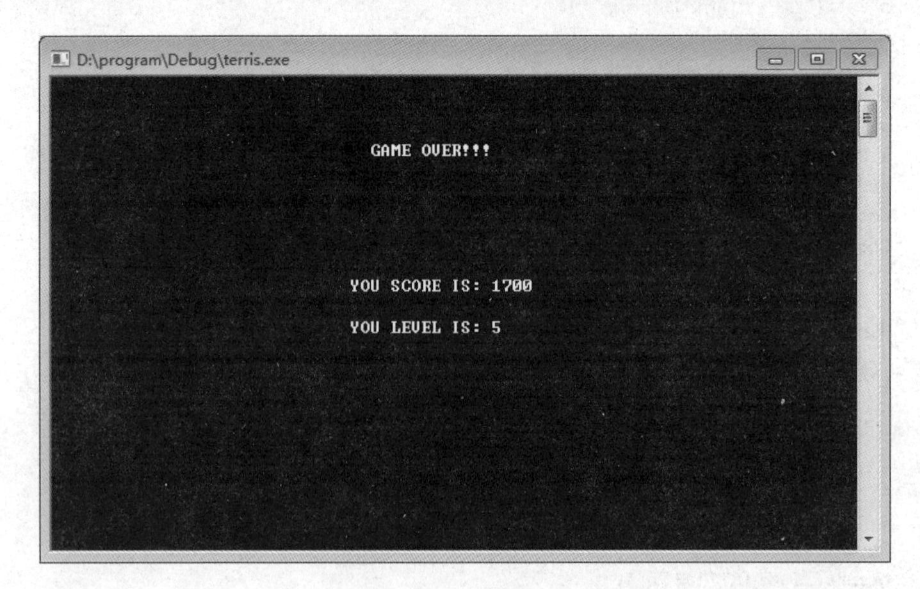

图 15.5　结束界面

15.4.5　移动变换模块

1. 功能设计

玩家可以通过按键来实现方块的移动和旋转变形。按 W 键可实现方块变形，按 A 键可实现方块左移，按 D 键可实现方块右移，按 S 键可实现方块下移；当某一(些)行达到满行时，将该(这些)行的方块全部消除，并将上方非满方块的行下移。

2. 实现代码

1）函数声明部分

(1) void Change(void)　　/* 将图形做变换，采用顺时针旋转的规律 */

(2) void Key(unsigned char k, int x, int y)　　/* 在游戏中对按键进行响应 */

(3) void Down(int id)　　/* 让方块定时下降 */

(4) void CreateBlocks(void)　　/* 随机生成方块，原理即生成一个 7 以内的随机数，对应的二维数组即为下一个产生的方块 */

2）函数实现部分

(1) Change 函数

该函数实现了将方块图形做变换，采用顺时针旋转的规律。

```
void Change(void)
{
    int ret;
    /* 用临时变量储存当前方块中 4 个小方块的坐标 */
    GLfloat temp00 = afCurLoc[0][0];
    GLfloat temp01 = afCurLoc[0][1];
    GLfloat temp10 = afCurLoc[1][0];
    GLfloat temp11 = afCurLoc[1][1];
    GLfloat temp20 = afCurLoc[2][0];
    GLfloat temp21 = afCurLoc[2][1];
    GLfloat temp30 = afCurLoc[3][0];
    GLfloat temp31 = afCurLoc[3][1];
    int tempTurn = aiTurn[iCurrentBlock];
    switch (iCurrentBlock)
    {
    case 0:                                  /* 长条 */
        if (aiTurn[0] == 0)                  /* 长条第 1 种形态 */
        {
            afCurLoc[0][0] = temp10 - 0.1f;
            afCurLoc[0][1] = temp11;
            afCurLoc[2][0] = temp10 + 0.1f;
            afCurLoc[2][1] = temp11;
            afCurLoc[3][0] = temp10 + 0.2f;
            afCurLoc[3][1] = temp11;
        }
        else if (aiTurn[0] == 1)             /* 长条第 2 种形态 */
        {
            afCurLoc[0][0] = temp10;
            afCurLoc[0][1] = temp11 + 0.1f;
```

```
            afCurLoc[2][0] = temp10;
            afCurLoc[2][1] = temp11 - 0.1f;
            afCurLoc[3][0] = temp10;
            afCurLoc[3][1] = temp11 - 0.2f;
        }
        /* 使长条变到第2种形态后按W键还可变成第1种形态 */
        aiTurn[0] = (aiTurn[0] + 1) % 2;
        break;
    case 1:                                    /* 正方形 */
        break;
    case 2:                                    /* T字形 */
        if (aiTurn[2] == 0)
        {
            afCurLoc[1][0] = temp20;
            afCurLoc[1][1] = temp21;
            afCurLoc[2][0] = temp30;
            afCurLoc[2][1] = temp31;
            afCurLoc[3][0] = temp20;
            afCurLoc[3][1] = temp21 - 0.1f;
        }
        else if (aiTurn[2] == 1)
        {
            afCurLoc[0][0] = temp10 - 0.1f;
            afCurLoc[0][1] = temp11;
        }
        else if (aiTurn[2] == 2)
        {
            afCurLoc[0][0] = temp10;
            afCurLoc[0][1] = temp11 + 0.1f;
            afCurLoc[1][0] = temp00;
            afCurLoc[1][1] = temp01;
            afCurLoc[2][0] = temp10;
            afCurLoc[2][1] = temp11;
        }
        else if (aiTurn[2] == 3)
        {
            afCurLoc[3][0] = temp20 + 0.1f;
            afCurLoc[3][1] = temp21;
        }
        aiTurn[2] = (aiTurn[2] + 1) % 4;
        break;
    case 3:                                    /* Z字形 */
        if (aiTurn[3] == 0)
        {
            afCurLoc[0][0] = temp10 + 0.1f;
            afCurLoc[0][1] = temp11 + 0.1f;
            afCurLoc[2][0] = temp10 + 0.1f;
            afCurLoc[2][1] = temp11;
            afCurLoc[3][0] = temp20;
            afCurLoc[3][1] = temp21;
        }
```

```
        else if (aiTurn[3] == 1)
        {
            afCurLoc[0][0] = temp10 - 0.1f;
            afCurLoc[0][1] = temp11;
            afCurLoc[2][0] = temp30;
            afCurLoc[2][1] = temp31;
            afCurLoc[3][0] = temp30 + 0.1f;
            afCurLoc[3][1] = temp31;
        }
        aiTurn[3] = (aiTurn[3] + 1) % 2;
        break;
    case 4:                                     /*反 Z 字形*/
        if (aiTurn[4] == 0)
        {
            afCurLoc[0][0] = temp00 - 0.1f;
            afCurLoc[0][1] = temp01 + 0.1f;
            afCurLoc[1][0] = temp00 - 0.1f;
            afCurLoc[1][1] = temp01;
            afCurLoc[2][0] = temp00;
            afCurLoc[2][1] = temp01;
            afCurLoc[3][0] = temp00;
            afCurLoc[3][1] = temp01 - 0.1f;
        }
        else if (aiTurn[4] == 1)
        {
            afCurLoc[0][0] = temp20;
            afCurLoc[0][1] = temp21;
            afCurLoc[1][0] = temp20 + 0.1f;
            afCurLoc[1][1] = temp21;
            afCurLoc[2][0] = temp10;
            afCurLoc[2][1] = temp11 - 0.1f;
        }
        aiTurn[4] = (aiTurn[4] + 1) % 2;
        break;
    case 5:                                     /*L 字形*/
        if (aiTurn[5] == 0)
        {
            afCurLoc[0][0] = temp10;
            afCurLoc[0][1] = temp11;
            afCurLoc[1][0] = temp10 + 0.1f;
            afCurLoc[1][1] = temp11;
            afCurLoc[2][0] = temp10 + 0.2f;
            afCurLoc[2][1] = temp11;
            afCurLoc[3][0] = temp20;
            afCurLoc[3][1] = temp21;
        }
        else if (aiTurn[5] == 1)
        {
            afCurLoc[0][0] = temp00;
            afCurLoc[0][1] = temp01 + 0.1f;
            afCurLoc[1][0] = temp10;
```

```
            afCurLoc[1][1] = temp11 + 0.1f;
            afCurLoc[2][0] = temp10;
            afCurLoc[2][1] = temp11;
            afCurLoc[3][0] = temp10;
            afCurLoc[3][1] = temp11 - 0.1f;
        }
        else if (aiTurn[5] == 2)
        {
            afCurLoc[0][0] = temp20 + 0.1f;
            afCurLoc[0][1] = temp21;
            afCurLoc[1][0] = temp20 - 0.1f;
            afCurLoc[1][1] = temp21 - 0.1f;
            afCurLoc[2][0] = temp20;
            afCurLoc[2][1] = temp21 - 0.1f;
            afCurLoc[3][0] = temp20 + 0.1f;
            afCurLoc[3][1] = temp21 - 0.1f;
        }
        else if (aiTurn[5] == 3)
        {
            afCurLoc[0][0] = temp10;
            afCurLoc[0][1] = temp11 + 0.2f;
            afCurLoc[1][0] = temp10;
            afCurLoc[1][1] = temp11 + 0.1f;
            afCurLoc[2][0] = temp10;
            afCurLoc[2][1] = temp11;
            afCurLoc[3][0] = temp20;
            afCurLoc[3][1] = temp21;
        }
        aiTurn[5] = (aiTurn[5] + 1) % 4;
        break;
    case 6:                                     /* 反 L 字形 */
        if (aiTurn[6] == 0)
        {
            afCurLoc[0][0] = temp20 - 0.1f;
            afCurLoc[0][1] = temp21 + 0.1f;
            afCurLoc[1][0] = temp20 - 0.1f;
            afCurLoc[1][1] = temp21;
        }
        else if (aiTurn[6] == 1)
        {
            afCurLoc[0][0] = temp00 + 0.1f;
            afCurLoc[0][1] = temp01 + 0.1f;
            afCurLoc[1][0] = temp30;
            afCurLoc[1][1] = temp31 + 0.2f;
            afCurLoc[2][0] = temp00 + 0.1f;
            afCurLoc[2][1] = temp01;
            afCurLoc[3][0] = temp20;
            afCurLoc[3][1] = temp21;
        }
        else if (aiTurn[6] == 2)
        {
```

```
            afCurLoc[0][0] = temp00 - 0.1f;
            afCurLoc[0][1] = temp01 - 0.1f;
            afCurLoc[1][0] = temp20;
            afCurLoc[1][1] = temp21;
            afCurLoc[2][0] = temp20 + 0.1f;
            afCurLoc[2][1] = temp21;
            afCurLoc[3][0] = temp30 + 0.1f;
            afCurLoc[3][1] = temp31;
        }
        else if (aiTurn[6] == 3)
        {
            afCurLoc[0][0] = temp20;
            afCurLoc[0][1] = temp21 + 0.1f;
            afCurLoc[1][0] = temp20;
            afCurLoc[1][1] = temp21;
            afCurLoc[2][0] = temp30 - 0.1f;
            afCurLoc[2][1] = temp31;
            afCurLoc[3][0] = temp30;
            afCurLoc[3][1] = temp31;
        }
        aiTurn[6] = (aiTurn[6] + 1) % 4;
        break;
    default:
        break;
    }

    /* 如果旋转非法(即旋转时碰到墙壁),则恢复原状态 */
    ret = CheckConflict(iLefRig);
    if (ret == 1)
    {
        afCurLoc[0][0] = temp00;
        afCurLoc[0][1] = temp01;
        afCurLoc[1][0] = temp10;
        afCurLoc[1][1] = temp11;
        afCurLoc[2][0] = temp20;
        afCurLoc[2][1] = temp21;
        afCurLoc[3][0] = temp30;
        afCurLoc[3][1] = temp31;
        aiTurn[iCurrentBlock] = tempTurn;
    }
}
```

(2) Key 函数

该函数实现了游戏中按键响应的功能。

```
void Key(unsigned char k, int x, int y)
{
    int i, ret;
    if (iOver == 0)
    {
        switch (k)
```

```
        {
        case UP:                            /* 若按 W 键,方块变换 */
            Change();
            break;
        case DOWN:                          /* 若按 S 键,方块下移 */
            for (i = 0; i < 4; i++)
            {
                afCurLoc[i][1] -= 0.1f;
            }
            ret = CheckConflict(1);
            if (ret == 1)                   /* 发生冲突,则将修改复原 */
            {
                for (i = 0; i < 4; i++)
                    afCurLoc[i][1] += 0.1f;
                iOver = 1;                  /* 并且可以生成下一个方块了 */
            }
            break;
        case RIGHT:                         /* 若按 D 键,方块右移 */
            for (i = 0; i < 4; i++)
            {
                afCurLoc[i][0] += 0.1f;
            }
            ret = CheckConflict(1);
            if (ret == 1)                   /* 发生冲突,则将修改复原 */
            {
                for (i = 0; i<4; i++)
                    afCurLoc[i][0] -= 0.1f;
            }
            break;
        case LEFT:                          /* 若按 A 键,方块左移 */
            for (i = 0; i < 4; i++)
            {
                afCurLoc[i][0] -= 0.1f;
            }
            ret = CheckConflict(1);
            if (ret == 1)                   /* 发生冲突,则将修改复原 */
            {
                for (i = 0; i<4; i++)
                    afCurLoc[i][0] += 0.1f;
            }
            break;
        case ESC:                           /* 若按 Esc 键,游戏退出 */
            exit(1);
            break;
        }
    }
    if (iOver == 1)
        CheckDelete();
    /* 调用这个函数可以重新绘图,每次响应消息之后,所有全部重绘 */
    glutPostRedisplay();
}
```

(3) Down 函数

该函数实现了方块定时下降的功能。

```
void Down(int id)
{
    int i, ret;
    if (iOver == 0)
    {
        /* 将每个方块纵坐标下移 0.1 个单位长度 */
        for (i = 0; i<4; i++)
        {
            afCurLoc[i][1] -= 0.1f;
        }
        ret = CheckConflict(iLefRig);
        if (ret == 1)                       /* 发生冲突,则将修改复原 */
        {
            for (i = 0; i<4; i++)
                afCurLoc[i][1] += 0.1f;
            /* 若方块生成初始位置超出屏幕,则游戏结束 */
            if (afCurLoc[0][1] >= afShape[iCurrentBlock][0][1])
            {
                iEndGame = 1;
                EndScreen();
                return ;
            }
            iOver = 1;                      /* 并且可以生成下一个方块了 */
        }
        /* 根据下落速度提升等级 */
        if (iTimeS >= 1000) iLevel = 0;
        else if (iTimeS >= 900) iLevel = 1;
        else if (iTimeS >= 700) iLevel = 2;
        else if (iTimeS >= 500) iLevel = 3;
        else if (iTimeS >= 300) iLevel = 4;
        else iLevel = 5;
    }
    if (iOver == 1)
        CheckDelete();
    glutPostRedisplay();
    glutTimerFunc(iTimeS, Down, 1);
}
```

(4) CreateBlocks 函数

该函数实现了随机生成方块的功能。原理即生成一个 7 以内的随机数,对应的二维数组即为下一个产生的方块。

```
void CreateBlocks(void)
{
    int i, j;
    /* 若游戏未结束,则生成下一方块 */
    if (iEndGame == 0)
```

```
    {
        BlockDisplay();
        /* 若方块落到底部,则将原预览方块信息赋给当前下落方块,
        并随机生成预览方块 */
        if (iOver)
        {
            srand(time(NULL));
            iCurrentBlock = iNextBlock;
            iNextBlock = rand() % 7;
            /* 每次创建一个新的方块后要将变形的记录清空 */
            for (i = 0; i < 7; i++)
                aiTurn[i] = 0;
            for (i = 0; i < 4; i++)
                for (j = 0; j < 2; j++)
                    afCurLoc[i][j] = afShape[iCurrentBlock][i][j];
            iOver = 0;
            glutPostRedisplay();
        }
    }
}
```

15.4.6 判断冲突模块

1. 功能设计

检查方块移动或变形后是否超出游戏边界。如果移动或变形后超出边界,则本次变形操作无效,保持原来的形状和位置。

2. 实现代码

1）函数声明部分

```
int CheckConflict(int iLefRig)                    /* 检查冲突函数 */
```

2）函数实现部分：

CheckConflict 函数实现了方块移动或变形后是否超出边界的检查功能。

```
int CheckConflict(int iLefRig)
{
    int i, tmpx;
    for (i = 0; i < 4; i++)
    {
        double x = (afCurLoc[i][0] + 1) * 10;
        double y = (afCurLoc[i][1] + 1) * 10 + 0.5;
        x = x > 0 ? (x + 0.5) : (x - 0.5);
        if (iLefRig == 1)
        {
            tmpx = (int)x;
            if (tmpx > 13 || tmpx < 1)break;
        }
        if (aiBlock[(int)y][(int)x] == 1)  /* 判断是否发生冲突 */
        {
```

```
            break;
        }
    }
    if (i < 4)
        return 1;
    return 0;
}
```

15.4.7　满行消除模块

1. 功能设计

当方块下落到底部时，会检查是否出现了满行。若方块满行，则消除该行方块，得分增加。

2. 关键算法

Delete 函数用于消除满格的一行，在每次 iOver 被修改为 true 的时候都要检查一遍。算法思想是从第 0 行开始依次判断，如果 empty 为 true 则将上面的向下移，并不是判断一次就移动所有的，而是只移动最近的，将空出来的那一行的 empty 标记为 true。

3. 实现代码

1）函数声明部分

(1) `void CheckDelete(void)`　　　/* 检查是否有一行方块全满 */

(2) `void Delete(int * empty)`　　　/* 消除整行方块 */

2）函数实现部分

(1) CheckDelete 函数

该函数检查是否有一行方块出现满行。当有方块落到了底部时，需要触发该函数进行满行判断，详细的判断方法如下。

① 判断新生成的图形是否和原来的图形有冲突，有则不能更改。

② 判断是否有满格的行，有则调用 Delete 函数去掉。

③ 这里还要加上判断是否到达顶部，如果到达顶部则游戏结束(可采用监视方框最上面一行之上那行里面有没有方格的方法，如果有的话则游戏结束)，结束之后就可以把当前方块存入 BLOCK 中，empty 表示一行中方块的数目，1 表示为空行，－1 表示部分为空，0 表示满行。

```
void CheckDelete(void)
{
    int i, j;
    int empty[SIZE];
    int is_needed = 0;
    int count;
    for (i = 1; i < SIZE; i++)
        empty[i] = -1;                    /* 初始均为空行，置为 - 1 */
    for (i = 0; i < 4; i++)
    {
        /* 将坐标(x,y)转化为边框中对应的小格数 */
        double x = (afCurLoc[i][0] + 1) * 10 + 0.5;
```

```
        double y = (afCurLoc[i][1] + 1) * 10 + 0.5;
        aiBlock[(int)y][(int)x] = 1;
    }
    for (i = 1; i< SIZE; i++)
    {
        count = 0;
        for (j = 1; j<14; j++)
            if (aiBlock[i][j] == 1)
                count++;
        if (count == 13)
        {
            empty[i] = 1;                 /* 满行,置为 1 */
            iScore++;                     /* 此处计分 */
            iTimeS -= 50;                 /* 下落速度加快 */
            is_needed = 1;                /* 满行,需要消除,置为 1 */
        }
        else if (count > 0 && count < 13)
        {
            empty[i] = 0;                 /* 非满行,但也非空行,称为"部分空",置为 0 */
        }
    }
    if (is_needed == 1)                   /* 如果有满行则去删除 */
        Delete(empty);
}
```

(2) Delete 函数

该函数实现了消除整行方块的功能。在每次判定出现满行时,都需要调用该函数进行满行的消除处理。该函数的算法思想是从第 0 行开始依次判断,如果 empty 为 true 则将上面的向下移,并不是判断一次就移动所有的,而是只移动最近的,将空出来的那一行的 empty 标记为－1。

```
void Delete(int * empty)
{
    int i, j;
    int pos;
    while (1)                             /* 将上面满行移动到非空行之下 */
    {
        i = 1;
        /* 若第 i 行的状态为"部分空",则 i++;否则状态为满行,则需要将上面的行移下来填
充 */
        while (i < SIZE && empty[i] == 0)
            i++;
        if (i >= SIZE)  break;
        j = i + 1;
        while (j < SIZE && empty[j] == -1)
            j++;
        if (j >= SIZE)  break;
        else if(empty[j] != -1)
        {
            for (pos = 1; pos < 15; pos++)
                aiBlock[i][pos] = aiBlock[j][pos];
```

```
                empty[i] = empty[j];            /* 将第 j 行与第 i 行的状态交换 */
                empty[j] = -1;
            }
        }
        /* 将空行和满行中的所有方块都置为 0 */
        for (i = 1; i < SIZE; i++)
        {
            if (empty[i] != 0)
            {
                for (j = 1; j < 14; j++)
                    aiBlock[i][j] = 0;
            }
        }
    }
```

15.5　系统测试

对各个主要功能模块均进行了详细的功能测试，测试不仅要关注正常情况下按键是否可以产生预期的结果，更应该关注在边界时按键操作是否可以获得正确反映，从而保证程序的健壮性。其中部分测试用例如表 15.1 所示，主要关注错误输入值的测试情况。

表 15.1　俄罗斯方块测试用例表

序号	测试项	前提条件	操作步骤	预期结果	测试结果
1	选择操作	位于开始界面	选择 START GAME	进入游戏	通过
2		位于开始界面	选择 QUIT GAME	退出游戏	通过
3	方块变换	方块处于边界	按 W 键	方块不变换	通过
4		方块位于已有方块旁	按 W 键	方块不变换	通过
5	按键响应	在游戏中	对方块进行移动变换操作	方块响应操作	通过
6		游戏结束	对方块进行移动变换操作	方块不响应	通过

15.6　设计总结

本章介绍了俄罗斯方块的编写思路及其实现，该程序运用 OpenGL 编写。读者学习完本章后将学会如何用 C 语言编写画图程序，实现图形的移动变换，让读者可以更好地认识到 OpenGL 在编写图形时的强大功能。

用 OpenGL 编写代码一个很大的问题便是字符串的显示，在该程序中用了自定义的字符串显示函数 printString()，供读者借鉴。

CHAPTER 16

第16章 五 子 棋

16.1 设计目的

本章将使用C语言和OpenGL图形编程技术来实现一个简单的五子棋游戏。五子棋是一种两人对弈的纯策略型棋类益智游戏，容易上手，两人对局，各执一色，轮流下一子，先将横、竖或斜线上的5个或5个以上同色棋子连成不间断的一排者为胜。在享受游戏乐趣的同时，不仅能增强思维能力，提高智力，而且富含哲理，有助于修身养性。

通过本章项目的学习，读者能够掌握：

(1) 如何通过键盘操作选择菜单；

(2) 如何设计五子棋的下棋逻辑，包括棋局信息保存以及利用棋局信息进行判断输赢的关键算法设计；

(3) 如何使用OpenGL进行棋局绘图操作；

(4) 如何在OpenGL下实现鼠标键盘的操控功能；

(5) 如何显示右键菜单，并实现悔棋、重玩等辅助功能。

16.2 需求分析

五子棋游戏需要实现双人对弈，两人轮流交换下棋，并能够判断输赢，显示提示信息给用户。具体功能需求描述如下。

(1) 欢迎界面。玩家可在欢迎界面中选择进入游戏或者直接退出。

(2) 下棋操作。在棋盘中单击鼠标进行下棋，双方轮流下子。

(3) 重玩功能。在玩家结束游戏后需要重开一局时，使用该功能可重新进入新一轮游戏。

(4) 悔棋功能。玩家在游戏时难免会产生失误，那时可以使用该功能进行悔棋操作。

(5) 胜负判断。程序可以对下棋结果进行判断，然后显示获胜玩家的信息。

16.3　总体设计

五子棋游戏的功能结构图如图16.1所示，主要包括4个功能模块，分别介绍如下。

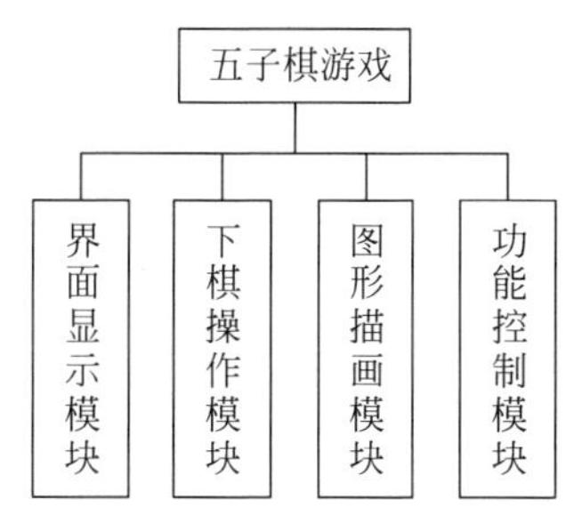

图16.1　系统功能结构图

(1) 用户界面模块：用于实现用户界面的显示，提示用户操作的信息，实现更好的交互性。

① 欢迎界面，可选择是否进入游戏。

② 游戏帮助界面，进入游戏之后，显示帮助信息。

③ 玩家获胜界面，显示玩家的获胜信息。

④ 游戏结束界面，结束游戏之后的提示界面。

(2) 下棋操作模块：五子棋游戏的核心模块，用于响应用户的单击落子处理，实现下棋的逻辑处理。

① 棋局信息，使用二维数组来保存棋局信息，通过设定数组中的值来分别标识黑、白、空三种状态。

② 落子处理，根据单击坐标映射到棋盘的位置，并更新棋局信息。

③ 判断输赢，落子之后即根据最新的棋局信息，判断该下棋方是否获胜。

(3) 图形描画模块：提供描画函数，负责棋盘、棋子等图形的显示。

① 棋盘描画，利用OpenGL的画线函数，实现棋盘的显示。

② 棋子描画，利用OpenGL的画圆函数，实现棋子的显示。

(4) 菜单控制模块：通过右击棋盘，可以显示菜单栏，实现悔棋、重玩等功能。

① Play Again：重新开始游戏。

② Undo：悔棋。

③ Exit：退出游戏。

16.4　详细设计与实现

16.4.1　预处理及数据结构

1. 头文件

程序的实现需要调用多个头文件。其中，windows.h中包含system函数，可以执行各种windows指令，本程序使用其cls参数实现清屏和color参数设置背景颜色。GL/glut.h头文件中包含关于OpenGL的一系列函数，负责图形的描画和显示，在本程序中尤为重要。

```
#include <stdio.h>                    /* 包含C语言的基本输入输出函数 */
#include <conio.h>                    /* 调用getch函数 */
#include <windows.h>                  /* 调用system函数 */
#include <GL/glut.h>                  /* OpenGL操作函数 */
#include <math.h>                     /* 调用sin,cos函数 */
```

2. 宏定义

为了使程序更加简洁和清晰，定义了一些符号常量来表示一些特定的数值，比如使用

WINDOW_SIZE(600)来表示游戏窗口的大小,WINDOW_POS(100)来表示窗口位置。

在实现键盘操控的时候,不同的按键具有不同的键值,分别为 enter(13)、esc(27)、up(72)、down(80)、left(75)、right(77)。START_POS 的值在欢迎界面中表示开始游戏选项的 Y 轴坐标,而 QUIT_POS 表示退出游戏选项的 Y 轴坐标。

```
#define WINDOW_SIZE 600                          /*游戏界面的大小*/
#define WINDOW_POS 100                           /*游戏界面的位置(左上角)*/ #define ENTER 13
#define ESC 27
#define UP 72
#define DOWN 80
#define LEFT 75
#define RIGHT 77
#define START_POS 13
#define QUIT_POS 16
```

3. 结构体

Point 结构体包含 x, y 成员,表示坐标,定义的全局变量 stPoint 用于记录光标所处的坐标。

```
struct Point
{
    int x;
    int y;
}stPoint;
```

4. 全局变量

定义了 aiStep[250]和 aiBoard[15][15]两个全局变量数组。aiStep 数组存储每一步棋的坐标信息,记录下每一步棋的顺序,用于悔棋。aiBoard 数组存储给定坐标的状态值(0,1,−1),0 表示该位置没有棋子,1 表示该位置放有黑棋,−1 表示放有白棋。另外的三个变量记录了下棋过程中必要的状态信息。

```
int aiStep[250];                                 /*存储之前下的棋子*/
int iNum = 0;                                    /*下棋的步数*/
GLint iPlayer = 1;                               /*黑棋为1,白棋为-1*/
GLint iEnd = 0;                                  /*是否结束*/
GLint aiBoard[15][15];            /*记录棋盘棋子,0表示没有棋子,1表示黑子,-1表示白子*/
```

16.4.2 主函数

1. 功能设计

主函数首先初始化 OpenGL 描画库资源,然后进入的是游戏欢迎界面,由玩家选择是否进入游戏,或者直接退出。若是进入游戏,程序则画出棋盘,玩家开始下棋。具体的主函数程序流程图如图 16.2 所示。

2. 实现代码

主函数运行后,首先调用 OpenGL 的 glutInit 函数来初始化描画库资源,然后对显示窗口的大小和位置等信息进行设置。之后调用 ShowWelcome 函数,来显示游戏欢迎界面,由

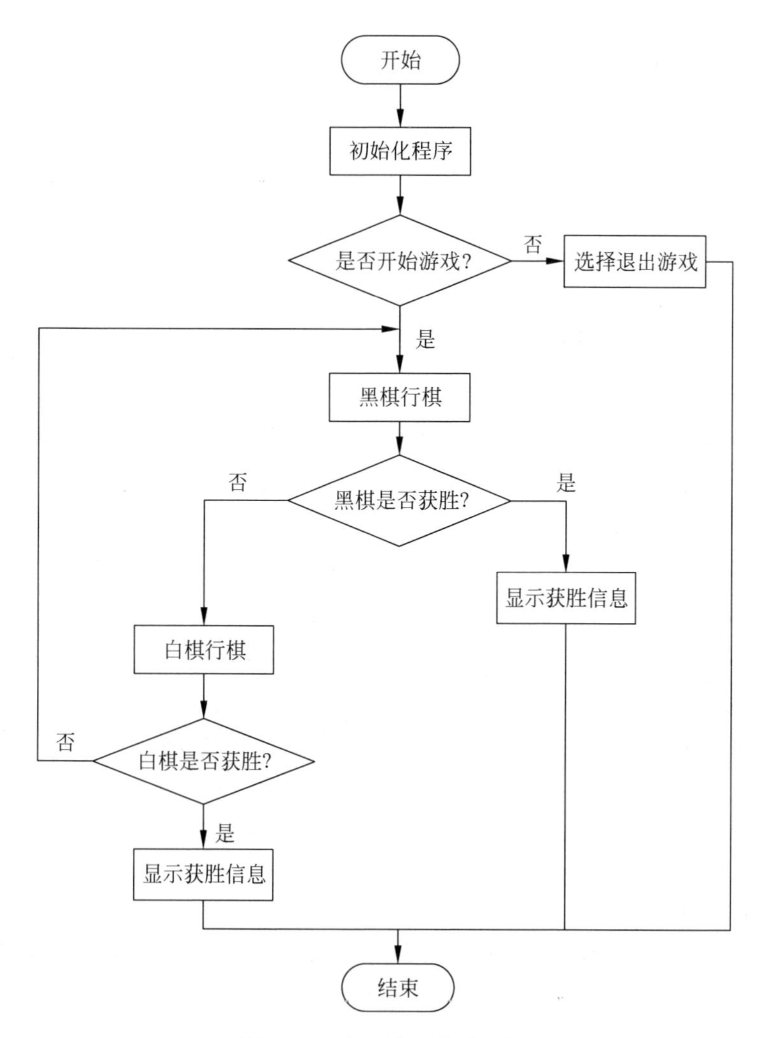

图 16.2　主函数程序流程图

玩家选择是否进入游戏，或者直接退出。如果进入游戏，程序则调用 ShowGuide 函数显示帮助信息，并调用 DrawBoard 画出棋盘，等待玩家开始下棋。

```
int main(int argc, char ** argv)
{
    glutInit(&argc, argv);
    glutInitDisplayMode(GLUT_SINGLE | GLUT_RGB);
    glutInitWindowSize(WINDOW_SIZE, WINDOW_SIZE);
    glutInitWindowPosition(WINDOW_POS, WINDOW_POS);
    iStart = ShowWelcome();                    /* 进入游戏欢迎界面 */
    if (iStart)                                /* 是否进入游戏 */
    {
        ShowGuide();
        glutCreateWindow("fivechess");
        DrawBoard();
        CtrlMenu();
        NewGame();
```

```
        glutDisplayFunc(DisplayGL);
        glutKeyboardFunc(CtrlKeyboard);
        glutMouseFunc(CtrlMouse);
        glutMainLoop();
    }
    ShowEnd();
    return 0;
}
```

16.4.3 界面显示模块

1. 功能设计

界面显示模块用于显示欢迎界面、游戏帮助界面、玩家获胜界面、游戏结束界面。在欢迎界面中，选择 Start Game 开始游戏，选择 Quit Game 退出。

2. 实现代码

1）函数声明部分

```
(1) void GotoXY(int x, int y);        /* 光标移动函数,用于使光标移动到特定位置 */
(2) int ChooseArrow();                /* 操控欢迎界面中的选择箭头 */
(3) int ShowWelcome();                /* 显示欢迎界面 */
(4) void ShowEnd();                   /* 显示结束游戏界面 */
(5) void ShowGuide();                 /* 显示游戏进行中的界面 */
(6) void ShowWinner();                /* 显示玩家获胜信息 */
```

2）函数实现部分

(1) GotoXY 函数

该函数实现了光标移动操作，通过 SetConsoleCursorPosition 系统函数将光标设置到控制台的指定位置，这样可以在指定位置输出字符，方便调整界面显示格式。

```
void GotoXY(int x, int y)
{
    COORD c;
    c.X = 2 * x;
    c.Y = y;
    SetConsoleCursorPosition(GetStdHandle(STD_OUTPUT_HANDLE), c);
}
```

(2) ChooseArrow 函数

该函数实现了界面上的功能选择操作，通过 getch 函数取得用户的按键操作。如果按上下箭头，则选择箭头在 Start Game 和 Quit Game 之间切换。如果按 Enter 键时，选择箭头指向 Start Game，则将开始标识 iStart 设为真。如果按 Enter 键时，选择箭头指向 Quit Game 或者按 Esc 键，就将开始标识 iStart 设为假。

```
int ChooseArrow()
{
    char cButton;                     /* 键值 */
    int iStart = -1;                  /* 0 表示退出游戏,1 表示开始游戏 */
```

```
    /* 若是按下退出或开始游戏就退出循环 */
    while (iStart != 0 && iStart != 1)
    {
        cButton = getch();
        /* 若是 up 和 down 就进行光标移动操作 */
        if (cButton == UP || cButton == DOWN)
        {
            if (stPoint.y == START_POS)
            {
                stPoint.y = QUIT_POS;
                GotoXY(10, START_POS);
                printf("     ");
                GotoXY(10, QUIT_POS);
                printf("→");
                GotoXY(12, QUIT_POS);
            }
            else if (stPoint.y == QUIT_POS)
            {
                stPoint.y = START_POS;
                GotoXY(10, QUIT_POS);
                printf("     ");
                GotoXY(10, START_POS);
                printf("→");
                GotoXY(12, START_POS);
            }
        }
        /* 按 Esc 键或 Enter 键退出游戏 */
        if ((cButton == START_POS && stPoint.y == QUIT_POS) || cButton == ESC)
        {
            iStart = 0;
            break;
        }
        /* 开始游戏 */
        if (cButton == START_POS && stPoint.y == START_POS)
        {
            iStart = 1;
            break;
        }
    }
    return iStart;
}
```

(3) ShowWelcome 函数

该函数实现了欢迎界面内容的显示。首先显示欢迎界面的基本信息，然后调用 ChooseArrow 函数，等待用户的选择输入。

```
int ShowWelcome()
{
    int iStart = -1;                    /* 0 表示退出游戏,1 表示开始游戏 */
    system("color 3F");
    GotoXY(14, 1);
```

```
    printf("Welcome to play fivechess");
    GotoXY(17, 7);
    printf("MAIN MENU");
    GotoXY(15, START_POS);
    printf(" *** START GAME *** ");
    GotoXY(15, QUIT_POS);
    printf(" *** QUIT GAME *** ");
    GotoXY(10, START_POS);
    printf("——>");
    stPoint.x = 15;
    stPoint.y = START_POS;
    GotoXY(12, START_POS);
    iStart = ChooseArrow();
    return iStart;
}
```

(4) ShowGuide 函数

该函数实现了帮助界面内容的显示。在进入游戏后,会显示该帮助界面。

```
void ShowGuide()
{
    system("cls");
    system("color 4F");
    GotoXY(6, 5);
    printf("BLACK");
    GotoXY(6, 9);
    printf("PLAYER");
    GotoXY(19, 7);
    printf("VS");
    GotoXY(31, 5);
    printf("WHITE");
    GotoXY(31, 9);
    printf("PLAYER");
    GotoXY(6, 18);
    printf("1: You Can Click Right Button to Play Again, Undo or Exit!");
    GotoXY(6, 20);
    printf("2: You can use ESC key to exit the game too!");
}
```

(5) ShowEnd 函数

该函数实现了退出界面内容的显示。在游戏退出后,会显示该提示界面。

```
void ShowEnd()
{
    system("cls");
    system("color 6F");
    GotoXY(16, 3);
    printf("GAME OVER!!!");
    GotoXY(1, 23);
}
```

(6) ShowWinner 函数

该函数实现了对战结束内容的显示。如果一方取得了胜利,会显示该界面,提示哪一方取得了胜利。

```
void ShowWinner()
{
    system("cls");
    GotoXY(15, 8);
    printf("congratulations!!!");
    GotoXY(12, 13);
    if (iPlayer == 1)
    {
        system("color 0F");
        printf("BLACK PLAYER WIN THE GAME!!!");
    }
    else
    {
        system("color 2F");
        printf("WHITE PLAYER WIN THE GAME!!!");
    }
}
```

3. 核心界面

1) 游戏欢迎界面

进入游戏后,玩家将看到的是游戏欢迎界面,玩家可以选择是否进入游戏或者直接退出游戏,如图 16.3 所示。

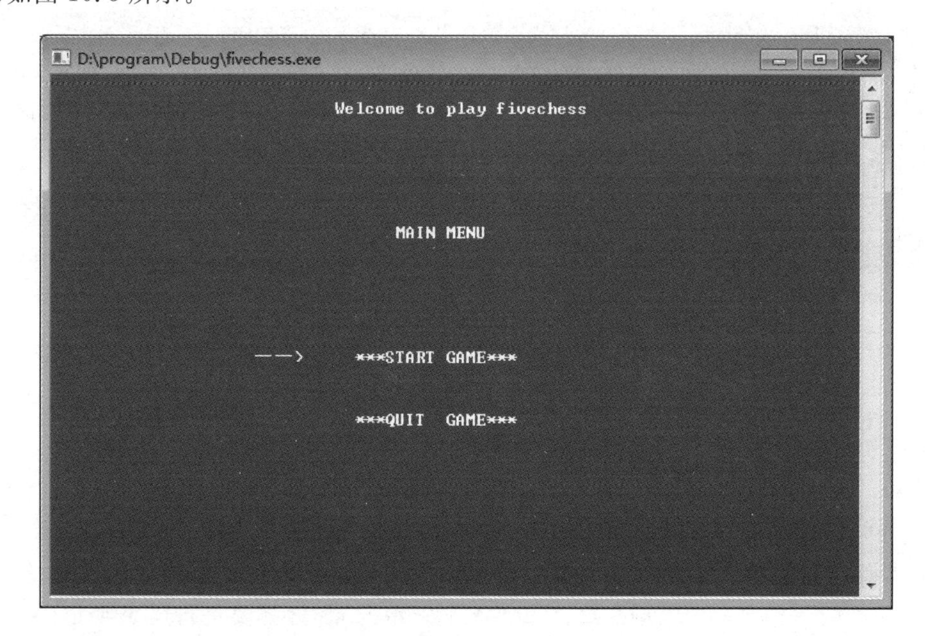

图 16.3　游戏欢迎界面

2）游戏帮助界面

进入游戏后，除了显示棋盘以外，还会显示一个游戏帮助界面，如图 16.4 所示。

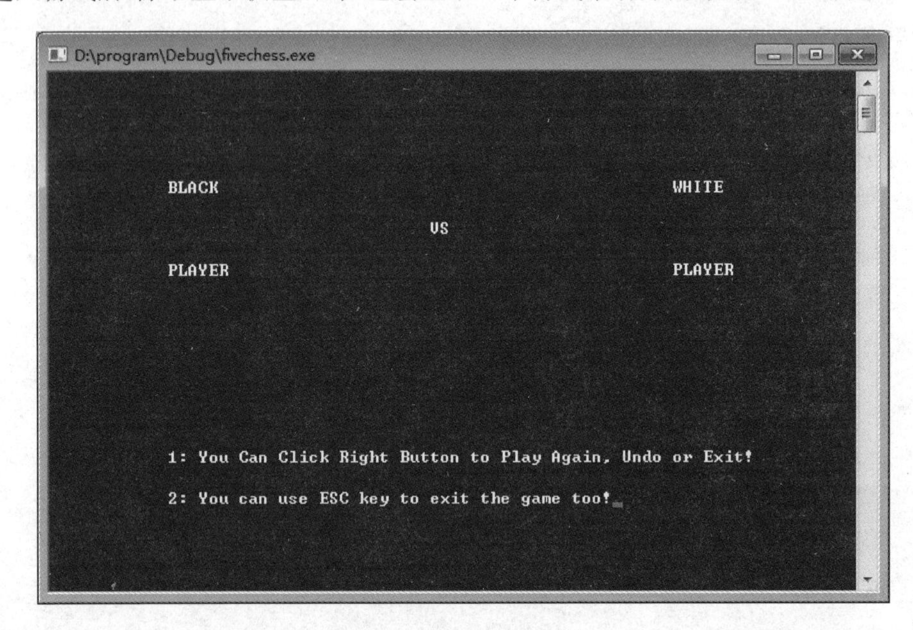

图 16.4　游戏帮助界面

3）游戏胜利界面

当游戏胜利后，将显示玩家的胜利信息，如图 16.5 所示。其中，图 16.5(a)为黑棋获胜时的界面，图 16.5(b)为白棋获胜时的界面。

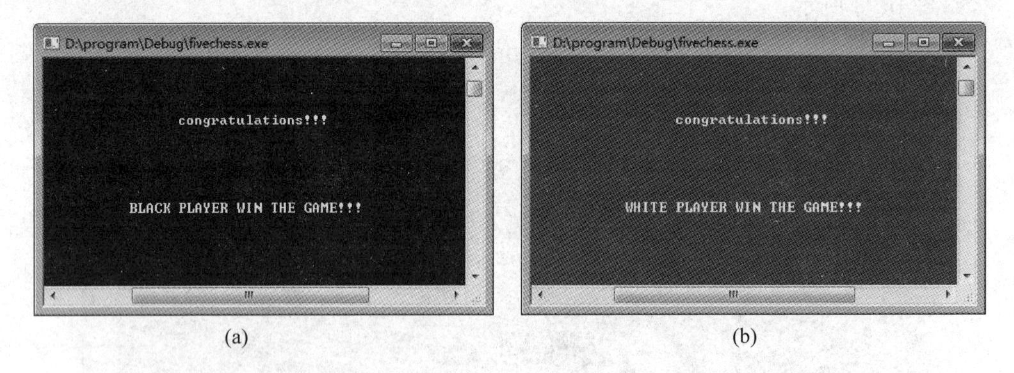

图 16.5　游戏胜利界面

16.4.4　下棋操作模块

1. 功能设计

下棋操作模块是五子棋游戏的核心逻辑模块。通过鼠标的单击操作来实现落子的功能，并把落子的信息保存到棋局数组。每次落子处理的同时，都要进行胜负判定，来决定是否一方胜出，棋局结束。

2. 实现代码

1）函数声明部分

(1) int JudgeWin(int x, int y);　　　　　　/* 判断当前下棋方是否获胜 */

(2) void TransPos(int *x, int *y);　　　　/* 将单击的屏幕坐标转换为棋盘上的坐标 */

(3) void CtrlMouse(int iButton, int iState, int x, int y) ;　　　　/* 鼠标操作响应函数 */

(4) void NewGame();　　　　　　　　　　　/* 开始新一局游戏时用来初始化所有数据 */

2）函数实现部分

(1) JudgeWin 函数

该函数实现了胜负判定的算法。该算法定义了 aiDir[4][2]二维数组，该数组存储了 4 个不同的方向。aiDir[i][0]代表横坐标，aiDir[i][1]代表纵坐标，(aiDir[i][0]，aiDir[i][1])表示方向向量，如表 16.1 所示。

表 16.1 aiDir[4][2]数组

i	aiDir[i][0]	aiDir[i][1]	方向
0	0	1	↑
1	1	0	→
2	1	1	↗
3	1	−1	↘

根据这 4 个方向和它们的相反方向即可在某个特定位置向它的 8 个方向进行搜索，详细流程图如图 16.6 所示。

```
int JudgeWin(int x, int y)
{
    int aiDir[4][2] = { 0, 1, 1, 0, 1, 1, 1, -1 };
    for (int i = 0; i<4; ++i)
    {
        int iTotal = 1;                          /* 连续棋子的数目 */
        for (int j = 1; aiBoard[x][y] == aiBoard[x + j * aiDir[i][0]][y + j * aiDir[i]
[1]]; ++j)
            ++iTotal;
        for (int j = 1; aiBoard[x][y] == aiBoard[x - j * aiDir[i][0]][y - j * aiDir[i]
[1]]; ++j)                                       /* 按相反方向继续查找 */
            ++iTotal;
        if (iTotal >= 5) return 1;
    }
    return 0;
}
```

(2) TransPos 函数

该函数实现了把屏幕坐标转换成棋盘上的坐标的算法。根据整个游戏窗口的大小，可以换算出用户单击位置占整个窗口的比例，然后进一步转换成记录棋盘棋子数组的对应下标。

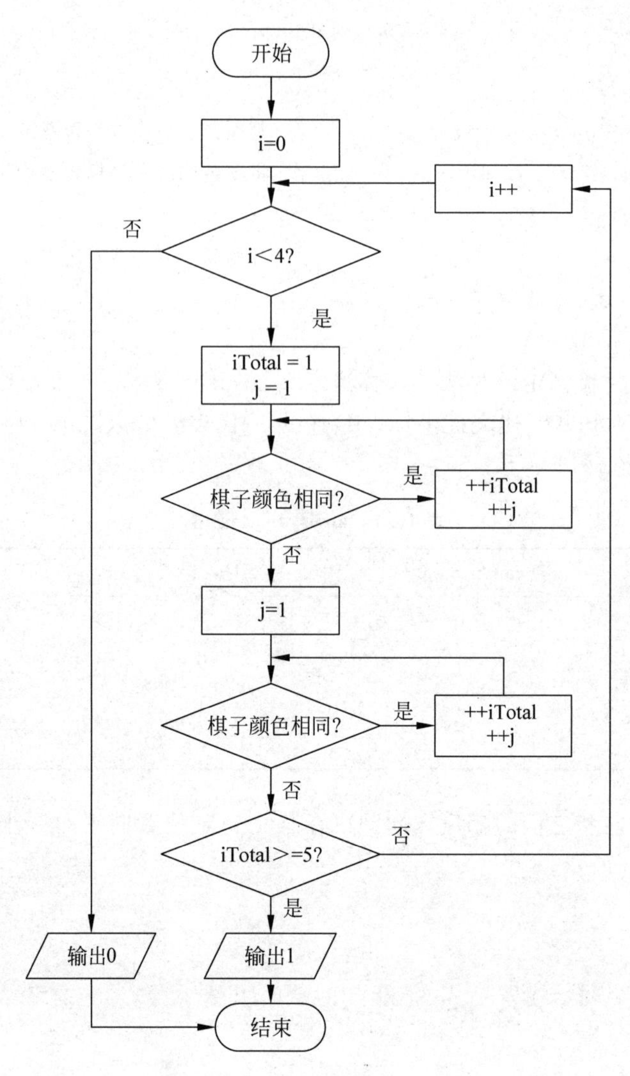

图 16.6 JudgeWin 函数流程图

```
void TransPos(int *x, int *y)
{
    *y = WINDOW_SIZE - *y;
    *x = (*x << 4) / (WINDOW_SIZE * 1.0) - 0.5;
    *y = (*y << 4) / (WINDOW_SIZE * 1.0) - 0.5;
}
```

(3) CtrlMouse 函数

该函数实现了鼠标单击的响应操作。当棋局开始后,用户用鼠标单击棋盘进行交替落子操作。首先,会调用 TransPos 函数进行坐标转换,找到对应的落子位置。然后,通过 aiBoard[x][y] = iPlayer;语句,将本次操作的 iPlayer 信息(黑子还是白子)保存到棋局数组中。同时,把落下棋子的位置保存到 aiStep 数组中,该信息在悔棋的时候需要使用。最后,调用 JudgeWin 函数来判定胜负,如果一方胜出,则显示胜利提示画面,否则,通过 iPlayer = -iPlayer;语句来交换玩家,等待玩家下一次的输入落子。

```
void CtrlMouse(int iButton, int iState, int x, int y)
{
    switch (iButton)
    {
    case GLUT_LEFT_BUTTON:
        if (!iEnd)
        {
            TransPos(&x, &y);
            if (aiBoard[x][y]) break;
            aiBoard[x][y] = iPlayer;
            aiStep[iNum++] = x * 100 + y; /* 将落下的棋子记录进 step 数组 */
            if (JudgeWin(x, y))
            {
                iEnd = 1;
                ShowWinner();
            }
            iPlayer = - iPlayer;           /* 交换选手 */
            glutPostRedisplay();
        }
        break;
    case GLUT_RIGHT_BUTTON:
        NewGame();
        glutPostRedisplay();
        break;
    }
}
```

(4) NewGame 函数

该函数实现了开始新棋局时的初始化处理。在开始游戏和用户想重玩时,都需要调用该函数,对棋局数组以及状态变量进行初始化处理。

```
void NewGame()
{
    ShowGuide();
    iNum = 0;
    iPlayer = 1;
    iEnd = 0;
    memset(aiBoard, 0, sizeof(aiBoard));
}
```

16.4.5 图形描画模块

1. 功能设计

图形描画模块实现了游戏棋盘和棋子的描画和显示。在每一次用户的落子操作之后,都会进行一次棋盘和棋子的重绘。通过调用 OpenGL 的基本描画函数,可以实现将棋局信息进行描画,并显示到屏幕上。

2. 实现代码

1) 函数声明部分

(1) `void DisplayGL();`　　　　/* 显示游戏界面 */

(2) void DrawChess(int x, int y, int iColor);　/*画出棋盘上的棋子*/

(3) void DrawBoard();　/*绘制棋盘界面*/

2) 函数实现部分

(1) DisplayGL 函数

该函数实现了游戏棋盘和棋子的描画和显示。每次棋局信息改变时，都会调用 glutPostRedisplay 函数来进行重绘请求。通过 OpenGL 系统的机制，就会触发 DisplayGL 函数来进行重新描画的处理。首先，会调用 glClear 函数清除颜色缓冲区。然后，调用 glColor3f 函数进行颜色设定，此处为棋盘线设定为黑色。最后，进行棋盘和棋子的描画和显示。

```
void DisplayGL()
{
    glClear(GL_COLOR_BUFFER_BIT);
    glColor3f(1, 1, 1);
    /*画棋盘*/
    glDrawArrays(GL_LINES, 0, 60);
    /*画棋子*/
    for (int i = 0; i<15; i++)
    {
        for (int j = 0; j<15; j++)
        {
            if (aiBoard[i][j])
               DrawChess(i, j, aiBoard[i][j]);
        }
    }
    glFlush();
}
```

(2) DrawChess 函数

该函数实现了游戏棋子的描画和显示。首先，要根据不同玩家，进行棋子颜色的设定。然后，在指定的坐标位置，调用 glVertex2f 画点函数，循环描画圆弧上的点，从而实现圆棋子的描画。

```
void DrawChess(int x, int y, int iColor)
{
    if (iColor == 1)
        glColor3f(0, 0, 0);
    else
        glColor3f(1, 1, 1);
    glBegin(GL_TRIANGLE_FAN);
    for (int i = 0; i < 360; i++)
        glVertex2f(0.37 * cos(i * 1.0) + x + 1, 0.37 * sin(i * 1.0) + y + 1);
                                                  /*圆弧上各个点的坐标*/
    glEnd();
}
```

(3) DrawBoard 函数

该函数实现了游戏棋盘的描画。其实现方式是通过 glVertexPointer 函数，将棋盘线的顶点与数组 vertices 关联在一起。之后，如果想要显示棋盘，可以通过调用 glDrawArrays 函数把数组中的顶点绘制出来。

```
void DrawBoard()
{
    glClearColor(0.1, 0.2, 0.3, 0);
    /* 对投影相关进行操作,也就是把物体投影到一个平面上 */
    glMatrixMode(GL_PROJECTION);
    glOrtho(0, 16, 0, 16, -1, 1);
    /* 画棋盘的线 */
    static GLint vertices[120];
    int i, j;
    for (i = 0; i<15; i++)
    {
        j = i << 2;
        vertices[j] = i + 1;
        vertices[j + 1] = 1;
        vertices[j + 2] = i + 1;
        vertices[j + 3] = 15;
        vertices[j + 60] = 1;
        vertices[j + 61] = i + 1;
        vertices[j + 62] = 15;
        vertices[j + 63] = i + 1;
    }
    glEnableClientState(GL_VERTEX_ARRAY);
    glVertexPointer(2, GL_INT, 0, vertices);
}
```

3. 核心界面

如图 16.7 所示即为玩家在下棋时所看到的界面。图 16.8 为下棋过程中可以随时打开的右键菜单。

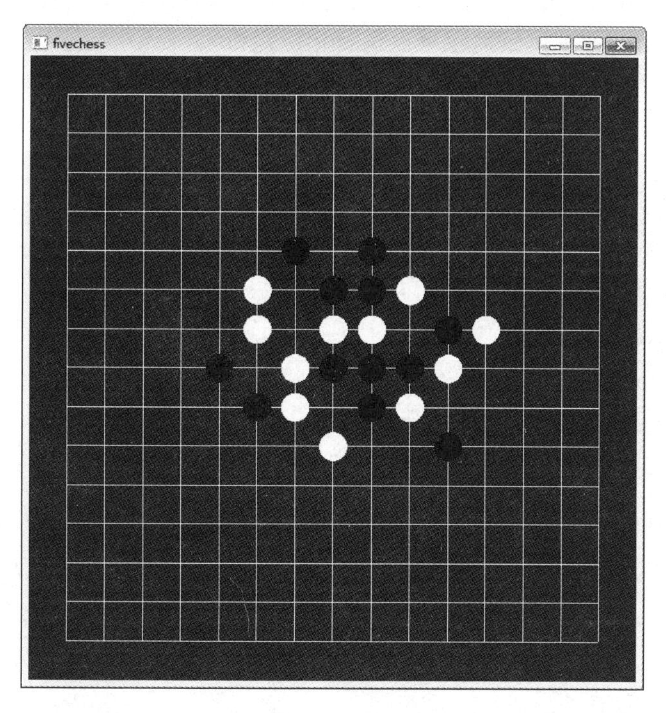

图 16.7　下棋界面

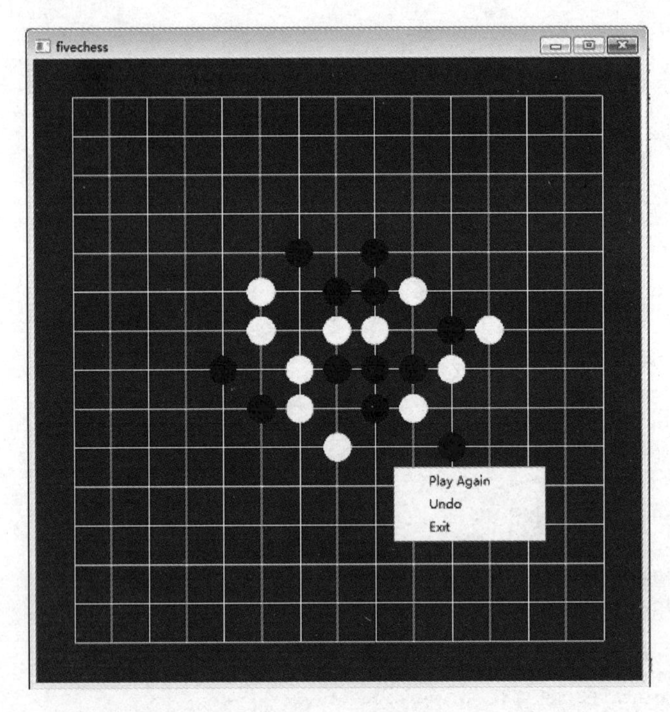

图 16.8　右键菜单

16.4.6　功能菜单模块

1. 功能设计

功能菜单模块用于定义鼠标单击右键后会出现下棋时需要使用的功能，包括重新开始游戏，悔棋，中途退出（按 Esc 键时也可以进行相应操作）。

2. 实现代码

1）函数声明部分

（1）void CtrlKeyboard(unsigned char cKey, int x, int y);　/＊键盘操作函数，用于定义键盘按下不同按键时的功能＊/

（2）void CtrlMenu();　/＊右键产生的菜单栏功能选项＊/

（3）void ManageItem(int iNumber);　/＊定义不同选项的功能＊/

2）函数实现部分

（1）CtrlKeyboard 函数

该函数实现了按 Esc 键退出的功能。当用户按下键盘上的 ESC 键时，会触发该函数。函数中判断 Esc 的键值，调用 ShowEnd 方法退出游戏，并显示相应的提示界面。

```
void CtrlKeyboard(unsigned char cKey, int x, int y)
{
    if (cKey= = ESC)
    {
        ShowEnd();
        exit(0);
    }
}
```

(2) CtrlMenu 函数

该函数实现了鼠标右键菜单栏的创建。首先通过 glutCreateMenu 函数创建一个菜单栏,并注册一个菜单选择后的回调响应函数 ManageItem,该函数会在单击菜单上的选项时触发。然后,通过函数 glutAddMenuEntry 添加菜单栏上的条目,我们增加了三个功能项(分别是重玩、悔棋和退出)。最后,通过函数 glutAttachMenu 将菜单绑定给鼠标右键(GLUT_RIGHT_BUTTON),即在右键单击时,会触发这个菜单项。

```
void CtrlMenu()
{
    int newGameMenu = glutCreateMenu(ManageItem);
    glutAddMenuEntry("Play Again", 1);
    glutAddMenuEntry("Undo", 2);
    glutAddMenuEntry("Exit", 3);
    glutAttachMenu(GLUT_RIGHT_BUTTON);
}
```

(3) ManageItem 函数

该函数实现了鼠标右键菜单栏的功能。在该函数中,通过参数 iNumber 可以知道用户选择的是哪个菜单项。如果用户选择"重玩",那么调用 NewGame 函数,进行重玩的处理。如果选择"退出",则调用 ShowEnd 函数,进行退出的操作。如果用户选择的是"悔棋"功能,需要从 aiStep 数组中读出上一步棋的位置,并且将棋盘上的该位置赋值为空,实现悔棋功能。全局数组 aiStep[250]用于存储每步棋的位置,iNum 用于记录下棋的总步数,在下棋的同时,就已经将每步棋的位置存进了该数组。

```
void ManageItem(int iNumber)
{
    switch (iNumber)
    {
    case 1:
        NewGame();
        break;
    case 2:
        if (iNum == 0) break;
        int iPrev = aiStep[iNum - 1];          /* 读出上一步棋子的坐标位置 */
        iNum--;                                 /* 将刚才的落子从记录中抹去 */
        aiBoard[iPrev / 100][iPrev % 100] = 0;
        iPlayer = -iPlayer;
        break;
    case 3:
        ShowEnd();
        exit(0);
        break;
    }
    glutPostRedisplay();
}
```

16.5 系统测试

对各主要模块均进行了详细的测试，测试用例如表16.2～表16.4所示。

表16.2 界面显示模块测试用例表

序号	测试项	前提条件	操作步骤	预期结果	测试结果
1	游戏欢迎界面	光标处于开始游戏选项	按Down键	光标移动到退出游戏选项	通过
2		光标处于退出游戏选项	按Up键	光标移动到开始游戏选项	通过
3		光标处于开始游戏选项	按Up键	光标移动到退出游戏选项	通过
4		光标处于退出游戏选项	按Down键	光标移动到开始游戏选项	通过
5	游戏帮助界面	当游戏开始或者重开游戏时	无	正常进入界面	通过
6	玩家获胜界面	进入下棋界面	至有一方获胜	白棋胜利时显示白棋获胜，黑棋胜利时显示黑棋获胜	通过

表16.3 下棋和描画模块测试用例表

序号	测试项	前提条件	操作步骤	预期结果	测试结果
1	黑白双方交换下棋	在棋盘上下棋	鼠标在棋盘上的不同位置单击左键，连续下两颗棋子	出现两颗黑白颜色的棋子	通过
2	不能在已有棋子或棋盘外的位置上下棋	在OpenGL窗口中操作	用鼠标分别单击棋盘外和已有棋子的棋盘上	不会出现任何反应	通过
3	判断输赢功能	下棋过程中	使其中一方在棋盘有连续的5颗棋子	白棋胜利时显示白棋获胜，黑棋胜利时显示黑棋获胜	通过

表16.4 功能控制模块测试用例表

序号	测试项	前提条件	操作步骤	预期结果	测试结果
1	键盘按键功能	在OpenGL窗口中操作	按Esc键	直接退出游戏	通过
2	悔棋功能	下棋过程中	单击右键菜单栏中的Undo选项	上一步棋子消失	通过
3	重新开始游戏功能	在OpenGL窗口中操作	单击右键菜单栏中的Play Again选项	棋盘回到初始化状态	通过
4	退出游戏功能	在棋盘上操作	单击右键菜单栏中的Exit选项	直接退出游戏	通过

16.6 设计总结

五子棋的设计已讲述完毕，程序所涉及的 OpenGL 的作图方法和 Window 的相关函数在 C 语言的编程过程中都很常见，希望读者能够熟练掌握。然而游戏在键盘操作方面还有很大的拓展空间，读者可以根据不同按键的键值自定义不同的功能，菜单栏中的功能也可以按需求自行添加。希望读者通过本章的练习，能对 C 语言程序设计有更深的了解。

第三类　应 用 工 具

CHAPTER 17

第17章 万 年 历

17.1 设计目的

本项目是一个万年历程序,模仿生活中的挂历,以电子的形式实现日历的基本功能。本程序可以输出公元元年(即公元1年)1月1日以后任意月份的月历,以及查询指定日期,查看全年日历等。万年历的核心在于通过根据所给的日期,计算出对应星期,并按合适的方式打印日历。

除了讲述上述功能的实现,本章还讲述了获取系统时间、光标定位等较为实用的功能。但本章仅讲述了基本的万年历功能实现,读者可根据自身的兴趣开发出更多有趣且实用的功能。

17.2 需求分析

随着经济以及技术的不断发展,人们对生活质量的要求也在不断地提高。人们已不再满足于钟表原先简单的计时功能,希望出现一些新的功能,诸如日历的显示、当天是星期几等,以给生活带来更大的方便。本章的万年历主要有以下功能需求。

(1) 获取当前时间。获取系统时间作为默认值,在没有任何输入的情况下,显示系统日期所在月份的月历,并且突出显示当前所选择的日期。

(2) 日期有效性检查。对日期进行检查,若发现日期无意义或者不符合实际,将拒绝该功能执行,并显示错误提示。

(3) 日期查询。输入指定日期,查询后显示日期所在月份的月历,并突出显示日期。另外,还可以查看所选择日期所在年份的整个日历。

(4) 日期调整。通过键盘输入来选取对应功能,可以增减年份、月份和日期,并能将所选日期重置为系统时间。

(5) 显示全年日历。输入对应功能键后输出当前所在年份的全年日历,并显示该年是闰年还是平年。

17.3　总体设计

它由 5 个模块组成，分别是时间获取模块，排版输出模块，功能控制模块，日历显示模块和功能选择模块，如图 17.1 所示。

（1）时间获取模块。该模块用于获取系统当前时间，在主函数中实现，用一个时间结构体得到并存储具体时间。

（2）排版输出模块。该模块主要是优化界面，通过自定义的 GotoXY 函数来改变光标位置，打印指定数量的空格，打印分割线。

（3）功能控制模块。进行闰年判断，返回指定日期对应的星期、日期有效性检查（包括年、月、日的有效性）。

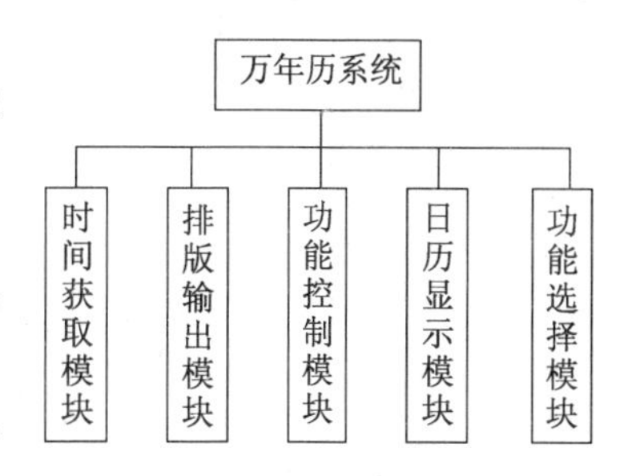

图 17.1　系统功能结构图

（4）日历显示模块。该模块是本项目的核心内容，它设计日历的生成和显示，输出用户指定的日期的对应信息，如星期几、所在月份。在输出过程中，突出显示用户指定日期。本模块也包含输出全年日历。

（5）功能选择模块。通过键盘输入对应的键选取所要执行的功能，以调整日期、重置日期等。

17.4　详细设计与实现

17.4.1　预处理及数据结构

1. 头文件加载

stdio.h 这个头文件主要包含 scanf、printf、getchar 等输入输出函数。在本程序中加载 windows.h 是因为要用到句柄等与控制台有关的内容，如 SetConsoleCursorPosition、system 等函数。而获取系统时间需要用到 time.h 头文件。conio.h 则包含程序中要用到的 getch()函数。

```
#include <stdio.h>
#include <windows.h>
#include <time.h>
#include <conio.h>
```

2. 符号常量

符号常量 LAYOUT 用于光标定位调整主界面的排版。而符号常量 LINE_NUM 则用在打印下划线的函数中，表示输出下划线的数量。其他的符号常量 UP、DOWN、LEFT、RIGHT、PAGE_UP 和 PAGE_DOWM 则用在选择功能模块中。具体实现中，用两个 getch()函数接收方向键 Page Up 和 Page Down 键。第一个 getch()接收到的值都是－32，而第二个 getch()则会得到上述 6 个符号常量对应的值。

```
#define LAYOUT 45
```

```
#define LINE_NUM 30
#define UP 0x48
#define DOWN 0x50
#define LEFT 0x4b
#define RIGHT 0x4d
#define PAGE_UP 0x49
#define PAGE_DOWN 0x51
```

3. 结构体

```
struct Date{
    int iYear;
    int iMonth;
    int iDay;
}
```

4. 全局变量

```
struct Date stSystemDate,stCurrentDate;          /*系统时间和当前所选择时间的结构体变量*/
int iNumCurrentMon = 0;                          /*当前月份的天数*/
int iNumLastMon = 0;                             /*上个月的天数*/
 /*记录月份对应的数字,将 aiMon[0]赋值为 0*/
int aiMon[13] = { 0, 31, 28, 31, 30, 31, 30, 31, 31, 30, 31, 30, 31 };
/*定义一个二维数组来记录每个月的全称,将 acMon[0]赋值为'\0'*/
char acMon[13][10] = { "\0", "January", "February", "March", "April", "May", "June", "July",
"August", "September", "October", "November", "December" };
```

17.4.2 主函数

1. 功能设计

主函数主要分为两部分,首先通过时间结构体获取系统时间,作为程序的默认时间。第二部分是调用函数输出提示信息并进入等待输入状态。

2. 代码实现

主函数中运用时间结构体获取系统时间,并赋值给 stSystemDate 结构体变量。用此法得到的时间是从 1900.1.1 开始的。另外,所得 pstTargetTime 的内容除了年月日外还有其他非常实用的内容,如它的其他结构体成员代表星期几和该日距离本年第一天的天数。但是为了让读者深入体会上述内容的求解方法,只选年月日作为定义的结构体的内容。有兴趣的读者可以自行去学习使用。之后再调用 GetKey()函数(见功能选择模块)进入等待键盘输入状态。

```
int main()
{
    time_t RawTime = 0;
    struct tm * pstTargetTime = NULL;
    time(&RawTime);                              /*获取当前时间,存在 Rawtime 里*/
    pstTargetTime = localtime(&RawTime);
  /*获取当地时间,得到的时间是从 1900 年 1 月 1 日开始的*/
    stSystemDate.iYear = pstTargetTime->tm_year + 1900;
    stSystemDate.iMonth = pstTargetTime->tm_mon + 1;
```

```
    stSystemDate.iDay = pstTargetTime->tm_mday;
    stCurrentDate = stSystemDate;
    GetKey();
    return 0;
}
```

17.4.3 排版输出模块

1. 功能设计

该模块主要用于排版，通过改变光标位置而改变输出内容的位置，以及打印空格、下划线等使界面更清晰美观。

2. 代码实现

(1) GotoXY(int x, int y)的作用就是将光标定位到第 y 行第 x 列，函数中调用的 SetConsoleCursorPosition 函数是 API 中定位光标位置的函数。由于该函数用到了句柄等与控制台相关的内容，读者不需要很详细的掌握，只需了解该函数的作用即可。若读者使用一些比较老的编译器如 Turbo C、BC，在包含 system. h 头文件的情况下，可直接调用 void gotoxy(int x, int y)，不需要自己重写该函数。另外，输出下划线函数中的 LINE_NUM 的初始值没有特别的限制，可由读者自行设定，以读者自己认为美观为准。

```
void GotoXY(int x, int y)
{
        HANDLE hOutput = GetStdHandle(STD_OUTPUT_HANDLE);
        COORD loc;
        loc.X = x;
        loc.Y = y;
        SetConsoleCursorPosition(hOutput, loc);
        return;
  }
```

(2) PrintSpace 函数输出传入参数 n 数量的空格，如果 n 为负数，则提示错误并退出。

```
void PrintSpace(int n)
{
    if (n<0)
    {
        printf("It shouldn't be a negative number!\n");
        return;
    }
    while (n--)
        printf(" ");
}
```

(3) PrintUnderline 函数输出全局变量 LINE_NUM 数量的下划线。

```
void PrintUnderline()
{
    int i = LINE_NUM;
    while (i--)
        printf("-");
}
```

17.4.4 功能控制模块

1. 功能设计

该模块主要用于判断传入的年份是否是闰年，进行传入日期有效性检查以及返回传入日期是星期几。

2. 实现代码

(1) IsLeapYear 函数判断是否为闰年，若年份是闰年返回 1，否则返回 0；若年份为负数，输出提示信息后退出。相信读者都知道判断是闰年的条件：①能被 4 整除且不能被 100 整除的为闰年；②能被 400 整除的是闰年。iYear % 4 == 0 && iYear % 100 ‖ iYear% 400 == 0 中，‖ 号的左边对应着条件 1，右边对应着条件 2。

```
int IsLeapYear(int iYear)
{
    if (iYear <= 0) {
        printf("The year should be a positive number!\n");
        return -1;
    }
    if (iYear % 4 == 0 && iYear % 100 || iYear % 400 == 0)
        return 1;
    else
        return 0;
}
```

(2) CheckDate 函数检查的是全局变量 stCurrentDate 对应日期的有效性，年份必须为正数。在下面具体的代码实现中读者会发现有一个 getch()，用于接收但不显示刚输入的字符。

```
void CheckDate()
{
    if (stCurrentDate.iYear <= 0)
    {
        GotoXY(0, 22);
        printf("The year should be a positive number!\n");

        GotoXY(0, 23);
        printf("Press any key to continue...");
        getch();

        /* 重置为系统的当前时间 */
        stCurrentDate = stSystemDate;
    }

    /* 检查月份是否有效 */
    if (stCurrentDate.iMonth < 1 || stCurrentDate.iMonth > 12)
    {
        GotoXY(0, 22);
        printf("The month(%d) is invalid!\n", stCurrentDate.iMonth);
```

```
        GotoXY(0, 23);
        printf("Press any key to continue...");
        getch();

        stCurrentDate = stSystemDate;
    }
}
```

(3) GetWeekday(int iYear, int iMonth, int iDay)用于得到指定日期是星期几。由于公元元年(即公元 1 年,不存在公元 0 年)1 月 1 日是星期一。可用((iYear － 1) * 365 ＋ (iYear － 1) / 4 － (iYear － 1) / 100 ＋ (iYear － 1) / 400 ＋ iSum)算出所指定日期距离公元元年 1 月 1 日的天数,该天数模 7 就得到日期对应的是星期几(星期日是 0,星期一是 1,其余类推)。由于 365＝52 * 7＋1,(iYear － 1) * 365 模 7 就等于(iYear－1),用于简化公式,减少计算量。iSum 是指定日期距离该年 1 月 1 日的天数。由于闰年是 366 天,而上述公式中计算天数每年以 365 天记,所以还得额外加上每个闰年多出来的 1 天,本函数用(iYear － 1) / 4 － (iYear － 1) / 100 ＋ (iYear － 1) / 400 计算出当前年份到公元元年这段时间中年份是闰年的数量。(注意,是 100 的倍数但不是 400 倍数的年份并不是闰年。)

```
int GetWeekday(int iYear, int iMonth, int iDay)
{
    int iWeekday = 0, i, iSum = 0;
    if (IsLeapYear(iYear))                          /* 是闰年就返回 1,否则返回 0 */
      aiMon[2] = 29;
    else
      aiMon[2] = 28;
    for (i = 1; i < iMonth; i++)
    {
      iSum += aiMon[i];
    }
    iSum += iDay;                                   /* 该日期到本年 1 月 1 日之间的天数 */
    iWeekday = ((iYear - 1) + (iYear - 1) / 4 - (iYear - 1) / 100 + (iYear - 1) / 400 +
iSum) % 7;
    return iWeekday;
  }
```

17.4.5 日历显示模块

1. 功能设计

该模块用于输出当前选择日期所在月份对应的月历以及所指定日期和系统日期的信息,如星期几、日期等,并打印功能说明模块。

2. 关键算法

该模块是本项目的核心内容,它设计日历的生成和显示,先根据年份是否为闰年确定 2 月的天数(若是闰年则将该年 2 月份的天数设置成 29 天),并根据用户指定的日期推算出星期。用户指定日期所在月份的第一个星期中,判断该星期属于上个月的天数,其对应的日历在本月不输出,用 4 个空格代替。(比如该月 1 号是星期三,那么该星期在本月的有 4 天,星期三到星期六。)在输出过程中,突出显示用户指定日期。日历显示流程图如图 17.2 所示。

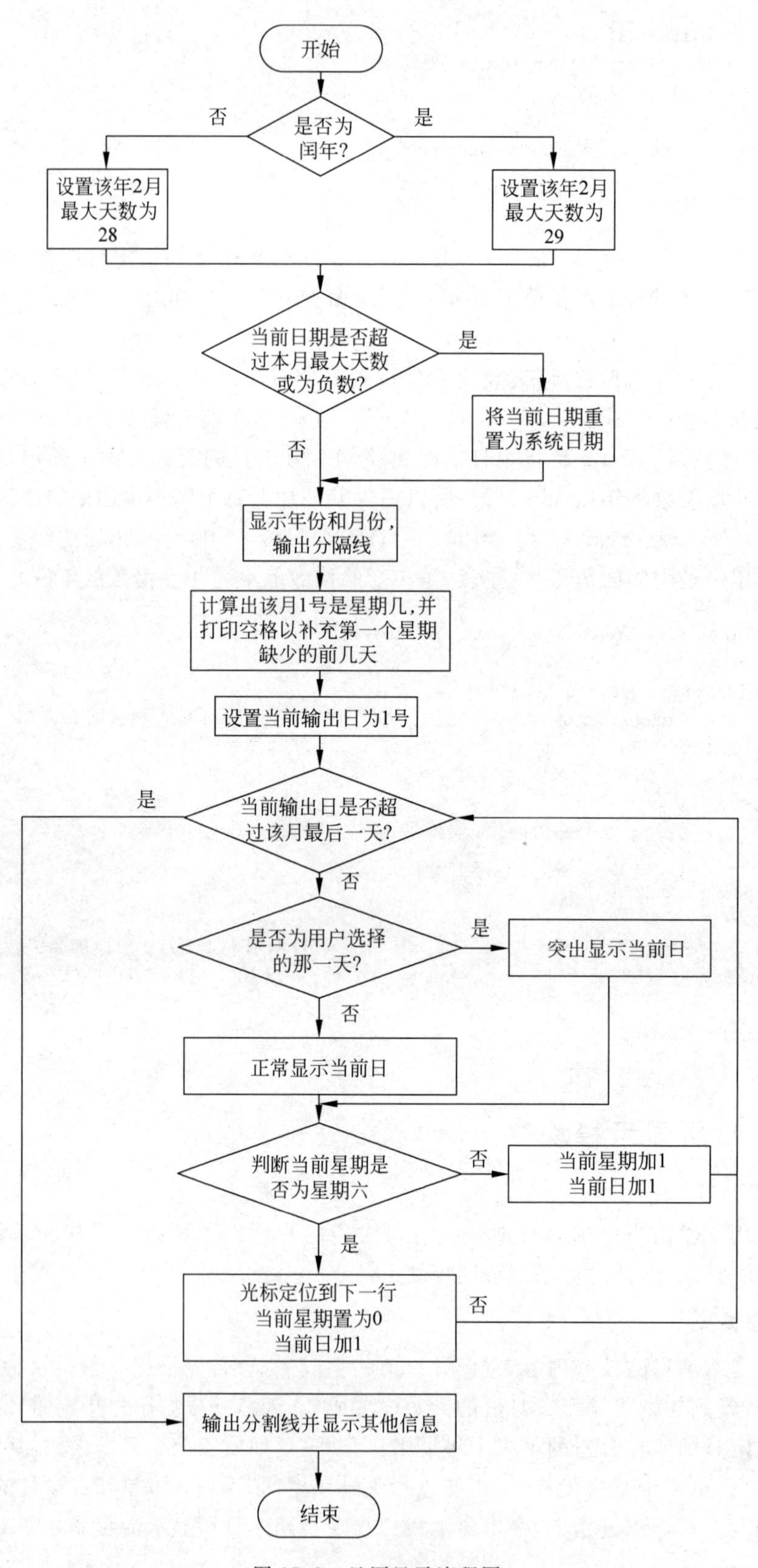

图 17.2　日历显示流程图

3. 实现代码

(1) 通过 IsLeapYear(iYear)判断是否为闰年确定所选定年份的 2 月的总天数。检查所指定日期是否有效(即大于 0 且小于等于所在月份的总天数)。若无效，则显示错误信息提示，并将指定日期重置为系统时间。通过相应函数得到指定月份 1 号的星期后，这也是本月第一个星期在上个月的天数。(星期日是星期的第一天，比如 1 号是星期四，那么前面有星期日，星期一，星期二，星期三这 4 天属于上个月。)需要注意的是，由于在输出日历的过程中要用括号突出显示指定的日期，每个日期占 4 个空格，故日期是个位数和两位数的突出显示，代码会有不同。

```
void PrintCalendar(int iYear, int iMonth, int iDay)
{
    int iOutputDay = 1;                        /* 输出的日期 */
    int iError = 0;                            /* 用以标记日期是否有效 */
    int iDayInLastMon = 0;                     /* 本月第一个星期在上月的天数 */
    int iWeekday = 0;
    int iRow = 4;

    if (IsLeapYear(iYear))                     /* 是闰年就返回 1 否则返回 0 */
        aiMon[2] = 29;
    else
        aiMon[2] = 28;

    if (iDay > aiMon[iMonth])
    {
        printf("This month(%s) has at most %d days\n",acMon[iMonth], aiMon[iMonth]);
        iError = 1;
    }

    if (iDay <= 0)
    {
        printf("The date should be a positive number\n");
        iError = 1;
    }

    if (iError)                                 /* 如果输入日期无效则重置为系统当前日期 */
    {
        printf("Press any key to continue...\n");
        getch();
        iYear = stSystemDate.iYear;
        iMonth = stSystemDate.iMonth;
        iDay = stSystemDate.iDay;
        stCurrentDate = stSystemDate;
    }

    iNumCurrentMon = aiMon[iMonth];
    iNumLastMon = aiMon[iMonth - 1];

    /* 获取给定该月份 1 号的星期 */
```

```
iWeekday = iDayInLastMon = GetWeekday(iYear, iMonth,1);

system("CLS");
GotoXY(N, 0);
printf("        The Calendar of %d",iYear);
GotoXY(N + 11, 1);
printf("%s", acMon[iMonth]);

GotoXY(N, 2);
PrintUnderline();
GotoXY(N, 3);
printf(" Sun Mon Tue Wed Thu Fri Sat");
/* 不输出在本月第一星期中但不属于本月的日期,每个日期占用4个空格 */
GotoXY(N, 4);
PrintSpace(iDayInLastMon * 4);

while (iOutputDay <= aiMon[iMonth])
{
    if (iOutputDay == iDay)
    {
        if (iDay < 10)
            printf(" (%d)", iOutputDay);
        else
            printf(" (%2d)", iOutputDay);
    }
    else
        printf("%4d",iOutputDay);
    if (iWeekday == 6)                  /* 输出为星期六的日期后换行 */
        GotoXY(N, ++iRow);
    /* 如果是星期六则变为星期日,值得强调代表星期日的数字是0 */
    iWeekday = iWeekday > 5 ? 0 : iWeekday + 1;
    iOutputDay++;
}

GotoXY(N,10);
PrintUnderline();
GotoXY(N+2, 11);
printf("The day you choose is :");
GotoXY(N+2, 13);
PrintWeek(&stCurrentDate);
GotoXY(N, 14);
PrintUnderline();

GotoXY(N+2, 15);
printf("Today is:\n");
GotoXY(N+2, 17);
PrintWeek(&stSystemDate);
GotoXY(N, 18);
PrintUnderline();

PrintInstruction();
```

```
    GotoXY(0,20);
  }
```

(2) 该函数输出传入的日期,并通过 GetWeekday 得到日期对应的是星期几,然后输出对应的字符串并打印。

```
void PrintWeek(struct Date * pstTempDate)
{
    if (pstTempDate == NULL){                  /* 若传入的是空指针,则提示错误并退出 */
        printf("This is a null pointer!");
        return;
    }
    int iDay = GetWeekday(pstTempDate->iYear, pstTempDate->iMonth, pstTempDate->iDay);
    printf("%4d-%02d-%02d,", pstTempDate->iYear, pstTempDate->iMonth, pstTempDate
->iDay);

    switch (iDay)
    {
        case 0: printf("Sunday!"); break;
        case 1: printf("Monday!"); break;
        case 2: printf("Tuesday!"); break;
        case 3: printf("Wednesday!"); break;
        case 4: printf("Thursday!"); break;
        case 5: printf("Friday!"); break;
        case 6: printf("Saturday!"); break;
    }
}
```

(3) 该函数通过不断改变光标位置,在不同位置输出介绍功能按键的信息,介绍功能的同时兼顾界面的美观。

```
void PrintInstruction()
{
    GotoXY(0, 0);
    printf("==========Instruction==========");

    GotoXY(0,2);
    printf("Inquire");
    GotoXY(14, 2);
    printf("I / i key");

    GotoXY(0, 3);
    printf("Reset");
    GotoXY(14, 3);
    printf("R / r key");

    GotoXY(0, 4);
    printf("Quit ");
    GotoXY(14, 4);
    printf("Q / q key");
```

```
    GotoXY(0, 5);
    printf("Whole year ");
    GotoXY(14, 5);
    printf("W / w key");

    GotoXY(0, 6);
    printf(" -------------------------------- ");

    GotoXY(0, 8);
    printf("Year");
    GotoXY(9, 8);
    printf("The key to +  : PageUp");
    GotoXY(9, 9);
    printf("The key to -  : PageDown");

    GotoXY(0, 11);
    printf("Month");
    GotoXY(9, 11);
    printf("The key to +  : ↑");
    GotoXY(9, 12);
    printf("The key to -  : ↓");

    GotoXY(0, 14);
    printf("Day");
    GotoXY(9, 14);
    printf("The key to +  : →");
    GotoXY(9, 15);
    printf("The key to -  : ←");
}
```

(4) 该函数是功能选择选项中一个供选择功能，用于输出所在年份的全年年历。实现方法与之前介绍的 PrintCalendar 函数类似，加入了平年闰年的打印，这里不多做介绍。另外注意一下排版即可。

```
void PrintWholeYear(int iYear, int iMonth, int iDay)
{
    int iOutputDay = 1;                   /* 输出的日期 */
    int iOutputMonth = 1;                 /* 输出的月份 */
    int iError = 0;                       /* 用以标记日期是否有效 */
    int iDayInLastMon = 0;                /* 本月第一个星期在上月的天数 */
    int iWeekday = 0;
    int iRow = 0;
    int iTemp = 3;
    int iCol = 40;
    char c;
    if (IsLeapYear(iYear))                /* 如果是闰年，二月份，就是 29 天 */
        aiMon[2] = 29;
      else
        aiMon[2] = 28;

    if (iDay > aiMon[iMonth])             /* 日期大于该月最大天数，提示错误 */
    {
```

```
        printf("This month( % s) has at most % d days\n",acMon[ iMonth], aiMon[ iMonth]);
        iError = 1;
    }
    if (iDay <= 0)                          /* 若日期小于等于 0 */
    {
        printf("The date should be a positive number\n");
        iError = 1;
    }

    if (iError)                             /* 如果之前有错误,将时间重置为系统时间 */
    {
        printf("Press any key to continue...\n");
        getch();
        iYear = stSystemDate. iYear;
        iMonth = stSystemDate. iMonth;
        iDay = stSystemDate. iDay;
        stCurrentDate = stSystemDate;
    }

    iWeekday = iDayInLastMon = GetWeekday(iYear, 1, 1);
    GotoXY(18, 0);
    printf("The Calendar of the whole % d", iYear);
    if (IsLeapYear(iYear))                  /* 如果该年份是闰年 */
        printf("[Leap Year! ]\n");
    else
        printf("[Common Year! ]\n");

    GotoXY(0, 1);
    printf(" Sun Mon Tue Wed Thu Fri Sat");
    GotoXY(iCol, 1);
    printf(" Sun Mon Tue Wed Thu Fri Sat");
/* 如果 iOutputMonth > 12 表示 12 个月都已经输出完毕,则跳出循环 */
    while (iOutputMonth <= 12)
    {
        iRow = iTemp;
        GotoXY(iCol, iRow - 1);
        PrintUnderline();

        if (iOutputMonth % 2)
            iCol = 0;               /* 如果将要输出的月份是奇数,则月历打印在屏幕左半侧 */
        else
        {
            iCol = 40;                      /* 否则打印在右半侧 */
            iTemp += 8;
        }
        iOutputDay = 1;

        GotoXY(iCol + 10, iRow);
        printf(" % s",acMon[ iOutputMonth]);
        GotoXY(iCol, ++iRow);
        PrintSpace( iDayInLastMon * 4);

        if (iOutputMonth == iMonth)         /* 突出显示所选择日期,所以该月份需特殊处理 */
        {
```

```
            while (iOutputDay <= aiMon[iOutputMonth])        /* 表示还没输出完所有天数 */
            {
                if (iOutputDay == iDay)   /* 如果即将输出的日期为所选择日期,突出显示 */
                {
                    if (iDay < 10)         /* 日期为个位数 */
                        printf(" (%d)", iOutputDay);
                    else                   /* 日期为两位数 */
                        printf(" (%2d)", iOutputDay);
                }
                else                       /* 否则,按正常形式输出,位宽为 4 */
                    printf("%4d", iOutputDay);
                if (iWeekday == 6)         /* 输出完本个星期六,换行开始输出下一个星期 */
                    GotoXY(iCol, ++iRow);
                iWeekday = iWeekday > 5 ? 0 : iWeekday + 1;
                iOutputDay++;
            }
        }

        else
        {
            /* 即将输出的日期必须小于当月最大天数 */
            while (iOutputDay <= aiMon[iOutputMonth])
            {
                printf("%4d", iOutputDay);
                if (iWeekday == 6)
                    GotoXY(iCol, ++iRow);
                iWeekday = iWeekday > 5 ? 0 : iWeekday + 1;
                iOutputDay++;
            }
        }
        iOutputMonth++;
        iDayInLastMon = iWeekday;
                        /* 上个月最后一天的第二天的星期赋值给下个月的第一天的星期 */
    }

    iRow = iTemp;
    GotoXY(0, iRow - 1);
    PrintUnderline();
    GotoXY(40, iRow - 1);
    PrintUnderline();                              /* 输出下划线,分隔并美化界面 */
    GotoXY(0, iRow);
    printf("Press any key to return to the main interface!\n");
    getch();
}
```

4. 核心界面

突出显示所选日期时,日期是个位数与日期是两位数时,打印日期所占的列数不同。程序运行界面如图 17.3～图 17.6 所示。

```
      The Calendar of 2020
           January
---------------------------------
Sun Mon Tue Wed Thu Fri Sat
                <1>  2   3   4
 5   6   7   8   9  10  11
12  13  14  15  16  17  18
19  20  21  22  23  24  25
26  27  28  29  30  31
---------------------------------
```

图 17.3　突出显示个位数日期

```
      The Calendar of 2020
           January
---------------------------------
Sun Mon Tue Wed Thu Fri Sat
                 1   2   3   4
 5   6   7   8   9  10  11
12  13  14 <15> 16  17  18
19  20  21  22  23  24  25
26  27  28  29  30  31
---------------------------------
```

图 17.4　突出显示十位数日期

```
==========Instruction==========

Inquire        I / i key
Reset          R / r key
Quit           Q / q key
Whole year     W / w key
-------------------------------

Year      The key to  + :  PageUp
          The key to  - :  PageDown

Month     The key to  + :  ↑
          The key to  - :     ↓

Day       The key to  + :  →
          The key to  - :     ←


Please read the instruction carefully!
```

图 17.5　功能说明模块

```
D:\program\Debug\calendar.exe
                    The Calendar of the whole 2015[Common Year!]
Sun Mon Tue Wed Thu Fri Sat               Sun Mon Tue Wed Thu Fri Sat
------------------------------            ------------------------------
         January                                   February
                     1   2   3             1   2   3   4   5   6   7
 4   5   6   7   8   9  10                 8   9  10  11  12  13  14
11  12  13  14  15  16  17                15  16  17  18  19  20  21
18  19  20  21  22  23  24                22  23  24  25  26  27  28
25  26  27  28  29  30  31

------------------------------            ------------------------------
         March                                     April
 1   2   3   4   5   6   7                             1   2   3   4
 8   9  10  11  12  13  14                 5   6   7   8   9  10  11
15  16  17  18  19  20  21                12  13  14  15  16  17  18
22  23  24  25  26  27  28                19  20  21  22  23  24  25
29  30  31                                26  27  28  29  30

------------------------------            ------------------------------
         May                                       June
                         1   2                 1   2   3   4   5   6
 3   4   5   6   7   8   9                 7   8   9  10  11  12  13
10  11  12  13  14 <15> 16                14  15  16  17  18  19  20
17  18  19  20  21  22  23                21  22  23  24  25  26  27
24  25  26  27  28  29  30                28  29  30
```

图 17.6　全年日历

17.4.6 功能选择模块

1. 功能设计

本模块主要用于响应键盘操作，依据获取的按键值选择相应的功能来响应，从而实现了功能选择。该函数主要由 GetKey()实现。

2. 实现代码

GetKey()等待键盘输入，选择对应的功能。上下左右方向键控制月份日期的增减。上下翻页键(Page Up、Page Down)控制年份的增减。I/i 键表示查询日期，R/r 键表示将所选时间重置为系统时间，W/w 键表示查看所选年份的全年日历，Q/q 键表示退出，系统会询问用户是否确认退出(输入 Y/y 表示确认)。GetKey()中设立 while(1)的死循环，然后不断获取键值，执行功能后用 system("cls")清屏，再用 PrintCalendar()打印主界面。方向键以及 Page Up，Page Down 键对应的是扫描码而非 ASCII 码，getchar()函数是无法得到扫描码的，故使用 getch()(在 conio.h 头文件下)。上述键用两个 getch()接收。

```
void GetKey()
{
    int iFirst = 1;
    char cKey = '\0', c = '\0';
    while (1)
    {

        PrintCalendar(stCurrentDate.iYear, stCurrentDate.iMonth, stCurrentDate.iDay);

        /* 如果是第一次，则打印该语句 */
        if (iFirst){
            GotoXY(0, 19);
            printf("Please read the instruction carefully!\n");
            iFirst = 0;
        }

        cKey = getch();
        if (cKey == -32)                    /* 部分编译器是 224 */
        {
            cKey = getch();
            switch (cKey)
            {
                case UP:                    /* 上方向键 */
                {
                    if (stCurrentDate.iMonth < 12)
                        stCurrentDate.iMonth++;
                    else
                    {
                        stCurrentDate.iYear++;
                        stCurrentDate.iMonth = 1;
                    }
                    break;
                }
```

```
case DOWN:                    /* 下方向键 */
{
    if (stCurrentDate.iMonth > 1)
        stCurrentDate.iMonth--;
    else
    {
        stCurrentDate.iYear--;
        stCurrentDate.iMonth = 12;
    }
    break;

}

case LEFT:                    /* 左方向键 */
{
    if (stCurrentDate.iDay > 1)
        stCurrentDate.iDay--;
    else
    {
        /* 若当前日期为 1 月 1 日,减一天后则变为上一年的 12 月 31 日 */
        if (stCurrentDate.iMonth == 1)
        {
            stCurrentDate.iYear--;
            stCurrentDate.iMonth = 12;
            stCurrentDate.iDay = 31;
        }
        else
        {
            stCurrentDate.iMonth--;
            stCurrentDate.iDay = 31;
        }
    }
    break;
}

case RIGHT:                   /* 右方向键 */
{
    if (stCurrentDate.iDay < iNumCurrentMon)
        stCurrentDate.iDay++;
    else
    {
        /* 若当前日期为 12 月 31 日,加一天后则变成下一年的 1 月 1 日 */
        if (stCurrentDate.iMonth == 12)
        {
            stCurrentDate.iYear++;
            stCurrentDate.iMonth = 1;
            stCurrentDate.iDay = 1;
        }
        else
        {
```

```
                        stCurrentDate.iMonth++;
                        stCurrentDate.iDay = 1;
                    }
                }
                break;
            }

            case PAGE_UP:               /* Page Up 键 */
            {
                stCurrentDate.iYear++;
                break;
            }

            case PAGE_DOWN:             /* Page Down 键 */
            {
                stCurrentDate.iYear--;
                break;
            }
        }
    }
    else
    {
        if (cKey == 'I' || cKey == 'i')/* 日期查询 */
        {
            printf(" Input date(%d-%02d-%02d, eg)\n", stSystemDate.iYear,
stSystemDate.iMonth, stSystemDate.iDay);
            scanf("%d-%d-%d", &stCurrentDate.iYear, &stCurrentDate.iMonth,
&stCurrentDate.iDay);
            CheckDate();
            getchar();
        }

        if (cKey == 'R' || cKey == 'r')/* 重置日期 */
        {
            stCurrentDate = stSystemDate;
        }

        if (cKey == 'Q' || cKey == 'q')/* 退出 */
        {
            printf("Do you really want to quit? <Y/N>");
            c = getchar();
            if (c == 'Y' || c == 'y') /* 输入 Y/y 表示确认退出 */
                break;
        }

        if (cKey == 'W' || cKey == 'w')/* 输出全年日历 */
        {
            system("cls");              /* 打印全年日历之前先清屏 */
```

```
                PrintWholeYear(stCurrentDate.iYear,stCurrentDate.iMonth,
                                                    stCurrentDate.iDay);
            }
        }
    }
}
```

3. 核心界面

输入"i"后输入所要查询日期,前后对比如图 17.7 和图 17.8 所示。

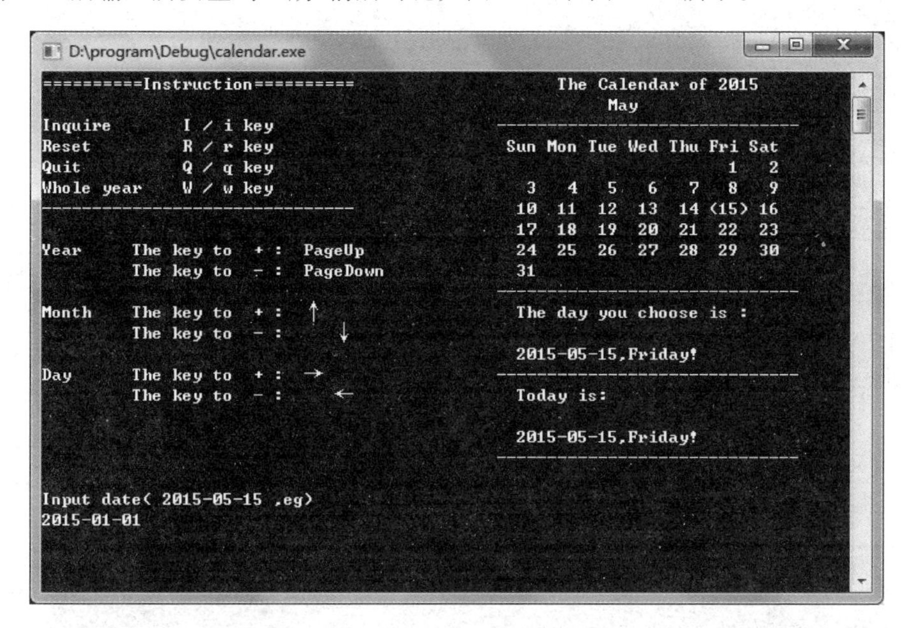

图 17.7　查询日期前

```
D:\program\Debug\calendar.exe
==========Instruction==========          The Calendar of 2015
                                                 January
Inquire        I / i key               -----------------------------
Reset          R / r key               Sun Mon Tue Wed Thu Fri Sat
Quit           Q / q key                               (1)  2   3
Whole year     W / w key                 4   5   6   7   8   9  10
------------------------------          11  12  13  14  15  16  17
                                        18  19  20  21  22  23  24
Year     The key to  + :  PageUp        25  26  27  28  29  30  31
         The key to  - :  PageDown
                                       -----------------------------
Month    The key to  + :  ↑             The day you choose is :
         The key to  - :     ↓
                                        2015-01-01,Thursday!
Day      The key to  + :  →            -----------------------------
         The key to  - :     ←          Today is:

                                        2015-05-15,Friday!
                                       -----------------------------
```

图 17.8　查询日期后

然后按右方向键后，日期增加，如图 17.9 所示。

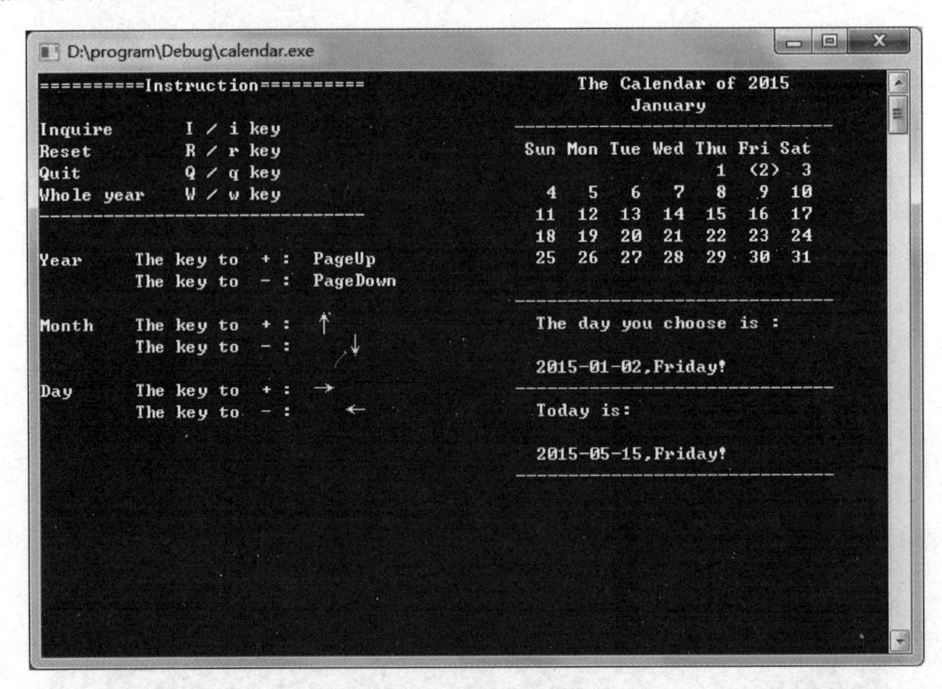

图 17.9　按右方向键后

而后再按上方向键增加月份，如图 17.10 所示。

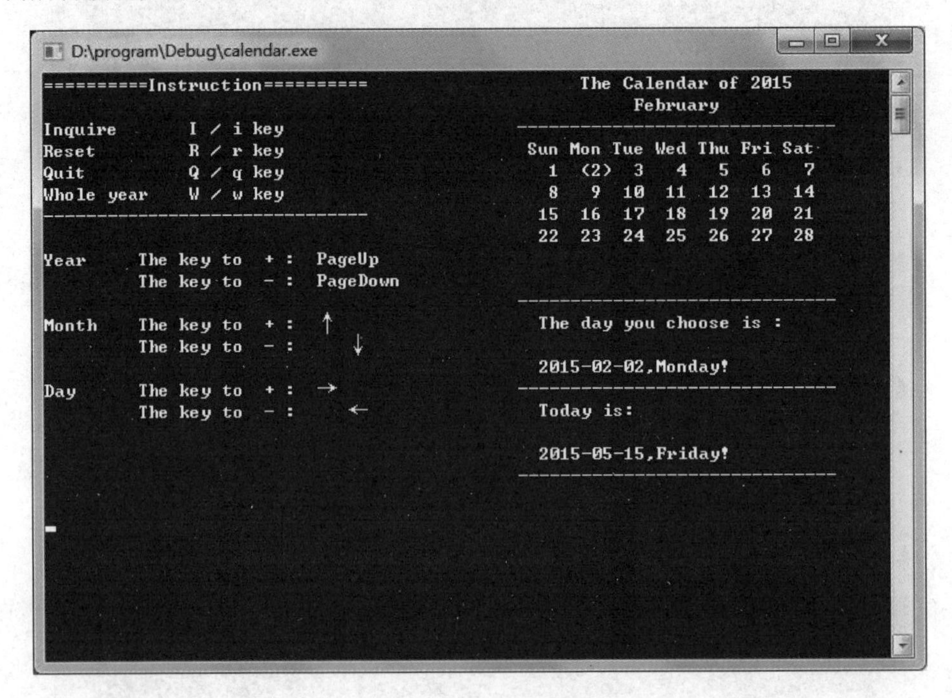

图 17.10　按上方向键后

按 Page Up 键增加年份，如图 17.11 所示。

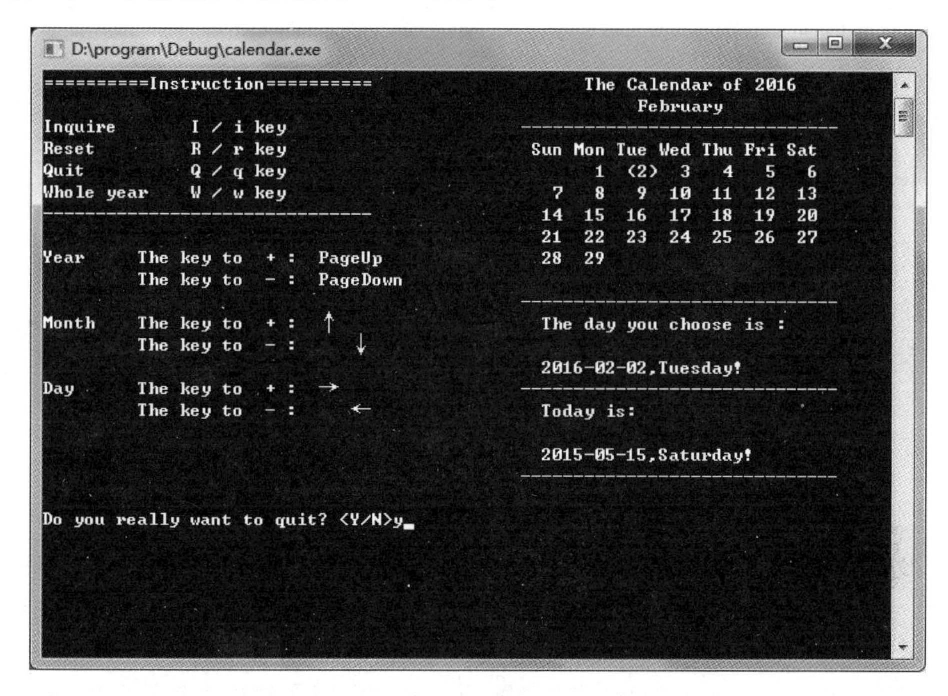

图 17.11　按 Page Up 键后

按 Q/q 键退出后需再按 Y/y 键确认。

17.5　系统测试

系统测试用例如表 17.1 所示。

表 17.1　万年历系统测试用例表

序号	测试项	前提条件	操作步骤	预期结果	测试结果
1	查询日期	在主界面按 I/i 键	1. 输入所要查询的日期(例：2018-2-30) 2. 按回车键确认	错误提示“This month (February) has at most 28 days”	通过
2		在主界面按 I/i 键	1. 输入所要查询的一个有效日期(例：2015-1-30) 2. 按回车键确认	所选择日期跳转到 2015-1-30 并显示 2015 年 1 月的月历	通过
3	键盘输入无效键	处于主界面，等待输入	任意输入可接收但不对应功能的按键	各参数无任何改变，只刷新主界面	通过
4		处于主界面，等待输入	任意输入不可接收的按键	无任何变化	通过

续表

序号	测试项	前提条件	操作步骤	预期结果	测试结果
5	修改日期	1. 处于主界面,等待输入 2. 当前日期为2015-1-1	按右方向键	日期跳转到2015-1-2	通过
6		1. 处于主界面,等待输入 2. 当前日期为2016-2-29	按Page Down键	错误提示"This month (February) has at most 28 days"	通过
7	打印全年日历	处于主界面,等待输出状态	1. 按W/w键 2. 按任意键	程序界面变成该年的年历,按任意键后又回到主界面	通过

17.6 系统总结

本章的万年历提供了普通万年历的基本功能,比如显示日期、得到星期几等。通过本章的学习,读者能更加熟悉闰年的判断,在学习日期显示功能的过程中,深刻地感受到排版之美并能够进一步了解获取系统时间、控制台光标定位等功能,夯实自己的C语言编程能力。

万年历的开发对读者应该会有较大启发,希望读者能够在此基础上开发出更加新颖的功能。这里附有两个课外拓展功能供有兴趣的读者完成。

1. 改变字体颜色,美化界面

控制台单调的颜色只有黑白两种,看起来难免有些单调。在没学图形化编程之前,每天看着控制台程序难免会枯燥无味。不过,利用SetConsoleTextAttribute函数可以设置控制台的前景色和背景色。SetConsoleTextAttribute是API设置字体颜色和背景色的函数,其原型为BOOL SetConsoleTextAttribute(HANDLE hConsoleOutput, WORD wAttributes);

用法:

```
HANDLE hConsoleOutput;                                  //创建句柄
hConsoleOutput = GetStdHandle(STD_OUTPUT_HANDLE);       //实例化
SetConsoleTextAttribute(consolehwnd,FOREGROUND_BLUE);   //设置前景色为蓝色

FOREGROUND_BLUE                                         前景色包含蓝色
FOREGROUND_GREEN                                        前景色包含绿色
FOREGROUND_RED                                          前景色包含红色
FOREGROUND_INTENSITY                                    前景色加强
BACKGROUND_BLUE                                         背景色包含蓝色
BACKGROUND_GREEN                                        背景色包含绿色
BACKGROUND_RED                                          背景色包含红色
BACKGROUND_INTENSITY                                    背景色加强
COMMON_LVB_GRID_HORIZONTAL                              顶部水平网格
COMMON_LVB_GRID_LVERTICAL                               左竖直网格
COMMON_LVB_GRID_RVERTICAL                               右竖直网格
COMMON_LVB_UNDERSCORE                                   下划线
```

颜色符合配色原理(如图 17.12 所示),读者可自行尝试。

2. 增加节日元素

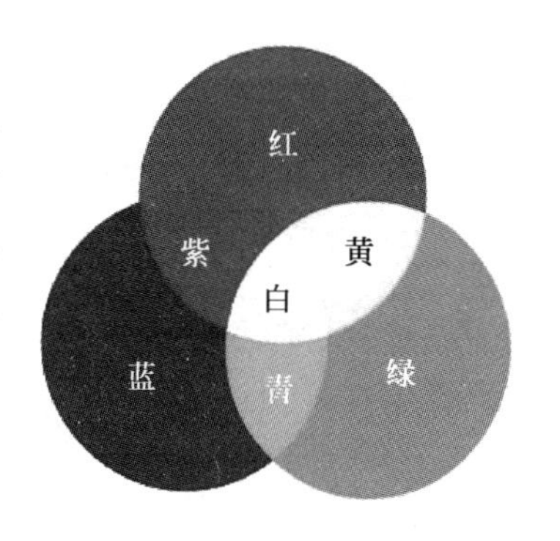

图 17.12　配色

中国法定节日有新年(1 月 1 日,放假一天);春节(农历新年,除夕、正月初一、初二放假三天);清明节(农历清明当日,放假一天);国际劳动妇女节(3 月 8 日,妇女放假半天);植树节(3 月 12 日);国际劳动节(5 月 1 日,放假一天);中国青年节(5 月 4 日,14 周岁以上的青年放假半天);端午节(农历端午当日,放假一天);国际护士节(5 月 12 日);儿童节(6 月 1 日,不满 14 周岁的少年儿童放假一天);中国共产党诞生纪念日(7 月 1 日);中国人民解放军建军纪念日(8 月 1 日,现役军人放假半天);教师节(9 月 10 日);中秋节(农历中秋当日,放假一天);国庆节(10 月 1 日,放假三天);记者节(11 月 8 日)等。

读者可以尝试在日历中显示公历的节日,并发出提醒。

CHAPTER 18

第18章　画图板

18.1　设计目的

本章运用C语言Win32编程的方式，实现了画图板功能，可以使用铅笔自由绘制，以及绘制直线、矩形、椭圆、正方形、圆形等多种图形，还可以支持橡皮擦功能、变换画笔和填充颜色、变换画笔粗细等。此外，也可以方便打开、保存用户所画的图形。

通过本章项目的学习，读者能够掌握：

(1) 如何使用Win32程序进行编程；

(2) 如何创建窗口和对话框；

(3) 如何响应操作系统传回的消息；

(4) 如何创建画笔，并使用画笔绘制指定的图形；

(5) 如何改变画笔的粗细；

(6) 如何改变画笔和填充颜色；

(7) 如何保存和打开用户绘制的图形。

18.2　需求分析

本项目的具体任务是制作一个画图板系统，能够实现绘制图形，新建画图板，保存图形，打开图形，选择颜色样式等功能，具体功能需求描述如下。

(1) 绘制图形：能够实现在画图板上画出指定的图形，例如直线、椭圆、矩形，还可以实现铅笔和橡皮擦的功能。

(2) 新建画板：当用户单击创建新文件时，便会清空用户所画出的所有图形。

(3) 保存图形：保存用户绘制图形到图形文件中。

(4) 打开图形：用户可以打开之前所保存的图形，并在该图形的基础上可以继续绘制图形。

（5）功能选择：可以选择当前画笔颜色和填充颜色。

（6）消息响应：包含菜单单击消息和鼠标按下、释放、滑动及滑轮滚动的消息等。

18.3　总体设计

画图板的功能结构图如图 18.1 所示，主要包括 3 个功能模块，分别介绍如下：

（1）图形绘制模块：首先用户可以选择图形的形状，例如用户可以选择直线、椭圆、矩形，并拖动鼠标实现图形的绘制。与此同时，用户也可以选择铅笔绘制任意的图形，用户还可以选择通过单击鼠标右键实现橡皮擦的功能，擦除用户之前所画的图形。

（2）文件操作模块：该模块可以实现新建文件、保存文件、打开文件的功能。当用户想要新建文件时，可以通过单击“新建”按钮，此时系统会弹出对话框，询问是否保存对话框，当用户单击“是”的时候便会弹出保存界面，而当用户单击“否”的时候便直接清空画图板；当用户想要保存图形的时候，可以通过单击保存按钮，系统便会弹出保存对话框，用户可以选择保存路径和文件名从而实现文件的保存功能。当用户想打开之前所画的图形的时候，可以通过单击“打开”按钮，系统便会弹出打开文件窗口，用户可以选择指定的文件，并在该文件的基础之上继续作图。

（3）消息响应模块：该模块负责响应操作系统传回的消息，消息包括菜单单击消息，绘图时的鼠标单击消息，包括鼠标左右键按下的消息、鼠标左右键释放消息和鼠标滑动的消息，此外还要能响应绘图时鼠标滑轮滚动的消息等。

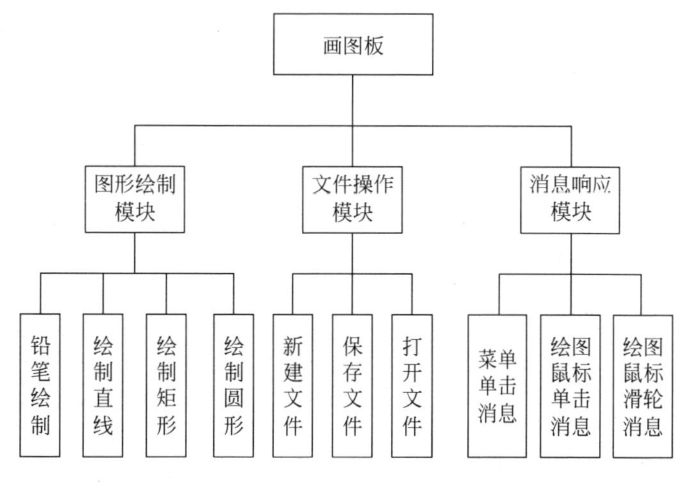

图 18.1　系统功能结构图

18.4　详细设计与实现

18.4.1　预处理及数据结构

1. 头文件

本系统包含了 4 个头文件：①windows.h，该头文件包含了其他 Windows 头文件，该头文件中最重要的是：WIDEF.H 包含基本数据类型定义；WINNT.H 支持 Unicode 的类型定义；WINBASE.H 包含 Kerbel 函数；WINUSER.H 包含用户界面函数；WINGDI.H 包含图形设备接口函数。②tchar.h 头文件方便程序能够使用不同字符集的通用代码。③resource.h 头文件包含了所用到的所有资源文件。④CommCtrl.h 头文件主要包含 Win32 下一些通用控件的接口。#pragma comment(lib, "comctl32.lib")表示链接时调用 comctl32.lib,comctl32.lib 是由一个 DLL 导出的库文件。

```
#include <windows.h>
#include <tchar.h>
#include "resource.h"
#include <CommCtrl.h>
#pragma comment(lib, "comctl32.lib")
```

2. 枚举类型

本系统包含了三个枚举类型,eDrawMode 用来定义两种画图模式,在绘制图形的时候便会用到,eDrawTools 用来定义画图工具,一共含有 4 种工具,分别是铅笔、直线、矩形、椭圆形,用户可以指定任意一种画图工具。

```
(1) enum eDrawMode { CURRENT, BUFFER };                      /* 枚举类型定义两种画图模式 */
(2) enum eDrawTools{ PEN, LINE, RECTANGLE, ELLIPSE };        /* 枚举类型定义 4 种画图工具分别是
                                                                铅笔、直线、矩形、椭圆形 */
```

3. 结构体

本系统中定义了两个结构体分别是 CustomShape 和 CustomRubber。CustomShape 用来定义用户所画的形状(铅笔、直线、矩形、椭圆),CustomRubber 用来定义橡皮。

```
typedef struct                          /* 结构体,定义用户所画的形状(铅笔、直线、矩形、椭圆) */
{
    int ixAxis, iyAxis;                              /* 结构体中包含位置信息 */
}CustomShape;

typedef struct                                       /* 结构体,定义橡皮 */
{
    int ixAxis, iyAxis;                              /* 结构体中包含橡皮的位置信息 */
}CustomRubber;
```

4. 全局变量

本系统定义了多个全局变量,详细介绍如下。

```
HWND hwndToolBar;                                    /* 获取图形工具栏窗口句柄 */
static int bToolBarShow = FALSE;                     /* 图形工具栏是否显示 */
static COLORREF coPenColor = RGB(0, 0, 0);           /* 画图笔的颜色信息 */
static int iPenStyle = PS_SOLID;                     /* 画图笔的风格信息,初始化为实线 */
static int iPenWidth = 1;                            /* 画图笔的宽度信息,初始化为 1 */
static COLORREF coRubberColor = RGB(255, 255, 255);  /* 橡皮的颜色信息 */
static int iRubberWidth = 20;                        /* 橡皮的宽度信息,初始化为 20 */
static RECT rect;                       /* RECT 结构定义了一个矩形框左上角以及右下角的坐标 */
static int bInitRect = TRUE;
static TCHAR szWindowClass[] = _T("Win32");
```

```
static TCHAR szTitle[] = _T("画图板");                    /* 窗口标题 */
HINSTANCE hInst;                                          /* 实例句柄 */
HBRUSH hbBrushRubber;                                     /* 定义画刷 */
/* 用于保存和打开中,OPENFILENAME 结构包含了 GetOpenFileName 和 GetSaveFileName 函数用来初始化打开或另存为对话框的信息 */
OPENFILENAME ofn;
static TCHAR sFile[MAX_PATH];                             /* 用于文件操作 */
static int isFile = FALSE;                                /* BOOL 类型 */
/* 分别定义 4 种 HDC 设备上下文,hcdMainDc 用于重绘窗口,hcdPaintDc 用于绘制窗口; hcdCurrentDc, hcdBufferDc 缓冲 DC */
static HDC hdcMainDc, hdcPaintDc, hdcCurrentDc = 0, hdcBufferDc = 0;
static int bNewFile = FALSE;                              /* 是否按新建对话框关闭键 */
static int iStartX = -1, iStartY = -1;                    /* 起始坐标 */
static int ixAxis, iyAxis;                                /* 坐标信息 */
```

18.4.2 主函数

1. 功能设计

主函数用于定义窗口信息,窗口的注册,窗口的创建和窗口的显示以及窗口对操作系统消息的响应。

2. 关键算法

主函数运行后,首先显示窗口,然后便会等待来自操作系统的消息,操作系统的消息包含了创建消息,绘制信息,鼠标左右键按下消息,鼠标左右键释放消息,鼠标滑动的消息,鼠标滑轮滚动的信息以及按键控制信息。

主函数的程序流程图如图 18.2 所示。

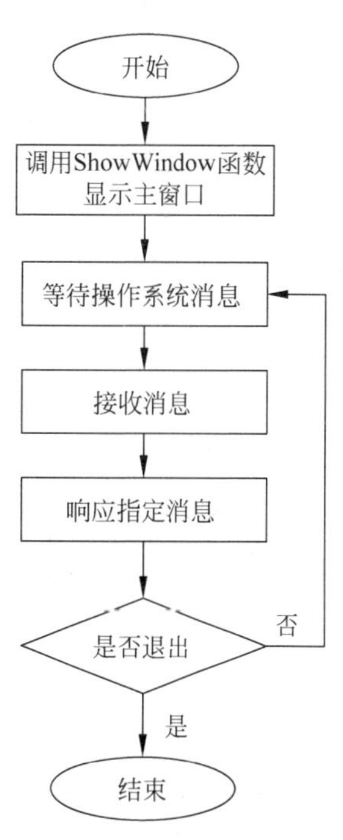

图 18.2 主函数程序流程图

3. 实现代码

主函数 WinMain()定义了窗口的信息,窗口的注册,窗口的创建和窗口的显示以及窗口对操作系统消息的响应。

```
int WINAPI WinMain(HINSTANCE hInstance, HINSTANCE hPrevInstance,
LPSTR lpCmdLine, int nCmdShow)
{
    WNDCLASSEX wcex;                      /* 窗口类结构,此结构包含有关该窗口的信息 */
    wcex.cbSize = sizeof(WNDCLASSEX);                     /* 窗口信息定义 */
    wcex.style = CS_HREDRAW | CS_VREDRAW;
    wcex.lpfnWndProc = WndProc;
    wcex.cbClsExtra = 0;
    wcex.cbWndExtra = 0;
    wcex.hInstance = hInstance;
    wcex.hIcon = LoadIcon(hInstance, MAKEINTRESOURCE(IDI_APPLICATION));
    wcex.hCursor = LoadCursor(NULL, IDC_ARROW);
    wcex.hbrBackground = (HBRUSH)(COLOR_WINDOW + 1);
    wcex.lpszMenuName = MAKEINTRESOURCE(IDR_MAIN_MENU);
```

```
    wcex.lpszClassName = szWindowClass;
    wcex.hIconSm = LoadIcon(wcex.hInstance, MAKEINTRESOURCE(IDI_APPLICATION));

    if (!RegisterClassEx(&wcex))                        /*注册窗口类*/
    {
        MessageBox(NULL,
            _T("Call to RegisterClassEx failed!"),
            _T("Win32 Guided Tour"),
            0);
        return 1;
    }

    hInst = hInstance;                                  /*实例句柄*/
    HWND hWnd = CreateWindow(                           /*窗口创建*/
        szWindowClass,
        szTitle,
        WS_OVERLAPPEDWINDOW&~WS_MAXIMIZEBOX,
        CW_USEDEFAULT, CW_USEDEFAULT,
        1000, 650,
        NULL,
        NULL,
        hInstance,
        NULL);

    if (!hWnd)                                          /*窗口创建失败*/
    {
        MessageBox(NULL,
            _T("Call to CreateWindow failed!"),
            _T("Win32 Guided Tour"),
            0);
        return 1;
    }
    ShowWindow(hWnd, nCmdShow);                         /*显示窗口*/
    UpdateWindow(hWnd);

    MSG msg;                            /*添加消息循环以监听操作系统发送的消息*/
    while (GetMessage(&msg, NULL, 0, 0))
    {
        TranslateMessage(&msg);
        DispatchMessage(&msg);
    }
    return (int)msg.wParam;
}
```

4. 核心界面

主窗口界面如图 18.3 所示。

图 18.3　主窗口界面

18.4.3　图形绘制模块

1. 功能设计

当用户打开画图板直接画图的时候，默认选中工具为铅笔，即用户可以使用铅笔画图，当用户单击“工具”菜单时，会出现铅笔、直线、矩形、椭圆的子菜单。单击相应的子菜单，则可以绘制对应的图形。如果用户想画出圆形或者正方形，只需按住键盘上的 Shift 键，便能实现绘制。如果按住鼠标右键拖动则可以实现橡皮擦功能。

2. 实现代码

函数声明部分：

(1) void DrawPen(HDC * , int, int, CustomShape * , enum eDrawTools);　　/ * 画出用户图形 * /

(2) void DrawRubber(HDC * , int, int, CustomRubber *);　/ * 画出橡皮 * /

(3) void DrawEllipse(HDC * , int, int, int);　　/ * 画出橡皮外边框 * /

(4) void UseRubber(HWND * , CustomRubber * , int, int, HDC * , HDC * , enum eDrawMode *);
/ * 实现橡皮擦 * /

函数实现部分：

(1) DrawPen()函数首先通过判断用户所选择的画图工具，共有 4 种工具：直线、铅笔、矩形、椭圆。在该函数中通过 if-else 语句判断相应的画图工具，并执行相应的操作。

```
void DrawPen(HDC * dc, int iNewX, int iNewY, CustomShape * pcsShape, enum eDrawTools dtTool)
                                                        / * 画出用户图形 * /
{
    if (dtTool == LINE)                                 / * 图像为直线 * /
    {
        / * 将当前绘图位置移动到起始点 * /
        MoveToEx( * dc, pcsShape -> ixAxis, pcsShape -> iyAxis, NULL);
        LineTo( * dc, iNewX, iNewY);                    / * 画出直线 * /
    }
    else if (dtTool == PEN)                             / * 图像为铅笔 * /
    {
```

```
        MoveToEx( * dc, pcsShape -> ixAxis, pcsShape -> iyAxis, NULL);
        LineTo( * dc, iNewX, iNewY);
        pcsShape -> ixAxis = iNewX;                  /* 更新位置信息 */
        pcsShape -> iyAxis = iNewY;
    }
    else if (dtTool == RECTANGLE)                    /* 图像为矩形 */
    {
        /* 画出矩形 */
        Rectangle( * dc, pcsShape -> ixAxis, pcsShape -> iyAxis, iNewX, iNewY);}
    else if (dtTool == ELLIPSE)                      /* 图像为椭圆形 */
    {
        /* 画出椭圆 */
        Ellipse( * dc, pcsShape -> ixAxis, pcsShape -> iyAxis, iNewX, iNewY);}
}
```

(2) DrawRubber()函数用来绘制橡皮。首先调用 MoveToEx 将当前绘图位置移动到起始位置,然后调用 LineTo()函数绘制直线,最后更新位置信息。

```
void DrawRubber(HDC * dc, int iNewX, int iNewY, CustomRubber * pcrRubber) {
    /* 将当前绘图位置移动到起始点 */
    MoveToEx( * dc, pcrRubber -> ixAxis, pcrRubber -> iyAxis, NULL);
    LineTo( * dc, iNewX, iNewY);                     /* 画出直线 */
    pcrRubber -> ixAxis = iNewX;                     /* 更新位置信息 */
    pcrRubber -> iyAxis = iNewY;
}
```

(3) DrawEllipse()函数在 UseRubber 中被调用,主要用于绘制橡皮外边框。首先根据橡皮的宽度计算出橡皮的半径,并绘制圆心为绘制点,半径为橡皮宽度的一般的圆形。

```
void DrawEllipse(HDC * dc, int ixAxis, int iyAxis, int iWidth)          /* 画出橡皮外边框 */
{
    int side = iWidth / 2;                           /* 半径取橡皮宽度的一半 */
    /* 画出橡皮外侧圆形外边框 */
    Ellipse( * dc, ixAxis - side, iyAxis - side, ixAxis + side, iyAxis + side);
}
```

(4) UseRubber()函数实现橡皮相应的设置功能。包含橡皮信息的设置,以及用完橡皮之后的恢复工作。橡皮信息的设置包含了橡皮颜色、宽度的设置。恢复工作主要包括画笔状态的设置。

```
void UseRubber(HWND * hWnd, CustomRubber * crRubber, int ixAxis, int iyAxis, HDC * hdcCurrentDc, HDC
 * hdcBufferDc, enum eDrawMode * dmDrawMode)
{
    HPEN pen;                                        /* 定义画笔 */
    /* 创建画笔,画笔为实行,橡皮宽度,橡皮颜色 */
    pen = CreatePen(PS_SOLID, iRubberWidth, coRubberColor);
    /* 删除指定上下文对应画笔 */
    DeleteObject(SelectObject( * hdcCurrentDc, pen));
    DeleteObject(SelectObject( * hdcBufferDc, pen));

    DrawRubber(hdcBufferDc, ixAxis, iyAxis, crRubber);/* 画出橡皮 */
```

```
    /*将图像从 bufferDc 拷贝到 currentDc 中去,以在屏幕上显示*/
    BitBlt(*hdcCurrentDc, 0, 0, rect.right, rect.bottom, *hdcBufferDc, 0, 0, SRCCOPY);
    /*创建画笔,画笔为实行,宽度为1,颜色为黑色*/
    pen = CreatePen(PS_SOLID, 1, RGB(0, 0, 0));
    /*删除指定上下文对应画笔*/
    DeleteObject(SelectObject(*hdcCurrentDc, pen));
    DeleteObject(SelectObject(*hdcBufferDc, pen));
    /*画出橡皮外边框*/
    DrawEllipse(hdcCurrentDc, ixAxis, iyAxis, iRubberWidth);
    pen = CreatePen(iPenStyle, iPenWidth, coPenColor);                    /*还原画笔*/
    /*删除指定上下文对应画笔*/
    DeleteObject(SelectObject(*hdcCurrentDc, pen));
    DeleteObject(SelectObject(*hdcBufferDc, pen));

    *dmDrawMode = CURRENT;                          /*将画图类型置为CURRENT*/
    InvalidateRect(*hWnd, NULL, FALSE);             /*重绘窗口*/
}
```

3. 核心界面

主要绘图功能界面如图 18.4 所示,橡皮擦功能界面如图 18.5 所示。

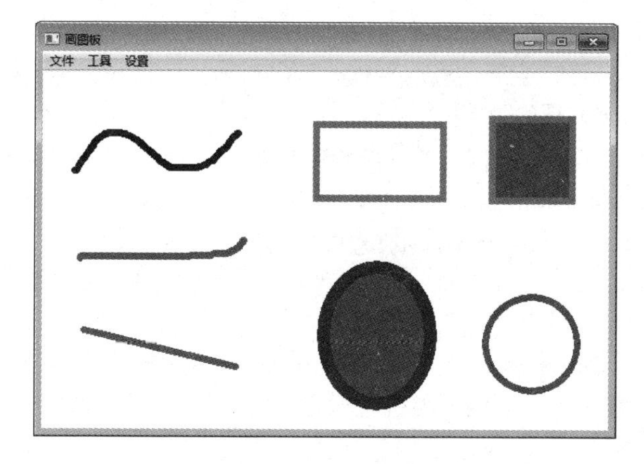

图 18.4　主要绘图功能界面

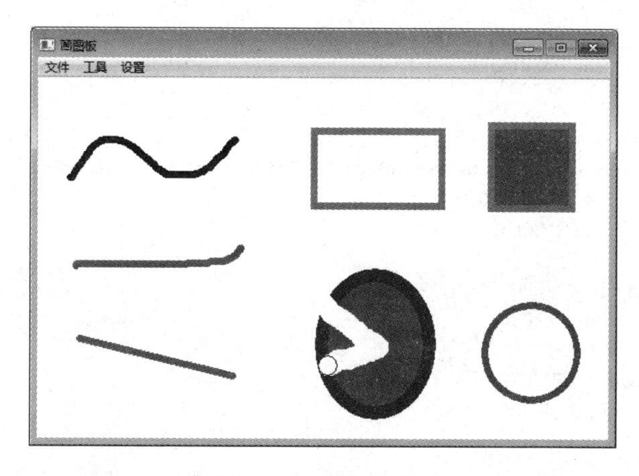

图 18.5　橡皮擦功能界面

18.4.4 文件操作模块

1. 功能设计

该模块可以实现新建文件，保存文件，打开文件功能。当用户想要新建文件时，可以通过选择“文件”→“新建”菜单，此时系统会弹出对话框，询问是否保存对话框，当用户单击“是”的时候便会弹出保存界面，而当用户单击“否”的时候便直接清空画图板；当用户想要保存图形的时候，可以通过单击“文件”→“保存”菜单，系统便会弹出保存对话框，用户可以选择保存路径和文件名从而实现文件的保存功能。当用户想打开之前所画的图形的时候，可以通过单击“文件”→“打开”菜单，系统便会弹出打开文件窗口，用户可以选择指定的文件，并在该文件的基础之上继续作图。

2. 实现代码

函数声明部分：

(1) void NewFile(HWND hWnd, enum eDrawTools dtToolId, enum eDrawMode dmDrawMode); /* 新建文件 */

(2) void OpenPic(HWND hWnd); /* 打开文件 */

(3) void SaveFile(HWND hWnd); /* 保存文件 */

(4) HBITMAP CreateBitmapPic(HDC, int, int); /* 创建位图 */

(5) PBITMAPINFO CreateBitmapInfoStruct(HWND, HBITMAP); /* BITMAPINFO 结构描述的尺寸和颜色的位图及一个定义的像素的位图的字节数组 */

(6) void CreateBMPFile(HWND, LPTSTR, PBITMAPINFO, HBITMAP, HDC); /* 创建 BMP 文件,用于保存图像 */

(7) void InitializeDcs(HWND *, HDC *, HDC *, HDC *); /* 初始化各个设备上下文,窗口句柄 */

(8) INT_PTR CALLBACK DialogProcWithPrm(_In_ HWND hwndDlg, _In_ UINT uMsg, _In_ WPARAM wParam, _In_ LPARAM lParam) /* 对话框消息响应 */

函数实现部分：

(1) NewFile()函数用来新建文件，当用户单击“新建”按钮时，首先弹出对话框询问用户是否保存文件，当用户单击“确定”按钮时保存文件，并将画布清空；如果用户单击“取消”按钮，则直接清空画布。

```
void NewFile(HWND hWnd, enum eDrawTools dtToolId, enum eDrawMode dmDrawMode)   /* 新建文件 */
{   /* 创建对话框 */
    DialogBoxParam(hInst,MAKEINTRESOURCE(IDD_DIALOG1),hWnd,
        (DLGPROC)DialogProcWithPrm,(LPARAM)L"是否保存当前文件?");
    if (bNewFile)
    {   /* 重置画布 */
        InitializeDcs(&hWnd, &hdcMainDc, &hdcCurrentDc, &hdcBufferDc);
        coPenColor = RGB(0, 0, 0);
        iPenStyle = PS_SOLID;
        iPenWidth = 1;
        coRubberColor = RGB(255, 255, 255);
        iRubberWidth = 20;
        dtToolId = PEN;
        dmDrawMode = BUFFER;
        InvalidateRect(hWnd, &rect, TRUE);
    }
}
```

（2）OpenPic()函数实现打开图形文件，首先弹出打开文件对话框，用户能够选择指定的图像文件打开，并将该图形文件导入到画布中。

```
void OpenPic(HWND hWnd)                              /* 打开文件 */
{
    ZeroMemory(&ofn, sizeof(ofn));
    ZeroMemory(sFile, sizeof(TCHAR) * MAX_PATH);     /* OPENFILENAME 结构初始化 */
    ofn.lStructSize = sizeof(ofn);                   /* OPENFILENAME 结构赋初值 */
    ofn.lpstrFile = sFile;
    ofn.nMaxFile = MAX_PATH;
    ofn.Flags = OFN_PATHMUSTEXIST | OFN_FILEMUSTEXIST | OFN_HIDEREADONLY;

    if (GetOpenFileName(&ofn))                       /* 打开文件 */
    {
        HBITMAP hBitmap;
        BITMAP bm;
        HDC hDC;
        HDC hMemDC;

        hDC = GetDC(hWnd);
        hMemDC = CreateCompatibleDC(hDC);
        hBitmap = (HBITMAP)LoadImage(hInst, sFile, IMAGE_BITMAP, 0, 0, LR_LOADFROMFILE);
        isFile = TRUE;
        GetObject(hBitmap, sizeof(BITMAP), &bm);
        SelectObject(hdcBufferDc, hBitmap);
        InvalidateRect(hWnd, &rect, TRUE);
        DeleteDC(hMemDC);
        ReleaseDC(hWnd, hDC);
        DeleteObject(hBitmap);
    }
}
```

（3）SaveFile()函数实现保存图形文件，首先弹出保存文件对话框，用户能够选择指定要保存的文件，并将画布中的图形保存到文件中。

```
void SaveFile(HWND hWnd)                             /* 保存文件 */
{
    ZeroMemory(&ofn, sizeof(ofn));                   /* OPENFILENAME 结构初始化 */
    ZeroMemory(sFile, sizeof(TCHAR) * MAX_PATH);

    ofn.lStructSize = sizeof(ofn);                   /* OPENFILENAME 结构赋初值 */
    ofn.lpstrFile = sFile;
    ofn.nMaxFile = MAX_PATH;
    ofn.lpstrFilter = (LPCWSTR)TEXT("bmp\0 * .bmp");
    ofn.lpstrDefExt = (LPCWSTR)TEXT("bmp\0 * .bmp");
    ofn.Flags = OFN_PATHMUSTEXIST | OFN_FILEMUSTEXIST | OFN_HIDEREADONLY;

    if (GetSaveFileName(&ofn))                       /* 保存文件 */
    {
        CreateBMPFile(hWnd, ofn.lpstrFile, CreateBitmapInfoStruct(hWnd,
        CreateBitmapPic( hdcBufferDc, rect.right, rect.bottom)),
```

```
        CreateBitmapPic(hdcBufferDc, rect.right, rect.bottom), hdcBufferDc);
        isFile = TRUE;
    }
}
```

(4) CreateBitmapPic()函数首先创建与指定设备兼容的内存设备上下文环境，然后创建与指定的设备环境相关的设备兼容的位图，之后创建位图并将图形从 hDC 复制到 hDCmem 中去，以在屏幕上显示。

```
HBITMAP CreateBitmapPic(HDC hDC, int iWidth, int iHeight) /* 创建位图 */
{
    HDC hdcTempHDC;
    HBITMAP hbm, holdBM;
    /* 创建与指定设备兼容的内存设备上下文环境 */
    hdcTempHDC = CreateCompatibleDC(hDC);
    /* 创建与指定的设备环境相关的设备兼容的位图 */
    hbm = CreateCompatibleBitmap(hDC, iWidth, iHeight);
    holdBM = (HBITMAP)SelectObject(hdcTempHDC, hbm); /* 创建位图 */
    /* 将图像从 hDC 拷贝到 hDCmem 中去,以在屏幕上显示 */
    BitBlt(hdcTempHDC, 0, 0, iWidth, iHeight, hDC, 0, 0, SRCCOPY);
    SelectObject(hdcTempHDC, holdBM);                  /* 选定位图 */
    DeleteDC(hdcTempHDC);                              /* 释放设备上下文 */
    DeleteObject(holdBM);                              /* 释放位图 */
    return hbm;
}
```

(5) CreateBitmapInfoStruct()函数首先搜索位图的颜色格式、宽度和高度并且转换颜色格式成比特，然后分配内存，最终返回位图信息结构体。

```
/* 建立位图信息结构体函数 */
PBITMAPINFO CreateBitmapInfoStruct(HWND hWnd, HBITMAP hBmp)
{
    BITMAP bmp;
    PBITMAPINFO pbmi;
    WORD cClrBits;                                     /* 获取颜色位数 */
    /* 搜索位图的颜色格式,宽度和高度 */
    GetObject(hBmp, sizeof(BITMAP), (LPSTR)&bmp);
    /* 转换颜色格式成比特 */
    cClrBits = (WORD)(bmp.bmPlanes * bmp.bmBitsPixel);
    if (cClrBits == 1)
        cClrBits = 1;
    else if (cClrBits <= 4)
        cClrBits = 4;
    else if (cClrBits <= 8)
        cClrBits = 8;
    else if (cClrBits <= 16)
        cClrBits = 16;
    else if (cClrBits <= 24)
        cClrBits = 24;
    else cClrBits = 32;
```

```
    if (cClrBits < 24)                              /* 分配内存 */
        pbmi = (PBITMAPINFO)LocalAlloc(LPTR, sizeof(BITMAPINFOHEADER) + sizeof(RGBQUAD) *
(1 << cClrBits));
    else
        pbmi = (PBITMAPINFO)LocalAlloc(LPTR, sizeof(BITMAPINFOHEADER));
    /* 初始化 BITMAPINFO 结构 */
    pbmi->bmiHeader.biSize = sizeof(BITMAPINFOHEADER);
    pbmi->bmiHeader.biWidth = bmp.bmWidth;
    pbmi->bmiHeader.biHeight = bmp.bmHeight;
    pbmi->bmiHeader.biPlanes = bmp.bmPlanes;
    pbmi->bmiHeader.biBitCount = bmp.bmBitsPixel;

    if (cClrBits < 24)
        pbmi->bmiHeader.biClrUsed = (1 << cClrBits);
    /* 如果位图不压缩,设置标志 BI_RGB */
    pbmi->bmiHeader.biCompression = BI_RGB;
    pbmi->bmiHeader.biSizeImage = ((pbmi->bmiHeader.biWidth * cClrBits + 31) & ~31) /
8 * pbmi->bmiHeader.biHeight;                          /* 位图是 RLE 压缩 */
    /* 设置 biClrImportant 为 0,表示设备的所有颜色是有意义的 */
    pbmi->bmiHeader.biClrImportant = 0;
    return pbmi;
}
```

(6) CreateBMPFile()函数首先获得颜色表数组并创建.bmp文件,计算文件总长度和颜色指数的偏移阵列,然后将BITMAPFILEHEADER写入到.bmp文件中并将颜色阵列复制到.bmp文件中,最后关闭.bmp文件并释放内存。

```
void CreateBMPFile(HWND hwnd, LPTSTR pszFile, PBITMAPINFO pbi, HBITMAP hBMP, HDC hDC)
{
    HANDLE hf;                                      /* 文件句柄 */
    BITMAPFILEHEADER hdr;                           /* 位图文件头 */
    PBITMAPINFOHEADER pbih;                         /* 位图文件信息图 */
    LPBYTE lpBits;                                  /* 内存指针 */
    DWORD dwTotal;                                  /* 字节长度 */
    DWORD cb;                                       /* 字节递增 */
    BYTE *hp;                                       /* 字节指针 */
    DWORD dwTmp;

    pbih = (PBITMAPINFOHEADER)pbi;
    lpBits = (LPBYTE)GlobalAlloc(GMEM_FIXED, pbih->biSizeImage);
    GetDIBits(hDC, hBMP, 0, (WORD)pbih->biHeight, lpBits, pbi, DIB_RGB_COLORS);
                                                    /* 获得颜色表数组 */
    /* 创建.bmp 文件 */
    hf = CreateFile(pszFile, GENERIC_READ | GENERIC_WRITE, (DWORD)0, NULL, CREATE_ALWAYS,
FILE_ATTRIBUTE_NORMAL, (HANDLE)NULL);
    hdr.bfType = 0x4d42;
    /* 计算文件总长度 */
    hdr.bfSize = (DWORD)(sizeof(BITMAPFILEHEADER) + pbih->biSize + pbih->biClrUsed *
sizeof(RGBQUAD) + pbih->biSizeImage); hdr.bfReserved1 = 0;
    hdr.bfReserved2 = 0;
    hdr.bfOffBits = (DWORD) sizeof(BITMAPFILEHEADER) + pbih->biSize + pbih->biClrUsed *
```

```
sizeof(RGBQUAD);                                          /* 计算颜色指数的偏移阵列 */
    WriteFile(hf, (LPVOID)&hdr, sizeof(BITMAPFILEHEADER), (LPDWORD)&dwTmp, NULL);
                                              /* 将 BITMAPFILEHEADER 写入到.bmp 文件中 */
    WriteFile(hf, (LPVOID)pbih, sizeof(BITMAPINFOHEADER) + pbih->biClrUsed * sizeof
(RGBQUAD), (LPDWORD)&dwTmp, (NULL));
    dwTotal = cb = pbih->biSizeImage;                     /* 将颜色阵列复制到.bmp 文件中 */
    hp = lpBits;
    WriteFile(hf, (LPSTR)hp, (int)cb, (LPDWORD)&dwTmp, NULL);
    CloseHandle(hf);                                      /* 关闭.bmp 文件 */
    GlobalFree((HGLOBAL)lpBits);                          /* 释放内存 */
}
```

(7) InitializeDcs()函数用于初始化各个设备上下文和窗口句柄。

```
void InitializeDcs(HWND * hWnd, HDC * hdcMainDc, HDC * hdcCurrentDc, HDC* hdcBufferDc)
{
    static HBITMAP currentBitmap, bufferBitmap;           /* 定义 HBITMAP 资源句柄 */
    HPEN pen;                                             /* 定义画笔 */
    HBRUSH brush;                                         /* 定义画刷 */
    if (bInitRect)                                        /* 没有初始化 RECT 结构 */
    {
        GetClientRect(*hWnd, &rect);                      /* 获取窗口客户区的坐标 */
        bInitRect = FALSE;
    }
    *hdcMainDc = GetDC(*hWnd);            /* 检索窗口的客户区域显示设备上下文环境的句柄 */
    pen = (HPEN)GetStockObject(BLACK_PEN);                /* 检索预定义的画笔的句柄 */
    brush = (HBRUSH)GetStockObject(NULL_BRUSH);           /* 检索预定义的画刷的句柄 */
    *hdcCurrentDc = CreateCompatibleDC(*hdcMainDc);       /* 创建与指定设备兼容的内存设
                                                             备上下文环境 */
    currentBitmap = CreateCompatibleBitmap(*hdcMainDc, rect.right, rect.bottom);
                                          /* 创建与指定的设备环境相关的设备兼容的位图 */
    *hdcBufferDc = CreateCompatibleDC(*hdcMainDc);
    bufferBitmap = CreateCompatibleBitmap(*hdcMainDc, rect.right, rect.bottom);
    DeleteObject(SelectObject(*hdcCurrentDc, currentBitmap));
                                                          /* 删除指定上下文对应的位图 */
    DeleteObject(currentBitmap);                          /* 释放资源句柄 */
    DeleteObject(SelectObject(*hdcCurrentDc, (HBRUSH)WHITE_BRUSH));
                                                          /* 删除指定上下文对应的画刷 */
    PatBlt(*hdcCurrentDc, 0, 0, rect.right, rect.bottom, PATCOPY);
                                  /* 使用当前选入指定设备环境中的刷子绘制给定的矩形区域 */
    DeleteObject(SelectObject(*hdcBufferDc, bufferBitmap));
                                                          /* 删除指定上下文对应的位图 */
    DeleteObject(bufferBitmap);                           /* 释放资源句柄 */
    DeleteObject(SelectObject(*hdcBufferDc, (HBRUSH)WHITE_BRUSH));
                                                          /* 删除指定上下文对应的画刷 */
    PatBlt(*hdcBufferDc, 0, 0, rect.right, rect.bottom, PATCOPY);
                                  /* 使用当前选入指定设备环境中的刷子绘制给定的矩形区域 */
    DeleteObject(SelectObject(*hdcCurrentDc, pen));  /* 删除指定上下文对应的画笔 */
    DeleteObject(SelectObject(*hdcCurrentDc, brush)); /* 删除指定上下文对应的画刷 */
    DeleteObject(SelectObject(*hdcBufferDc, pen));
    DeleteObject(SelectObject(*hdcBufferDc, brush));
```

```
    DeleteObject(pen);                              /* 释放画笔 */
    DeleteObject(brush);                            /* 释放画刷 */
}
```

(8) DialogProcWithPrm()函数用于响应对话框消息。

```
INT_PTR CALLBACK DialogProcWithPrm(_In_ HWND hwndDlg, _In_ UINT uMsg, _In_ WPARAM wParam, _In_
LPARAM lParam)
{
    switch (uMsg)
    {
    case WM_SYSCOMMAND:                             /* 响应窗口菜单消息 */
        if (wParam == SC_CLOSE)                     /* 用户单击关闭 */
        {
            bNewFile = FALSE;                       /* 设置成不保存文件 */
            EndDialog(hwndDlg, 0);                  /* 结束对话框 */
        }
    case WM_COMMAND:                                /* 响应窗口菜单 */
        if (LOWORD(wParam) == IDOK)                 /* 单击"确定"按钮 */
        {
            ZeroMemory(&ofn, sizeof(ofn));          /* OPENFILENAME 结构初始化 */
            ZeroMemory(sFile, sizeof(TCHAR) * MAX_PATH);
            ofn.lStructSize = sizeof(ofn);
            ofn.lpstrFile = sFile;
            ofn.nMaxFile = MAX_PATH;
            ofn.lpstrFilter = (LPCWSTR)TEXT("bmp\0*.bmp");
            ofn.lpstrDefExt = (LPCWSTR)TEXT("bmp\0*.bmp");
            ofn.Flags = OFN_PATHMUSTEXIST | OFN_FILEMUSTEXIST | OFN_HIDEREADONLY;
            if (GetSaveFileName(&ofn))
            {
                /* 保存文件 */
                CreateBMPFile(hwndDlg, ofn.lpstrFile, CreateBitmapInfoStruct(hwndDlg,
                CreateBitmapPic(hdcBufferDc, rect.right, rect.bottom)), CreateBitmapPic
                (hdcBufferDc, rect.right, rect.bottom), hdcBufferDc);
                isFile = TRUE;
            }
            bNewFile = TRUE;
            EndDialog(hwndDlg, 0);                  /* 结束对话框 */
            break;
        }
        if (LOWORD(wParam) == IDCANCEL)             /* 单击"取消"按钮 */
        {
            bNewFile = TRUE;
            EndDialog(hwndDlg, 0);
        }
        return 0;
    }
    return (INT_PTR)FALSE;
}
```

3. 核心界面

选择“文件”→“新建”命令，弹出新建文件对话框提示界面如图 18.6 所示，单击“确定”

按钮,弹出“另存为”对话框,界面如图 18.7 所示,将绘图文件存为 pic1.bmp,之后单击“文件”→“打开”菜单,可以选择该绘图文件并打开,界面如图 18.8 所示。

图 18.6　新建文件对话框提示界面

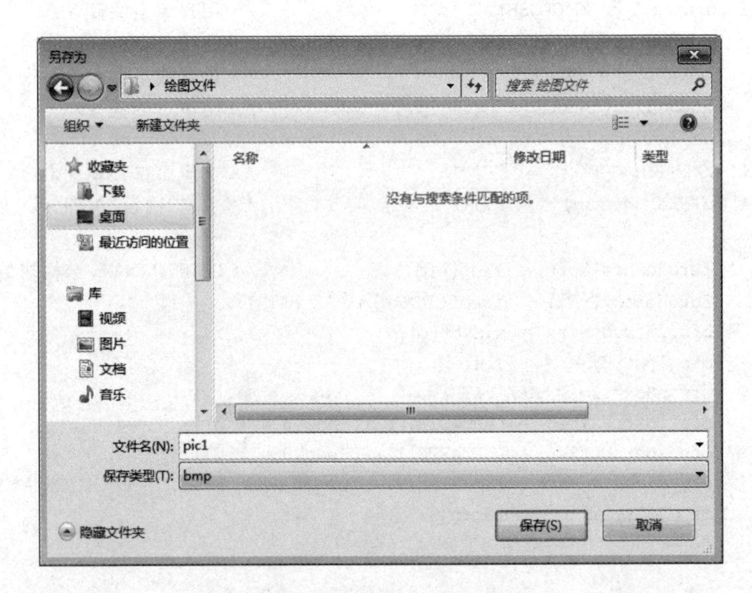

图 18.7 “另存为”对话框界面

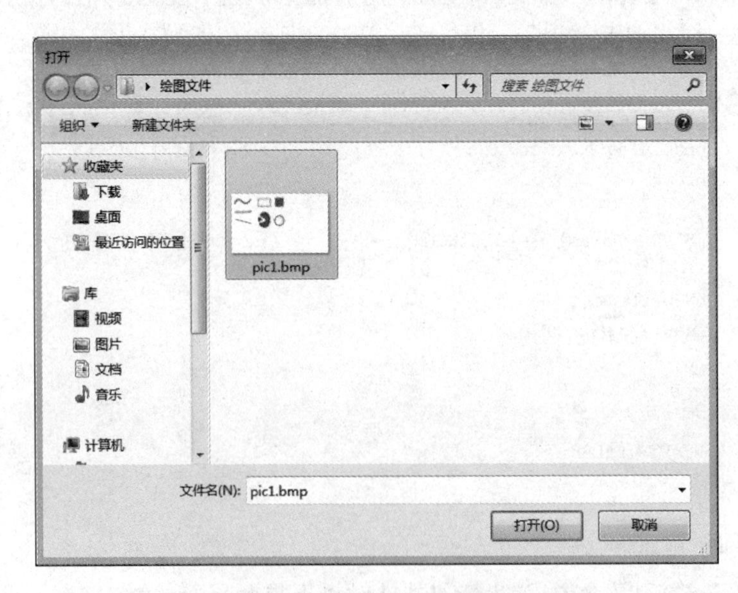

图 18.8　打开绘图文件界面

18.4.5　消息响应模块

1. 功能设计

该模块负责响应操作系统传回的消息，消息包括了创建消息，绘制信息，鼠标左右键按下消息，鼠标左右键释放消息，鼠标滑动的消息，鼠标滑轮滚动的信息以及各个菜单单击的消息。

2. 实现代码

函数声明：

(1) void InitCustomShape(CustomShape * pcsShape, int ixAxis, int iyAxis);
/* 给 CustomShape 类型赋值 */

(2) void JudgePointPosition();　　/* 用于判断点的位置关系 */

(3) LRESULT CALLBACK WndProc(HWND, UINT, WPARAM, LPARAM);　/* 窗口过程回调函数 */

函数实现：

(1) InitCustomShape()函数用于给 CustomShape 类型赋值。

```
void InitCustomShape(CustomShape * pcsShape, int ixAxis, int iyAxis)
{
    pcsShape->ixAxis = ixAxis;
    pcsShape->iyAxis = iyAxis;
}
```

(2) JudgePointPosition()函数用于判断点的位置关系(用来画正方形和圆形)。

```
void JudgePointPosition()
{
    if (ixAxis > iStartX && iyAxis > iStartY)
    {
        ixAxis = iStartX + min(ixAxis - iStartX, iyAxis - iStartY);
        iyAxis = iStartY + min(ixAxis - iStartX, iyAxis - iStartY);
    }
    else if (ixAxis > iStartX && iyAxis < iStartY)
    {
        ixAxis = iStartX + min(ixAxis - iStartX, iStartY - iyAxis);
        iyAxis = iStartY - min(ixAxis - iStartX, iStartY - iyAxis);
    }
    else if (ixAxis < iStartX && iyAxis < iStartY)
    {
        ixAxis = iStartX - min(iStartX - ixAxis, iStartY - iyAxis);
        iyAxis = iStartY - min(iStartX - ixAxis, iStartY - iyAxis);
    }
    else
    {
        ixAxis = iStartX - min(iStartX - ixAxis, iyAxis - iStartY);
        iyAxis = iStartY + min(iStartX - ixAxis, iyAxis - iStartY);
    }
}
```

(3) WndProc()函数响应操作系统传回的信息。

```
LRESULT CALLBACK WndProc(HWND hWnd, UINT message, WPARAM wParam, LPARAM lParam)
{
    /* PAINTSTRUCT 结构包含可用于绘制窗口的工作区的信息 */
    PAINTSTRUCT ps;
    static enum eDrawMode dmDrawMode;                       /* 枚举类型 */
    static CustomShape * pcsShape = NULL;                   /* 形状结构体指针 */
    static CustomRubber * pcrRubber = NULL;                 /* 橡皮结构体指针 */
    static enum eDrawTools dtToolId = PEN;                  /* 枚举类型 */
    static POINT ptMove;                                    /* POINT 结构体记录坐标 */
    HPEN hpPen;                                             /* 画笔 */
    HBRUSH hbBrush;                                         /* 画刷 */
    CHOOSECOLOR cc;                                         /* 颜色选择器 */
    COLORREF acrCustClr[16];                                /* 用户颜色数组 */

    switch (message)
    {
    case WM_CREATE:                                         /* 创建窗口 */
        GetClientRect(hWnd, &rect);
        InitializeDcs(&hWnd, &hdcMainDc, &hdcCurrentDc, &hdcBufferDc);
        break;

    case WM_PAINT:
        ShowWindow(hwndToolBar, SW_SHOW);                   /* 显示边框栏 */
        /* BeginPaint()函数为指定窗口进行绘图工作的准备 */
        hdcPaintDc = BeginPaint(hWnd, &ps);
        switch (dmDrawMode)                                 /* 画图模式 */
        {
        case CURRENT:
            /* 从 hdcCurrentDc 中复制位图到 hdcPaintDc,描画铅笔 */
            StretchBlt(hdcPaintDc, 0, 0, rect.right, rect.bottom, hdcCurrentDc, 0, 0, (int)
            (rect.right), (int)(rect.bottom), SRCCOPY);
            break;
        case BUFFER:
            /* 从 hdcBufferDc 中复制位图到 hdcPaintDc,描画其他图形,StretchBlt 和 BitBlt 都
            用在双缓冲视图中,用来显示一幅图像 */
            StretchBlt(hdcPaintDc, 0, 0, rect.right, rect.bottom, hdcBufferDc, 0, 0, (int)
            (rect.right), (int)
            (rect.bottom), SRCCOPY);
            break;
        }
        EndPaint(hWnd, &ps);
        break;

    case WM_LBUTTONDOWN:                                    /* 左键按下 */
        ixAxis = (short)(LOWORD(lParam));                   /* 获取鼠标坐标 */
        iyAxis = (short)(HIWORD(lParam));
        if (dtToolId == PEN)                                /* 用户画铅笔 */
        {
```

```
        pcsShape = malloc(sizeof( CustomShape)); /* CustomShape * 类型创建 */
        InitCustomShape(pcsShape, ixAxis, iyAxis);                /* 赋值 */
        DrawPen(&hdcBufferDc, ixAxis, iyAxis, pcsShape, PEN);     /* 画图 */
        dmDrawMode = BUFFER;                    /* 画图模式 */
    }
    else
    {
        switch (dtToolId)                       /* 图形形状 */
        {
        case LINE:                              /* 直线 */
            pcsShape = malloc(sizeof(CustomShape));
            InitCustomShape(pcsShape, ixAxis, iyAxis);
            break;

        case RECTANGLE:                         /* 矩形 */
            pcsShape = malloc(sizeof(CustomShape));
            InitCustomShape(pcsShape, ixAxis, iyAxis);
            iStartX = ixAxis;                   /* 记录起始坐标 */
            iStartY = iyAxis;
            break;

        case ELLIPSE:                           /* 椭圆 */
            pcsShape = malloc(sizeof(CustomShape));
            InitCustomShape(pcsShape, ixAxis, iyAxis);
            iStartX = ixAxis;                   /* 记录起始坐标 */
            iStartY = iyAxis;
            break;
        }
        dmDrawMode = CURRENT;                   /* 画图模式 */
    }
    SetCapture(hWnd);                           /* 鼠标捕获 */
    break;

case WM_RBUTTONDOWN:                            /* 右键按下 */
    ixAxis = (short)(LOWORD(lParam));           /* 获取鼠标坐标 */
    iyAxis = (short)(HIWORD(lParam));
    pcrRubber = malloc(sizeof(CustomRubber));   /* CustomRubber * 类型创建 */
    pcrRubber->ixAxis = ixAxis;                 /* 赋值 */
    pcrRubber->iyAxis = iyAxis;
    UseRubber(&hWnd, pcrRubber, ixAxis, iyAxis, &hdcCurrentDc, &hdcBufferDc, &dmDrawMode);
                                                /* 使用橡皮 */
    SetCapture(hWnd);
    break;

case WM_MOUSEMOVE:                              /* 鼠标移动 */
    ixAxis = (short)(LOWORD(lParam));           /* 获取鼠标坐标 */
    iyAxis = (short)(HIWORD(lParam));
    ptMove.x = ixAxis;                          /* 记录移动坐标 */
    ptMove.y = iyAxis;
    InvalidateRect(hWnd, NULL, FALSE);          /* 重绘窗口 */
```

```
        if (wParam & MK_LBUTTON)                          /* 移动过程中按下左键 */
        {
            if (pcsShape)                                 /* 图形形状 */
            {
                if (dtToolId == PEN)                      /* 形状为铅笔 */
                    /* 画出铅笔 */
                    DrawPen(&hdcBufferDc, ixAxis, iyAxis, pcsShape, PEN);
                /* 移动过程中按下左键并且按下键盘 Shift 键 */
                else if (wParam & MK_SHIFT) {
                    /* 形状是矩形或者椭圆 */
                    if (dtToolId == ELLIPSE || dtToolId == RECTANGLE)
                        JudgePointPosition();             /* 确定边长 */
                    /* 将图像从 hdcBufferDc 拷贝到 hdcCurrentDc 中去,以在屏幕上显示 */
                    BitBlt(hdcCurrentDc, 0, 0, rect.right, rect.bottom,
                           hdcBufferDc, 0, 0, SRCCOPY);
                    /* 画图 */
                    DrawPen(&hdcCurrentDc, ixAxis, iyAxis, pcsShape,dtToolId);
                }
                else
                {
                    /* 将图像从 hdcBufferDc 拷贝到 hdcCurrentDc 中去,以在屏幕上显示 */
                    BitBlt(hdcCurrentDc, 0, 0, rect.right, rect.bottom,
                           hdcBufferDc, 0, 0, SRCCOPY);
                    /* 画图 */
                    DrawPen(&hdcCurrentDc, ixAxis, iyAxis, pcsShape, dtToolId);
                }
            }
        }
        else if (wParam & MK_RBUTTON)                     /* 移动过程中按下右键 */
        {
            if (pcrRubber)                                /* 存在橡皮指针 */
                UseRubber(&hWnd, pcrRubber, ixAxis, iyAxis, &hdcCurrentDc,
                      &hdcBufferDc, &dmDrawMode);         /* 使用橡皮 */
        }
        else                                  /* 当左右键释放,在当前鼠标所在处显示画笔 */
        {
            BitBlt(hdcCurrentDc, 0, 0, rect.right, rect.bottom, hdcBufferDc, 0, 0, SRCCOPY);
            MoveToEx(hdcCurrentDc, ptMove.x, ptMove.y, NULL);
            LineTo(hdcCurrentDc, ptMove.x, ptMove.y);
            dmDrawMode = CURRENT;                         /* 绘制画笔圆形边框需要用到此模式 */
        }
        break;

    case WM_LBUTTONUP:                                    /* 释放左键 */
        ixAxis = (short)(LOWORD(lParam));                 /* 记录坐标 */
        iyAxis = (short)(HIWORD(lParam));
        ReleaseCapture();                                 /* 释放鼠标捕获器 */
        /* 指针不为空,并且工具不是铅笔 */
        if ((dtToolId != PEN) && pcsShape != NULL)
        {
            if (wParam & MK_SHIFT)                        /* 键盘按下 Shift 键 */
```

```
        {
            /* 工具是矩形或者椭圆 */
            if (dtToolId == ELLIPSE || dtToolId == RECTANGLE)
            JudgePointPosition();              /* 确定边长 */
            iStartX = -1;                      /* 重置坐标 */
            iStartY = -1;
        }
        DrawPen(&hdcBufferDc, ixAxis, iyAxis, pcsShape, dtToolId);           /* 画图 */
        InvalidateRect(hWnd, NULL, FALSE);     /* 重绘窗口 */
    }
    free(pcsShape);                            /* 释放指针对应的内存空间 */
    pcsShape = NULL;                           /* 指针置为空 */
    break;

case WM_RBUTTONUP:                             /* 释放右键 */
    ReleaseCapture();                          /* 释放鼠标捕获器 */
    if (pcrRubber)                             /* 指针不为空 */
    {
        free( pcrRubber);                      /* 释放指针对应的内存空间 */
        pcrRubber = NULL;                      /* 指针置为空 */
    }
    break;

case WM_MOUSEWHEEL:                            /* 滚动鼠标滑轮,线条变宽 */
    /* 滑动滑轮,并且单击鼠标右键,橡皮宽度变粗 */
    if (wParam & MK_RBUTTON)
    {
        /* 宽度增量 */
        iRubberWidth += GET_WHEEL_DELTA_WPARAM(wParam) / 20;
        if (iRubberWidth < 0)                  /* 宽度小于 0 */
            iRubberWidth = 0;
        UseRubber(&hWnd, pcrRubber, ptMove.x, ptMove.y, &hdcCurrentDc,
                  &hdcBufferDc, &dmDrawMode); /* 使用橡皮 */
    }
    else                                               /* 滑动滑轮,铅笔宽度变粗 */
    {
        iPenWidth += GET_WHEEL_DELTA_WPARAM(wParam) / 20;
        if (iPenWidth < 0)
            iPenWidth = 0;
        hpPen = CreatePen(iPenStyle, iPenWidth, coPenColor);          /* 创建画笔 */
        DeleteObject(SelectObject(hdcCurrentDc, hpPen));
        DeleteObject(SelectObject(hdcBufferDc, hpPen));
        InvalidateRect(hWnd, NULL, FALSE);     /* 重绘窗口 */
        /* 将图像从 hdcBufferDc 拷贝到 hdcCurrentDc 中去,以在屏幕上显示 */
        BitBlt(hdcCurrentDc, 0, 0, rect.right, rect.bottom, hdcBufferDc, 0, 0, SRCCOPY);
        /* 移动绘图位置 */
        MoveToEx(hdcCurrentDc, ptMove.x, ptMove.y, NULL);
        LineTo(hdcCurrentDc, ptMove.x, ptMove.y);
    }
    break;

case WM_COMMAND:                               /* 窗口菜单消息 */
    switch (LOWORD(wParam))
```

```
{
case ID_FILE_NEW:                                    /*用户单击"新建"菜单*/
    NewFile(hWnd, dtToolId, dmDrawMode);
    break;
case ID_FILE_OPEN:                                   /*用户单击"打开"菜单*/
    OpenPic(hWnd);
    break;
case ID_FILE_SAVEAS:                                 /*用户单击"保存"菜单*/
    SaveFile(hWnd);
    break;
case ID_FILE_EXIT:                                   /*用户单击"退出"菜单*/
    exit(0);
case ID_TOOLS_PEN:                                   /*用户单击"铅笔"菜单*/
    dtToolId = PEN;                                  /*枚举类型置为PEN*/
    break;
case ID_TOOLS_LINE:                                  /*用户单击"直线"菜单*/
    dtToolId = LINE;                                 /*枚举类型置为LINE*/
    break;
case ID_TOOLS_RECTANGLE:                             /*用户单击"矩形"菜单*/
    dtToolId = RECTANGLE;                            /*枚举类型置为RECTANGLE*/
    break;
case ID_TOOLS_ELLIPSE:                               /*用户单击"椭圆"菜单*/
    dtToolId = ELLIPSE;                              /*枚举类型置为ELLIPSE*/
    break;
case ID_PEN_COLOR:                                   /*用户单击"画笔颜色"菜单*/
    ZeroMemory(&cc, sizeof(CHOOSECOLOR));            /*清空内容*/
    cc.lStructSize = sizeof(CHOOSECOLOR);            /*赋初值*/
    cc.hwndOwner = hWnd;
    cc.lpCustColors = (LPDWORD)acrCustClr;
    cc.Flags = CC_FULLOPEN | CC_RGBINIT;
    if (ChooseColor(&cc) == TRUE)                    /*在颜色选择器中选择颜色*/
    {
        HPEN pen;
        coPenColor = cc.rgbResult;
        pen = CreatePen(iPenStyle, iPenWidth, coPenColor);     /*创建画笔*/
        DeleteObject(SelectObject(hdcCurrentDc, pen));
        DeleteObject(SelectObject(hdcBufferDc, pen));
    }
    break;
case ID_BRUSH_COLOR:                                 /*用户单击"填充颜色"菜单*/
    ZeroMemory(&cc, sizeof(CHOOSECOLOR));
    cc.lStructSize = sizeof(CHOOSECOLOR);            /*赋值*/
    cc.hwndOwner = hWnd;
    cc.lpCustColors = (LPDWORD)acrCustClr;
    cc.Flags = CC_FULLOPEN | CC_RGBINIT;
    if (ChooseColor(&cc) == TRUE)                    /*选中颜色*/
    {
        hbBrush = CreateSolidBrush(cc.rgbResult);
        DeleteObject(SelectObject(hdcCurrentDc, hbBrush));
        DeleteObject(SelectObject(hdcBufferDc, hbBrush));
    }
```

```
                break;
            }
            break;

        case WM_ERASEBKGND:                                /* 重绘窗口背景 */
            /* 指定的画刷填充矩形框 */
            FillRect(hdcMainDc, &rect, (HBRUSH)BLACK_BRUSH);
            break;
        case WM_SIZE:                                      /* 移动窗口,窗口大小改变 */
        case WM_MOVE:
            InvalidateRect(hWnd, &rect, TRUE);             /* 重绘窗口 */
            break;
        case WM_DESTROY:                                   /* 撤销窗口 */
            ReleaseDC(hWnd, hdcMainDc);
            ReleaseDC(hWnd, hdcCurrentDc);
            ReleaseDC(hWnd, hdcBufferDc);
            PostQuitMessage(0);
            break;
        default:                                           /* 操作系统执行缺省操作 */
            return DefWindowProc(hWnd, message, wParam, lParam);
            break;
        }
        return 0;
}
```

3. 核心界面

选择画笔颜色界面如图 18.9 所示,选择填充颜色的界面与之类似。

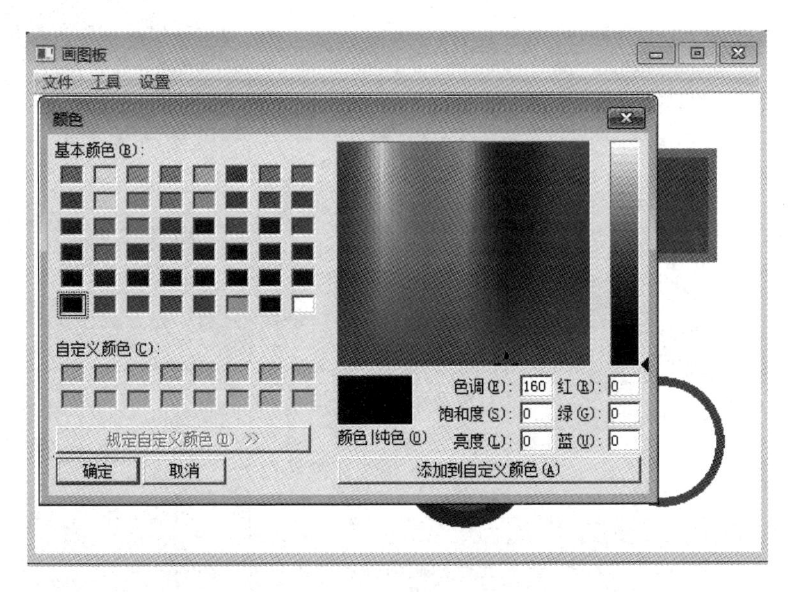

图 18.9　选择画笔颜色界面

18.5　系统测试

对各个主要功能模块均进行了详细的功能测试，测试不仅要关注正确的输入值，是否可以产生预期的结果，更应该关注错误的输入值是否可以获得有效的提示信息，从而保证程序的健壮性。其中部分测试用例如表 9.1 所示，主要关注错误输入值的测试情况。

表 9.1　画图板测试用例表

序号	测试项	前提条件	操作步骤	预期结果	测试结果
1	图形绘制模块	运行主窗口	单击鼠标左键画图	默认铅笔效果画图	通过
2		(1) 运行主窗口 (2) 选择“工具”→“直线”	单击鼠标左键画图	绘制直线	通过
3		(1) 运行主窗口 (2) 选择“工具”→“矩形”	单击鼠标左键画图	绘制任意长宽的矩形	通过
4		(1) 运行主窗口 (2) 选择“工具”→“矩形”	按住 Shift 键同时单击鼠标左键画图	绘制正方形	通过
5		(1) 运行主窗口 (2) 选择“工具”→“圆形”	单击鼠标左键画图	绘制椭圆	通过
6		(1) 运行主窗口 (2) 选择“工具”→“圆形”	按住 Shift 键同时单击鼠标左键画图	绘制圆形	通过
7		(1) 运行主窗口 (2) 绘制一些图形	单击鼠标右键擦除	显示橡皮擦图形并能够实现擦除	通过
8	文件操作模块	(1) 运行主窗口 (2) 选择“文件”→“新建”	在对话框中单击“确定”按钮	弹出“另存为”对话框	通过
9		(1) 运行主窗口 (2) 选择“文件”→“新建”	在对话框中单击“取消”按钮	清空画布	通过
10		(1) 运行主窗口 (2) 选择“文件”→“打开”	在对话框中选择 bmp 绘图文件	在窗口打开绘图文件并显示	通过
11	消息响应模块	运行主窗口	左键按下并向上滑动鼠标滑轮	画笔变粗	通过
12		运行主窗口	右键按下并向上滑动鼠标滑轮	橡皮变粗	通过
13		(1) 运行主窗口 (2) 选择“设置”→“画笔颜色”	选择相应的颜色后确定	变换画笔颜色	通过
14		(1) 运行主窗口 (2) 选择“设置”→“填充颜色”	选择相应的颜色后确定	变换填充颜色	通过

18.6　设计总结

本章运用 C 语言实现了画图板功能，通过本章项目的学习，我们能够学会使用 Win32 程序进行编程；实现保存和打开用户的图形；创建窗口和对话框；画笔颜色粗细的设置；画笔和填充颜色的设置；响应操作系统传回的消息等十分有用的知识。

该系统的设计与开发对读者开发其他可视化程序具有很好的借鉴价值。读者还可以在本系统的基础上实现更多功能，如对绘图形状进行扩充等。

APPENDIX A

附录 A　ASCII 表

ASCII 表如附表 A.1 所示。

附表 A.1　ASCII 表

码值	字符	码值	字符	码值	字符	码值	字符	码值	字符	码值	字符
0	NUL	22	SYN	44	，	66	B	88	X	110	n
1	SOH	23	ETB	45	—	67	C	89	Y	111	o
2	STX	24	CAN	46	.	68	D	90	Z	112	p
3	ETX	25	EM	47	/	69	E	91	[	113	q
4	EOT	26	SUB	48	0	70	F	92	\	114	r
5	ENQ	27	ESC	49	1	71	G	93	]	115	s
6	ACK	28	FS	50	2	72	H	94	^	116	t
7	BEL	29	GS	51	3	73	I	95	_	117	u
8	BS	30	RS	52	4	74	J	96	`	118	v
9	HT	31	US	53	5	75	K	97	a	119	w
10	LF	32	space	54	6	76	L	98	b	120	x
11	VT	33	!	55	7	77	M	99	c	121	y
12	FF	34	"	56	8	78	N	100	d	122	z
13	CR	35	#	57	9	79	O	101	e	123	{
14	SO	36	$	58	：	80	P	102	f	124	|
15	SI	37	%	59	；	81	Q	103	g	125	}
16	DLE	38	&	60	＜	82	R	104	h	126	～
17	DC1	39	'	61	＝	83	S	105	i	127	DEL
18	DC2	40	（	62	＞	84	T	106	j		
19	DC3	41	）	63	？	85	U	107	k		
20	DC4	42	*	64	@	86	V	108	l		
21	NAK	43	＋	65	A	87	W	109	m		

APPENDIX B

附录B 运算符优先级和结合性

运算符优先级和结合性如附表B.1所示。

附表 B.1 运算符优先级和结合性

优先级	运算符	含义	要求运算对象的个数	结合方向
1	( )	圆括号		自左至右
	[]	下标运算符		
	−>	指向结构体成员运算符		
	·	结构体成员运算符		
2	!	逻辑非运算符	1(单目运算符)	自右至左
	~	按位取反运算符		
	++	自增运算符		
	−−	自减运算符		
	−	负号运算符		
	(类型)	类型转换运算符		
	*	指针运算符		
	&	取地址运算符		
	sizeof	长度运算符		
3	*	乘法运算符	2(双目运算符)	自左至右
	/	除法运算符		
	%	求余运算符		
4	+	加法运算符	2(双目运算符)	自左至右
	−	减法运算符		
5	<<	左移运算符	2(双目运算符)	自左至右
	>>	右移运算符		
6	< <= > >=	关系运算符	2(双目运算符)	自左至右
7	==	等于运算符	2(双目运算符)	自左至右
	!=	不等于运算符		
8	&	按位与运算符	2(双目运算符)	自左至右

续表

<table>
<tr><th>优先级</th><th>运算符</th><th>含义</th><th>要求运算对象的个数</th><th>结合方向</th></tr>
<tr><td>9</td><td>∧</td><td>按位异或运算符</td><td>2(双目运算符)</td><td>自左至右</td></tr>
<tr><td>10</td><td>|</td><td>按位或运算符</td><td>2(双目运算符)</td><td>自左至右</td></tr>
<tr><td>11</td><td>&&</td><td>逻辑与运算符</td><td>2(双目运算符)</td><td>自左至右</td></tr>
<tr><td>12</td><td>||</td><td>逻辑或运算符</td><td>2(双目运算符)</td><td>自左至右</td></tr>
<tr><td>13</td><td>?:</td><td>条件运算符</td><td>3(三目运算符)</td><td>自右至左</td></tr>
<tr><td>14</td><td>= += -= *= /=
%= >>= <<= &=
^= |=</td><td>赋值运算符</td><td>2(双目运算符)</td><td>自右至左</td></tr>
<tr><td>15</td><td>,</td><td>逗号运算符</td><td></td><td>自左至右</td></tr>
</table>

APPENDIX C

附录C C库函数

库函数并不是C语言的一部分，它是由人们根据需要编制并提供用户使用的。每一种C编译系统都提供了一批库函数，不同的编译系统所提供的库函数的数目和函数名以及函数功能是不完全相同的。ANSI C标准提出了一批建议提供的标准库函数，它包括目前多数C编译系统提供的库函数，但也有一些是某些C编译系统未曾实现的。考虑到通用性，本书列出ANSI C标准建议提供的、常用的部分库函数。对多数C编译系统，可以使用这些函数的绝大部分。由于C库函数的种类和数目很多(例如，还有屏幕和图形函数、时间日期函数、与系统有关的函数等，每一类函数又包括各种功能的函数)，限于篇幅，本附录不能全部介绍，只从教学需要的角度列出最基本的。读者在编制C程序时可能要用到更多的函数，请查阅所用系统的手册。

1. 数学函数

使用数学函数(如附表C.1所示)时，应该在该源文件中使用以下命令行：

```
# include <math.h>或# include "math.h"
```

附表C.1 数学函数

函数名	函数原型	功能	返回值	说明
abs	int abs (int x);	求整数x的绝对值	计算结果	
acos	double acos (double x);	计算 $\cos^{-1}(x)$ 的值	计算结果	x应在−1～1范围内
asin	double asin (double x);	计算 $\sin^{-1}(x)$ 的值	计算结果	x应在−1～1范围内
atan	double atan (double x);	计算 $\tan^{-1}(x)$ 的值	计算结果	
atan2	double atan2 (double x, double y);	计算 $\tan^{-1}(x/y)$ 的值	计算结果	
cos	double cos (double x);	计算cos(x)的值	计算结果	x的单位为弧度

续表

函数名	函数原型	功能	返回值	说明
cosh	double cosh (double x);	计算 x 的双曲余弦 cosh(x)的值	计算结果	
exp	double exp (double x);	求 e^x 的值	计算结果	
fabs	double fabs (double x);	求 x 的绝对值	计算结果	
floor	double floor (double x);	求出不大于 x 的最大整数	该整数的双精度实数	
fmod	double fmod (double x, double y);	求整除 x/y 的余数	返回余数的双精度数	
frexp	double frexp(double val, int * eptr);	把双精度数 val 分解为数字部分(尾数)x 和以 2 为底的指数 n,即 val=$x\times 2^n$,n 存放在 eptr 指向的变量中	返回数字部分 x 0.5≤x<1	
log	double log (double x);	求 $\log_e x$,即 ln x	计算结果	
log10	double log10 (double x);	求 $\log_{10} x$	计算结果	
modf	double modf(double val, int * iptr);	把双精度数 val 分解为整数部分和小数部分,把整数部分存在 iptr 指向的单元	val 的小数部分	
pow	double pow (double x, double y);	计算 x^y 的值	计算结果	
rand	int rand (void);	产生 0～32767 间的随机整数	随机整数	
sin	double sin (double x);	计算 sinx 的值	计算结果	x 的单位为弧度
sinh	double sinh (double x);	计算 x 的双曲正弦函数 sinh(x)的值	计算结果	
sqrt	double sqrt (double x);	计算$\sqrt{x}$	计算结果	x≥0
tan	double tan (double x);	计算 tan(x)的值	计算结果	x 的单位为弧度
tanh	double tanh (double x);	计算 x 的双曲正切函数 tanh(x)的值	计算结果	

2. 字符函数和字符串函数

ANSI C 标准要求在使用字符串函数时要包含头文件 string.h,在使用字符函数时要包含头文件 ctype.h。有的 C 编译不遵循 ANSI C 标准的规定,而用其他名称的头文件。请使用时查有关手册。字符串函数与字符函数如附表 C.2 所示。

附表 C.2　字符函数和字符串函数

函数名	函数原型	功能	返回值	包含文件
isalnum	int isalnum (int ch);	检查 ch 是否是字母(alpha)或数字(numeric)	是字母或数字返回 1; 否则返回 0	ctype.h
isalpha	int isalpha (int ch);	检查 ch 是否字母	是,返回 1; 不是,则返回 0	ctype.h
iscntrl	int iscntrl (int ch);	检查 ch 是否控制字符(其 ASCII 码在 0 和 0x1F 之间)	是,返回 1; 不是,返回 0	ctype.h

续表

函数名	函 数 原 型	功　　能	返　回　值	包含文件
isdigit	int isdigit (int ch)；	检查 ch 是否数字(0～9)	是，返回 1；不是，返回 0	ctype. h
isgraph	int isgraph (int ch)；	检查 ch 是否可打印字符(其 ASCII 码在 0x21 到 0x7E 之间)，不包括空格	是，返回 1；不是，返回 0	ctype. h
islower	int islower (int ch)；	检查 ch 是否小写字母(a～z)	是，返回 1；不是，返回 0	ctype. h
isprint	int isprint (int ch)；	检查 ch 是否可打印字符(包括空格)，其 ASCII 码在 0x20 到 0x7E 之间	是，返回 1；不是，返回 0	ctype. h
ispunct	int ispunct (int ch)；	检查 ch 是否标点字符(不包括空格)，即除字母、数字和空格以外的所有可打印字符	是，返回 1；不是，返回 0	ctype. h
isspace	int isspace (int ch)；	检查 ch 是否空格、跳格符(制表符)或换行符	是，返回 1；不是，返回 0	ctype. h
isupper	int isupper (int ch)；	检查 ch 是否大写字母(A～Z)	是，返回 1；不是，返回 0	ctype. h
isxdigit	int isxdigit (int ch)；	检查 ch 是否一个十六进制数字字符(即 0～9，或 A～F，或 a～f)	是，返回 1；不是，返回 0	ctype. h
strcat	char * strcat (char * str1, char * str2)；	把字符串 str2 接到 str1 后面，str1 最后面的'\0'被取消	str1	string. h
strchr	char * strchr (char * str, int ch)；	找出 str 指向的字符串中第一次出现字符 ch 的位置	返回指向该位置的指针，如找不到，则返回空指针	string. h
strcmp	int strcmp (char * str1, char * str2)；	比较两个字符串 str1，str2	str1<str2，返回负数； str1=str2，返回 0； str1>str2，返回正数	string. h
strcpy	int strcpy (char * str1, char * str2)；	把 str2 指向的字符串复制到 str1 中	返回 str1	string. h
strlen	unsigned int strlen (char * str)；	统计字符串 str 中字符的个数(不包括终止符'\0')	返回字符个数	string. h
strstr	int strstr (char * str1, char * str2)；	找出 str2 字符串在 str1 字符串中第一次出现的位置(不包括 str2 的串结束符)	返回该位置的指针，如找不到，返回空指针	string. h
tolower	int tolower (int ch)；	将 ch 字符转换为小写字母	返回 ch 所代表的字符的小写字母	ctype. h
toupper	int toupper (int ch)；	将 ch 字符转换成大写字母	与 ch 相应的大写字母	ctype. h

3. 输入输出函数

凡用到如附表 C.3 所示的输入输出函数，应该使用# include<stdio. h>把 stdio. h 头文件包含到源程序文件中。

附表 C.3　输入输出函数

函数名	函数原型	功　能	返　回　值	说明
clearerr	void clearerr (FILE * fp)；	使 fp 所指文件的错误标志和文件结束标志置 0	无	
close	int close (int fp)；	关闭文件	关闭成功返回 0；否则返回－1	非 ANSI 标准
creat	int creat (char * filename，int mode)；	以 mode 所指定的方式建立文件	成功则返回正数；否则返回－1	非 ANSI 标准
eof	int eof (int fd)；	检查文件是否结束	遇文件结束，返回 1；否则返回 0	非 ANSI 标准
fclose	int fclose (FILE * fp)；	关闭 fp 所指的文件，释放文件缓冲区	有错则返回非 0；否则返回 0	
feof	int feof (FILE * fp)；	检查文件是否结束	遇文件结束符返回非零值；否则返回 0	
fgetc	int fgetc (FILE * fp)；	从 fp 所指定的文件中取得下一个字符	返回所得到的字符，若读入出错，返回 EOF	
fgets	char * fgets (char * buf，int n，FILE * fp)；	从 fp 指向的文件读取一个长度为(n－1)的字符串，存入起始地址为 buf 的空间	返回地址 buf，若遇文件结束或出错，返回 NULL	
fopen	FILE * fopen(char * format，args，...)；	以 mode 指定的方式打开名为 filename 的文件	成功，返回一个文件指针(文件信息区的起始地址)；否则返回 0	
fprintf	int fprintf (FILE * fp，char * format，args，...)；	把 args 的值以 format 指定的格式输出到 fp 所指定的文件中	实际输出的字符数	
fputc	int fputc (char ch，FILE * fp)；	将字符 ch 输出到 fp 指向的文件中	成功，则返回该字符；否则返回非 0	
fputs	int fputs (char * str，FILE * fp)；	将 str 指向的字符串输出到 fp 所指定的文件	成功返回 0；若出错返回非 0	
fread	int fread (char * pt，unsigned size，unsigned n，FILE * fp)；	从 fp 所指定的文件中读取长度为 size 的 n 个数据项，存到 pt 所指向的内存区	返回所读的数据项个数，如遇文件结束或出错返回 0	
fscanf	int fscanf (FILE * fp，char format，args，...)；	从 fp 指定的文件中按 format 给定的格式将输入数据送到 args 所指向的内存单元(args 是指针)	已输入的数据个数	
fseek	int fseek (FILE * fp，long offset，int base)；	将 fp 所指向的文件的位置指针移到以 base 所给出的位置为基准、以 offset 为位移量的位置	返回当前位置；否则，返回－1	
ftell	long ftell (FILE * fp)；	返回 fp 所指向的文件中的读写位置	返回 fp 所指向的文件中的读写位置	

续表

函数名	函数原型	功　能	返　回　值	说明
fwrite	int fwrite (char * ptr, unsigned size, unsigned n, FILE * fp);	把ptr所指向的n×size个字节输出到fp所指向的文件中	写到fp文件中的数据项的个数	
getc	int getc (FILE * fp);	从fp所指向的文件中读入一个字符	返回所读的字符,若文件结束或出错,返回EOF	
getchar	int getchar (void);	从标准输入设备读取下一个字符	所读字符。若文件结束或出错,则返回-1	
getw	int getw (FILE * fp);	从fp所指向的文件读取下一个字(整数)	输入的整数。如文件结束或出错,返回-1	非ANSI标准函数
open	int open (char * filename, int mode);	以mode指出的方式打开已存在的名为filename的文件	返回文件号(正数);如打开失败,返回-1	非ANSI标准函数
printf	int printf (char * format, args, …);	按format指向的格式字符串所规定的格式,将输出表列args的值输出到标准输出设备	输出字符的个数,若出错,返回负数	format可以是一个字符串,或字符数组的真实地址
putc	int putc (int ch, FILE * fp);	把一个字符ch输出到fp所指的文件中	输出的字符ch,若出错,返回EOF	
putchar	int putchar (char ch);	把字符ch输出到标准输出设备	输出的字符ch,若出错,返回EOF	
puts	int puts (char * str);	把str指向的字符串输出到标准输出设备,将'\0'转换为回车换行	返回换行符,若失败,返回EOF	
putw	int putw (int w, FILE * fp);	将一个整数w(即一个字)写到fp指向的文件中	返回输出的整数,若出错,返回EOF	非ANSI标准函数
read	int read (int fd, char * buf, unsigned count);	从文件号fd所指示的文件中读count个字节到由buf指示的缓冲区中	返回正读入的字节个数,如遇文件结束返回0,出错返回-1	非ANSI标准函数
rename	int rename (char * oldname, char * newname);	把由oldname所指的文件名,改为由newname所指的文件名	成功返回0;出错返回-1	
rewind	void rewind (FILE * fp);	将fp指示的文件中的位置指针置于文件开头位置,并清除文件结束标志和错误标志	无	
scanf	int scanf (char * format, args, …);	从标准输入设备按format指向的格式字符串所规定的格式,输入数据给args所指向的单元	读入并赋给args的数据个数,遇文件结束返回EOF,出错返回0	args为指针
write	int write (int fd, char * buf, unsigned count);	从buf指示的缓冲区输出count个字符到fd所标志的文件中	返回实际输出的字节数,如出错返回-1	非ANSI标准函数

4. 动态存储分配函数

ANSI 标准建议设 4 个有关的动态存储分配的函数，即calloc( )、malloc( )、free( )、realloc( )，如附表 C.4 所示。实际上，许多 C 编译系统实现时，往往增加了一些其他函数。ANSI 标准建议在 stdlib.h 头文件中包含有关的信息，但许多 C 编译系统要求用 malloc.h 而不是 stdlib.h。读者在使用时应查阅有关手册。

ANSI 标准要求动态分配系统返回 void 指针。void 指针具有一般性，它们可以指向任何类型的数据。但目前有的 C 编译所提供的这类函数返回 char 指针。无论以上两种情况的哪一种，都需要用强制类型转换的方法把 void 或 char 指针转换成所需的类型。

附表 C.4 动态存储分配函数

函数名	函数原型	功能	返回值
calloc	void * calloc (unsigned n, unsigned size);	分配 n 个数据项的内存连续空间，每个数据项的大小为 size	分配内存单元的起始地址，如不成功，返回 0
free	void free (void * p);	释放 p 所指的内存区	无
malloc	void * malloc (unsigned size);	分配 size 字节的存储区	所分配的内存区起始地址，如内存不够，返回 0
realloc	void * realloc (void * p, unsigned size);	将 p 所指出的已分配内存区的大小改为 size，size 可以比原来分配的空间大或小	返回指向该内存区的指针

参 考 文 献

[1] 谭浩强. C语言程序设计(第3版). 北京：清华大学出版社，2014.
[2] 蒋光远，田琳琳. C程序设计快速进阶大学教程. 北京：清华大学出版社，2010.
[3] 张海藩. 软件工程导论(第5版). 北京：清华大学出版社，2008.
[4] Dave Shreiner(美)等. OpenGL 编程指南(原书第8版). 王锐等译. 北京：机械工业出版社，2014.
[5] 姜灵芝，余健. C语言课程设计案例精编. 北京：清华大学出版社，2008.
[6] 李根福，贾丽君. C语言项目开发全程实录. 北京：清华大学出版社，2013.